建筑工程
技术专业

高职高专规划教材

JIANZHU GONGCHENGTU SHIDU SHIXUN

建筑工程图识读实训

童　霞 主编

李宏魁　白丽红　主审

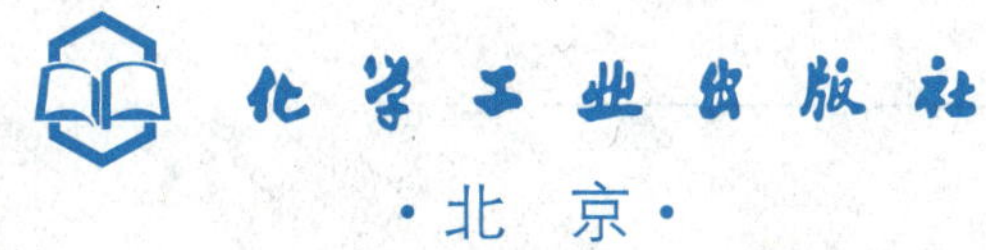

化学工业出版社

·北　京·

建筑工程图识读实训是建筑工程技术专业一门重要的专业基础实训课，本教材是配合建筑工程制图与识图课程教学的实训教材，它涵盖课程教学实训和集中课程实训周两部分内容。内容主要包括建筑制图标准基本知识、民用建筑的建筑施工图、结构施工图、给排水施工图、单层工业厂房施工图、计算机 AutoCAD 基础绘图建筑施工图和高层建筑施工图识读七部分的应知应会知识和实际训练。

本书为高职高专土建类专业如建筑工程技术、工程监理、工程管理等专业进行建筑工程图识读实训的教材，除适于教师组织教学和学生自学、复习和训练使用外，也可供广大建筑工程施工技术人员使用。

图书在版编目（CIP）数据

建筑工程图识读实训/童霞主编.—北京：化学工业出版社，2010.7（2021.1 重印）
建筑工程技术专业
高职高专规划教材
ISBN 978-7-122-08756-0

Ⅰ.建… Ⅱ.童… Ⅲ.①建筑制图-高等学校：技术学院-教材②建筑制图-识图法-高等学校：技术学院-教材 Ⅳ.TU204

中国版本图书馆 CIP 数据核字（2010）第 105269 号

责任编辑：王文峡　卓　丽　李仙华　　文字编辑：汲永臻
责任校对：蒋　宇　　装帧设计：尹琳琳

出版发行：化学工业出版社（北京市东城区青年湖南街 13 号　邮政编码 100011）
印　　刷：北京京华铭诚工贸有限公司
装　　订：三河市振勇印装有限公司
880mm×1230mm　1/8　印张 16　字数 358 千字　　2021 年 1 月北京第 1 版第 7 次印刷

购书咨询：010-64518888　　售后服务：010-64518899
网　　址：http://www.cip.com.cn
凡购买本书，如有缺损质量问题，本社销售中心负责调换。

定　　价：49.00 元

前言

《建筑工程图识读实训》是根据全国高等职业学校建设行业技能型紧缺人才培养培训指导方案，由全国土建类建筑工程专业指导委员会组织进行编写的，是三年制技能型高等职业建筑工程技术专业基础课程实训教材之一。

建筑工程图识读实训是建筑工程技术专业的一门重要专业基础实训课，本教材内容主要包括基础模块（建筑制图标准基本知识）、实践性教学模块（民用建筑的建筑施工图和结构施工图）和选用模块（设备水施工图、常用的单层工业厂房施工图和计算机 AutoCAD 基础绘图）三部分的应知应会知识和实际训练。本书在内容的编排上，以三套实际施工图纸的讲解来帮助学生识读建筑工程图。砖混结构多层单元住宅建筑工程施工图，钢筋混凝土框架结构高层建筑施工图和单层厂房建筑施工图，具有结构的代表性。本书强调从"实战"中学习，因此理论部分简明扼要，并通过对实际工程图纸的识读讲解与训练，帮助读者了解《建筑工程设计文件编制深度的规定》，掌握国家相关规范、标准和规定，在短时间内看懂建筑工程施工图。

本教材符合高职教育的要求，又与传统教材有所明确区别，具有以下特点。

1. 教学环节强调实践性

实训练习与工程实际相结合，突出了职业教育特点，提高学生实际能力和动手能力。

2. 模块体系结构

采用模块结构，由专业基础模块、实践性教学模块和选修模块构成。

3. 实用的岗位教学内容

本教材所选用的内容都是职业岗位群的工作直面接触的内容。

4. 有较强针对性的适用方向

本教材适用三年制的高职高专建筑工程技术专业，适用方向十分明确。

5. 教材的编写突出国家的规范和标准

在专业项目的实训练习之前强调工程规范要求、制图标准和《建筑工程设计文件编制深度的规定》，使学生在训练中做到有的放矢，做中掌握。

6. 教材使用中的灵活性

本教材的基础模块和实践性教学模块是必须完成的。选用模块则体现了其使用的灵活性，给教学留有一定空间和接口，可以根据具体情况选择内容。

本书由河南建筑职业技术学院童霞主编，全书由河南建筑职业技术学院李宏魁和白丽红主审，具体安排如下：河南建筑职业技术学院童霞编写绪论及单元七，河南建筑职业技术学院王晓改编写单元一，河南建筑职业技术学院李慧敏和王燕鹏依次编写单元二中的课题 1、课题 2、课题 5、课题 6 和课题 3、课题 4、课题 7、课题 8，郑州航空工业管理学院魏保立编写单元三和单元四，郑州航空工业管理学院李莲秀编写单元五，河南建筑职业技术学院李喜霞编写单元六。

感谢核工业第五研究设计院一所对教材的编写提供的民用建筑工程图纸，对编写工作给予大力支持，为教材引领教学任务提供了可靠的保证。

由于时间紧，经验不足，资料收集不完整，书中不妥之处望使用者批评指正，以便今后改进。

编者

2010 年 3 月

目录

概　述

一、建筑工程图

建筑工程图是用来表达建筑物的构配件组成、平面布置、外形轮廓、装修、尺寸大小、结构构造和材料做法等的工程图样，图样是建筑工程中不可缺少的重要技术资料，所有建筑工程技术人员都应该理解设计者意图，并通过实际工程图纸的识读实训，最终达到熟悉建筑工程图内容、掌握建筑工程图识读技能。

二、建筑工程设计

根据《建筑工程设计文件编制深度规定》，建筑工程设计分为方案设计、初步设计和施工图设计三个阶段。对技术要求比较简单，经主管部门同意，符合合同约定的工程，在方案设计审批后可以直接进行施工图设计，即方案设计和施工图设计两个阶段。

方案设计阶段——是设计人员按照业主（建设单位）的意图，在符合国家规范和标准的基础上，对建筑从平面功能到进行构思表达的过程。应能满足编制初步设计的需要，对于投标方案，还要按标书的规定进行，主要用于报批。

初步设计阶段——是方案设计的延续和深入，主要工作是协调各工种之间关系，进行技术配合，并提供施工图设计之前的技术资料。

施工图设计阶段——是以方案和初步设计为依据，修正和完善后的设计图纸。主要用于工程的组织建设、维修和改建；各机构的审查；材料的选购和成品的制作；工程的分包和指导施工。

本教材主要针对建筑工程施工图设计阶段建筑工程图进行识读实训。

三、建筑工程施工图设计基本构成

建筑工程施工图设计包括建筑施工图设计、结构施工图设计和设备施工图设计。施工图设计与建筑工程设计之间的关系如下所示。

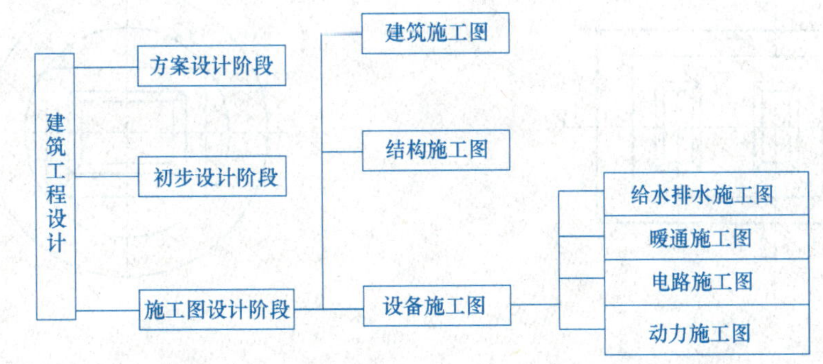

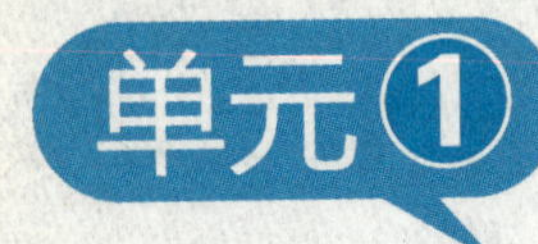

建筑制图标准基本知识

知识点

建筑组合体、字体、尺寸、轴线标注、线型。

学习目标

通过该单元的学习，使学员对平面复杂建筑能够进行尺寸和轴线标注，线型、材料符号和字体的应用，并为以下各章节内容打下坚实的基础。

课题1 建筑组合体

1.1 应知应会部分

1.1.1 组合体

（1）由基本的几何形体组成的形体称为组合形体。其构成方式大致为三种。①叠加型：由两个或者两个以上的基本形体堆砌或者拼合而成。②切割型：基本形体被一些平面或曲面切割而成。③混合型：由叠加型和切割型混合构成。

（2）组合形体读图时有两种。①形体分析法：根据组合体的形状，将其分解成若干部分，弄清各部分的形状和它们的相对位置及组合方式。②线面分析法：视图上的一个封闭线框，一般情况下代表一个面的投影，不同线框之间的关系，反映了物体表面的变化（相交、相切、平齐关系）。

（3）组合体尺寸的标注有三种。①定形尺寸：确定各基本体形状和大小的尺寸。②定位尺寸：确定各基本体之间相对位置的尺寸。③总尺寸：长、宽、高三个方向的最大尺寸。

1.1.2 剖面图

（1）为了便于表达形体内部构造，假想用一个剖切平面，在形体的适当的部位将其剖开，将剖切平面连同它与观察者之间那一部分移走，将余下的部分投影到与剖切平面平行的投影面上所得的投影图，称为剖面图。

（2）《房屋建筑制图统一标准》中规定剖切符号由剖切位置线、剖视方向线以及编号三个部分组成：①剖切位置线是表示剖切平面的剖切位置，由两段粗实线绘制，长度6～10mm。②剖视方向线是表示剖切形体后向哪个方向做投影，由两段粗实线绘制，与剖切位置线垂直，长度宜为4～6mm。剖面剖切符号不宜与图面上图线相接触。③剖切编号，用阿拉伯数字，按顺序由左至右、由下至上连续编排，编号应写在剖视方向线的端部。且应将此编号标注在相应的剖面图的下方。需要转折的剖切位置线，在转折处如与其他图线发生混淆，应在转角的外侧加注与该符号相同的剖切编号。

（3）常用的剖面图有：全剖面图、半剖面图、阶梯剖面图、展开剖面图、局部剖面图和分层剖面图六种。

1.1.3 断面图

（1）假想用剖切面将物体的某处切断，仅画出该剖切面与物体接触部分的图形称作断面图。符号包括粗实线绘制的剖断符号和编号两个部分。

（2）断面图是面的投影，仅需画出物体断面形状；而剖视图是体的投影，要将剖切面之后结构的投影画出：断面图可分为重合断面图和移出断面图。

1.2 组合体实训练习

1.2.1 建筑几何体组合练习（补全第三面投影）

1.2.2 剖面图练习

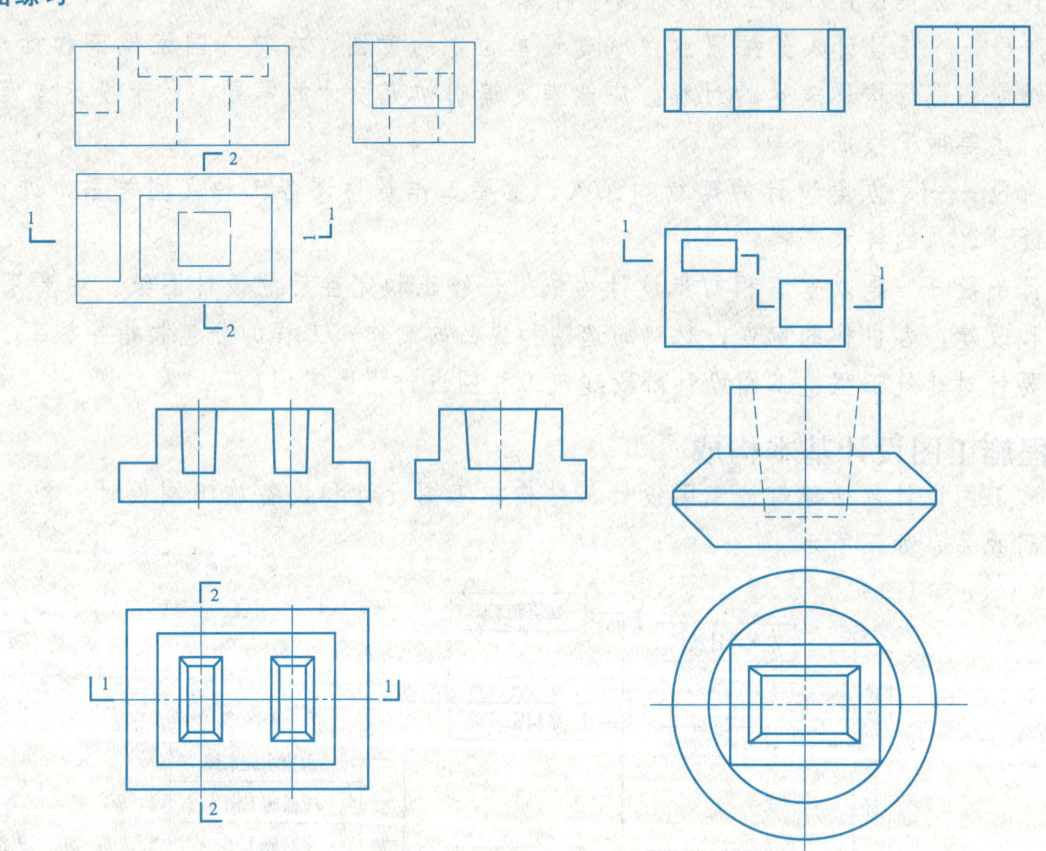

1.2.3 断面图练习

补全断面图

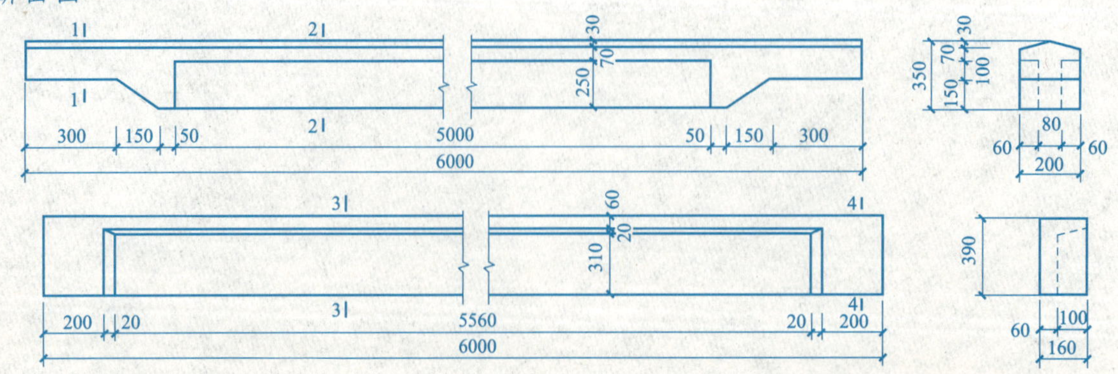

课题2 字 体

2.1 应知应会部分

2.1.1 汉字

(1) 图纸上的汉字宜采用长仿宋体，字的高与宽的关系，应符合下表规定，在实际应用中，汉字的字高应不小于3.5mm。

(2) 长仿宋体字的书写要领是：横平竖直，注意起落，结构匀称，填满方格。

长仿宋体字高与宽关系表（mm）

平面基土木 术审市正水 直垂四非里

柜轴孔抹粉 棚械缝混凝 砂以设纵沉

2.1.2 数字和字母

(1) 图纸中表示数量的数字应用阿拉伯数字书写，阿拉伯数字、罗马数字或拉丁字母的字高应不小于2.5mm。

(2) 数字和字母有正体和斜体两种写法，但同一张图纸上必须统一，阿拉伯数字、罗马数字和拉丁字母的书写有一般字体和窄体字两种。

ABCDEFGHIJKLMN

Opqrstuvwxyz ABCabcd1234 Ⅰ Ⅴ

1234567890 Ⅰ Ⅴ Ⅹ ϕ

2.2 字体实训练习

2.2.1 汉字练习

建筑制图民用房屋东南西北方向平立剖面设计说明基

础墙柱梁挡板楼梯框架承重结构门窗阳台雨篷勒脚散

坡洞沟槽材料钢筋水泥砂石混凝土砖木灰浆给排水暖

2.2.2 数字和字母练习

ABCDEFGHIJKLMNOPQRSTUVWXYZ

abcdefghijklmnopqrstuvwxyz

1234567890

课题3 尺寸、轴线

3.1 应知应会部分

3.1.1 尺寸

(1) 图样上的尺寸由尺寸线、尺寸界线、起止符号和尺寸数字四部分组成。

(2) 在尺寸标注中，尺寸界线、尺寸线采用细实线绘制，线性尺寸界线一般应与尺寸线垂直；图样轮廓线可用作尺寸界线。

(3) 尺寸线应与被注长度平行。尺寸线与图样最外轮廓线的间距不宜小于10mm，平行排列的尺寸线的间距，宜为7～10mm。尺寸起止符号一般用中实线短划绘制。半径、直径、角度与弧长的尺寸起止符号，用箭头表示。

3.1.2 轴线

(1) 在建筑施工图中，通常将房屋的基础、墙、柱等承重构件的轴线画出，并进行编号，以便于施工时定位放线和查阅图样，这些轴线成为定位轴线。

(2) 定位轴线应用细点画线绘制。

(3) 定位轴线一般应编号，编号应注写在轴线端部的圆内。圆应用细实线绘制，直径为8～10mm。定位轴线圆的圆心，应在定位轴线的延长线上或延长线的折线上。

(4) 平面图上定位轴线的编号，宜标注在图样的下方与左侧。横向编号应用阿拉伯数字，从左至右顺序编写，竖向编号应用大写拉丁字母，从下至上顺序编写。拉丁字母的I、O、Z不得用作轴线编号。如字母数量不够使用，可增用双字母或单字母加数字注脚，如AA、BA…YA或A1、B1…Y1。

(5) 组合较复杂的平面图中定位轴线也可采用分区编号，编号的注写形式应为“分区号——该分区编号”。分区号采用阿拉伯数字或大写拉丁字母表示。

(6) 两根轴线间的附加轴线，应以分母表示前一轴线的编号，分子表示附加轴线的编号，编号宜用阿拉伯数字顺序编写，1号轴线或A号轴线之前的附加轴线的分母应以01或0A表示，通用详图中的定位轴线，应只画圆，不注写轴线编号。

（7）圆形平面图中定位轴线的编号，其径向轴线宜用阿拉伯数字表示，从左下角开始，按逆时针顺序编写；其圆周轴线宜用大写拉丁字母表示，从外向内顺序编写。

3.1.3 详图索引符号及详图符号

（1）索引符号是指图样中用于引出需要清楚绘制细部图形的符号，以方便绘图及图纸查找，提高制图效率。

索引符号是由直径为 10mm 的圆和水平直径组成，圆及水平直径均应以细实线绘制［如图（a)］。

（2）详图的位置和编号，应以详图符号表示。详图符号的圆应以直径为 14mm 粗实线绘制［如图（b)］。

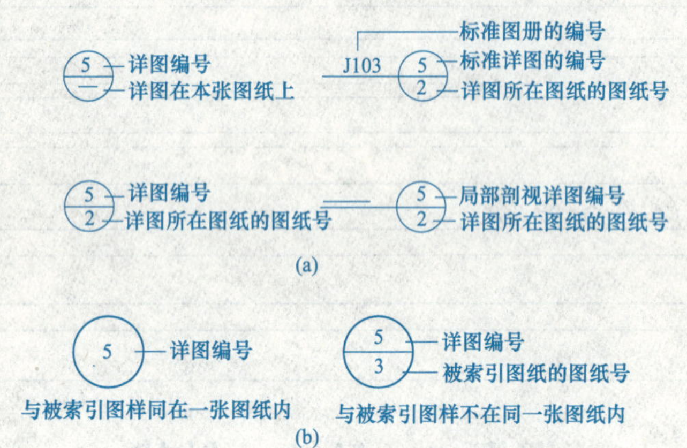

3.2 尺寸、轴线标注实训练习

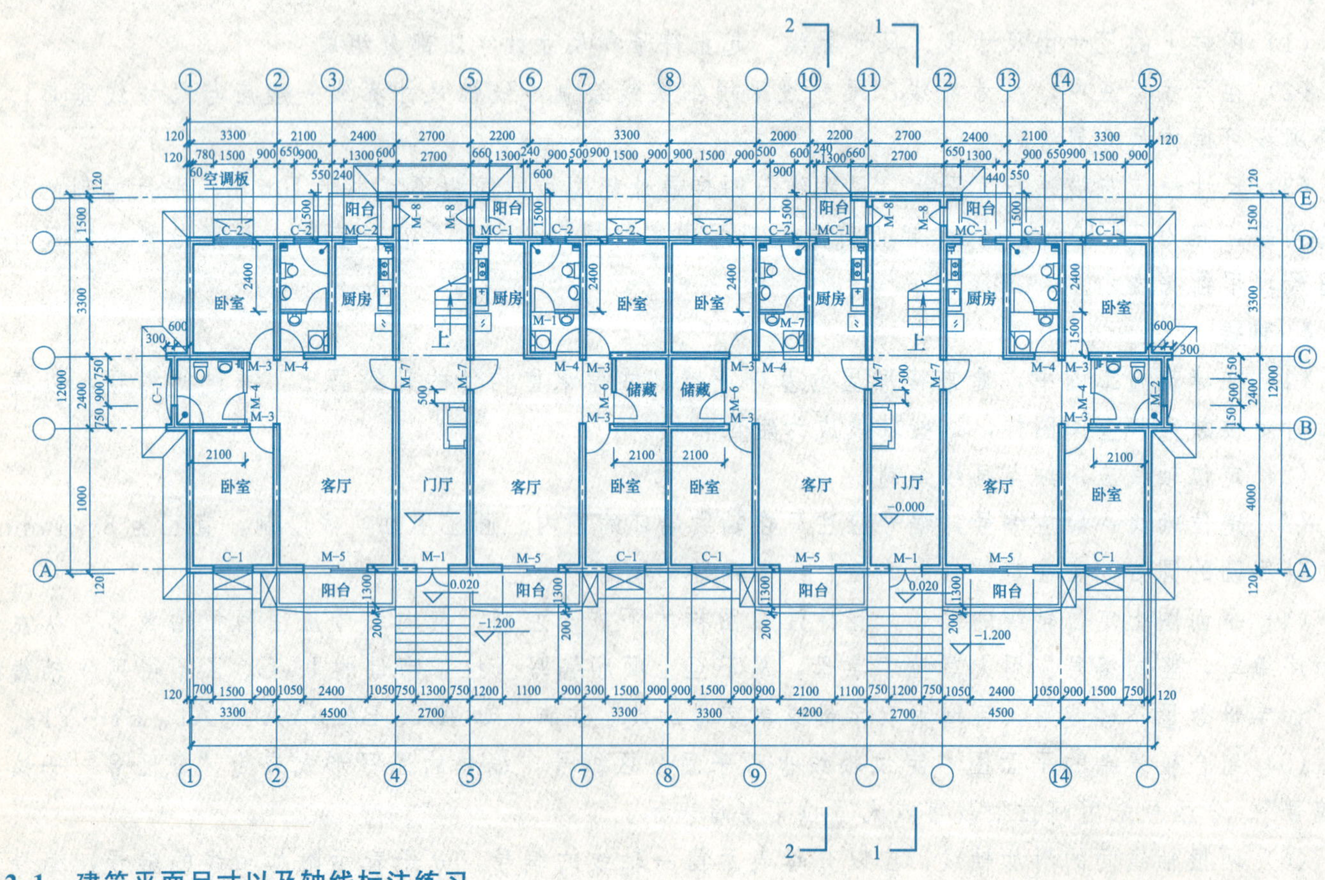

3.2.1 建筑平面尺寸以及轴线标注练习

3.2.2 索引符号及详图符号练习

解释下列符号意义

课题 4 线型、材料

4.1 应知应会部分

4.1.1 线型

线型有实线、虚线、单点长画线、双点长画线、折断线和波浪线等，其中有些线型还分粗、中、细三种。

4.1.2 材料符号

土建工程图样不但要准确表达出工程物体的形状，还应准确地表现出所使用的建筑材料。为此，对于图中所要表达的建筑材料，国家标准规定了“常用建筑材料图例”。其它材料图例见《房屋建筑制图统一标准》（GB/T 50001—2001）。如果在一张图纸内的图样只用一种图例时或图形较小无法画出建筑材料图例时，可不画图例但应加文字说明。

4.2 线型、材料符号实训练习

4.2.1 建筑工程常用线型练习

4.2.2 材料符号练习

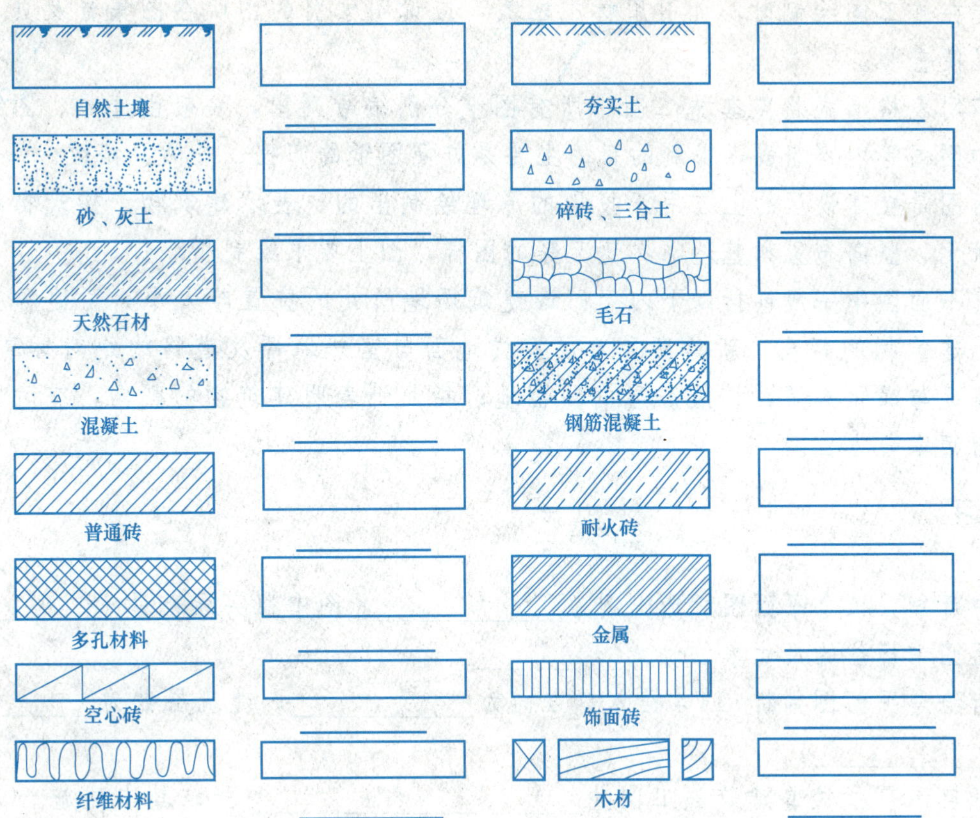

常用建筑材料图例

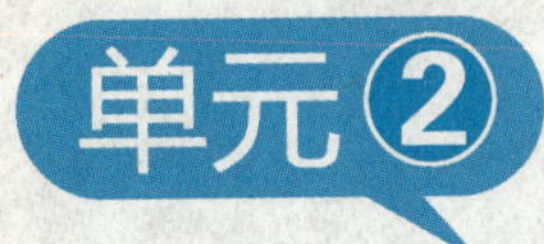

单元② 民用建筑施工图实训

知识点

多层单元住宅建筑的总平面、各层平面、立面、剖面和详图的相关内容。

学习目标

通过该单元的学习，使学员能够掌握多层住宅建筑施工图的识图方法，掌握民用住宅建筑构成特点和施工图的常用表达方法，熟悉建筑制图标准和建筑构造的相关内容。

课题1 首页图与总平面图

首页图是放在一套建筑施工图的最前面介绍工程项目及图纸绘制总体情况的图样，是建筑施工图设计的纲要，不仅对设计本身起到控制和指导作用，更为施工、审查、建设单位了解设计意图提供了依据。

总平面图是表达建筑工程总体布局的图样，是在建设区的上空向地面一定范围内投影所形成的水平投影，主要表明建筑地域一定范围内的自然环境和规划设计情况，是新建工程定位、土方施工及施工平面布局的依据。

1.1 应知应会部分

1.1.1 制图标准要求

(1) 图线的宽度 b，应根据图样的复杂程度和比例，按《房屋建筑制图统一标准》(GB/T 50001—2001) 中图线的有关规定选用。

(2) 图纸目录先列新绘制图纸，后列选用的标准图或重复利用图。

(3) 总平面图中室内首层地面高度的可见轮廓线即建筑的主体轮廓线用粗实线表示，该高度以外的可见轮廓线用中实线表示。

(4) 计划扩建建筑物、场地、区域分界线、用地红线、建筑红线等均用中实线表示。

1.1.2 建筑工程图示要求

(1) 首页图一般包括设计说明、门窗表、图纸目录、图集目录等。

设计说明一般是用文字或表格方式介绍工程概况，如工程名称、建筑地点、建筑功能、建筑高度、建筑面积、结构形式、建筑使用年限以及各部分的构造做法等。

门窗表是根据门窗编号以及门窗尺寸与做法将整个项目中所有不同类型的门窗进行统计，同时详细说明洞口尺寸、樘数、选用标准图集及编号等，并归纳成表格，即为门窗表，是所有门窗的索引与汇总。

图集目录是在施工图绘制时，如引用标准图集，应说明索引的图所在图集号及页次、编号等，一般列成表格，以便查阅。

图纸目录即用表格形式将整套施工图中所有图纸分别编号列出，一般由序号、图纸编号、图纸名称、图纸数量和图幅等内容组成，编制的目的主要是方便图纸的归档、查阅及修改。

(2) 总平面图是在建设区的上方用正投影的原理绘制出的，表示建筑物、构筑物的方位、间距以及周围道路、绿化、竖向布置和基地临界情况等的图样，图上要求绘制指北针。

(3) 建筑总平面图中一般包括以下内容：该建筑场地所处的位置与大小；新建房屋在场地内的位置以及与其邻近建筑物的距离；新建房屋首层室内地面与室外地坪及道路的绝对标高；建筑物层数；场地内的道路情况与绿化布置；扩展房屋的预留地；指北针表明建筑物的朝向，有时用风向频率玫瑰图表示常年风向频率与方位。

1.2 实训练习

1.2.1 填空题

(1) 从图中可知，该总平面图所选比例为__________，图中粗实线表示__________。

(2) 总平面图中标注的尺寸单位为__________。

(3) 根据所给总平面图判断 a14#楼入口方向为__________；建筑层数为__________；小区的主入口设置在__________。

(4) 从图纸目录可知该套建筑施工图共________________张；其中建施—07 所绘图纸内容为__________。

(5) 根据门窗表可知编号为 C2104 的窗的尺寸为__________，数量为__________。

(6) 根据标准图集名称索引可知本施工图详图部分引用图集有__________，__________。

(7) 标题栏一般表示在图纸的__________（位置）。

1.2.2 问答题

(1) 简述总平面图所应该包含的内容。

(2) 设计说明对建筑概况的述说一般包括哪些内容？

1.2.3 综合题

(1) 从图纸中构造做法一览表中可知底层商业、楼梯间、门厅的地面做法分别为哪些？

(2) 对本工程的工程概况进行描述。

(3) 结合门窗表对编号为 FM 乙 1021 的门窗情况进行简要描述。

施工图设计说明（一）

1 设计依据

1.1 新乡金谷阳光地带开发有限公司与核工业第五研究设计院签订的《建设工程设计合同》。

1.2 甲方提供的资料、修改要求及认可的初步设计。

1.3 现行的国家规范和国家、地方的法规、标准：

《民用建筑设计通则》(GB 50352—2005)；

《总图制图标准》(GB/T 50103—2001)；

《房屋建筑制图统一标准》(GB/T 50001—2001)；

《城市居住区规划设计规范》(GB 50180—93)(2002 年版)；

《城市道路和建筑物无障碍设计规范》(JGJ 50—2001)；

《住宅建筑规范》(GB 50368—2005)(2005 年版)；

《住宅设计规范》(GB 50096—1999)(2003 年版)；

《建筑设计防火规范》(GB 50016—2006)(2006 年版)；

《屋面工程技术规范》(GB 50345—2004)；

《地下工程防水技术规范》(GB 50108—2001)；

《河南省居住建筑节能设计标准》(寒冷地区)DBJ 41/062—2005。

2. 项目概况

2.1 工程项目名称：金谷·阳光地带 a10、a12＃楼。

2.2 建设单位：××金谷阳光地带开发有限公司。

2.3 建设地点：××市新飞大道与南环交汇处东南角。

施工图设计说明（二）

2.4 工程概况：本工程为多层建筑，地下室耐火等级为一级，地上建筑耐火等级为二级。

结构形式：砖混结构，抗震设防烈度为 8 度(加速度 0.20g)。

设计使用年限 50 年。屋面防水等级为Ⅲ级，本多层住宅为三个单元，地上共 6 层，地下 1 层。

建筑高度(室外地坪至屋脊的高度)为 19.6m。

总建筑面积：3530.47m²（含地下室）。占地面积：529.72m²；地下面积：496.40m²。

2.5 地下室为自行车库。

2.6 住宅套数及各种套形的比例见三～五层平面图。

3 设计标高

3.1 设计±0.000 相对应的绝对标高及建筑尺寸定位见总图平面图(另附)，室内外高差 1m。

3.2 各层标高标注为建筑面层标高，屋面标高为结构标高。

3.3 本工程标高以"m"为单位，其它尺寸以"mm"为单位。

4 墙体工程

4.1 地下室及一二层外纵墙为 370 厚 KPI 型多孔砖墙，(一、二层楼梯间外墙除外)，户内轻质隔墙采用 100 厚加气混凝土砌块，卫生间内隔墙采用 120 砖墙，其余承重墙体均为 240 厚 KPI 型多孔砖墙，构造柱定位及尺寸详见结施。

4.2 墙体留洞及封堵：砌筑墙预留洞见建施和设备图。

预留洞的封堵：砌筑墙留洞待管道设备安装完毕后，用 C20 细石混凝土填实。

墙身防潮层做法：墙面防潮层设于室内地面以下 60mm 处，做法为 20 厚 1：2.5 水泥砂浆掺 5%防水剂。

施工图设计说明（三）

5 地下室防水工程

5.1 地下室防水工程执行《地下工程防水技术规范》GB 50108—2001 和地方的有关规定。

5.2 根据地下室使用功能，地下室防水等级为Ⅱ级，采用 SBS 卷材防水，做法参见：05YJ1 地防 4。

6 屋面工程

6.1 本工程的屋面防水等级为Ⅲ级，防水层合理使用年限为 10 年。

6.2 六层顶坡屋面做法(不上人屋面)：05YJ1 屋 23(B1-60-F14)。

6.3 露台做法(上人屋面 14.000)：05YJ1 屋 6(B1-50-F6)。

6.4 屋面、阳台有排水组织位置见建筑平面图，主楼排水采用 ϕ110 白色 UPVC 雨水管。位置见建筑平面图，每隔 2m 高与墙面固定，凡落于下一层屋面的雨水管下均设水簸箕，做法详见：05YJ5-1-23-4。

7 门窗工程

7.1 防火门须在有专业资质的厂家订制安装。

7.2 防火墙上的门及疏散用的平开防火门应设闭门器，双扇门设顺序器。

7.3 门窗玻璃的选用应遵照《建筑玻璃应用技术规程》JGJ 113—2003 和《建筑安全玻璃管理规定》发改 运行[2003]2116 号及地方主管部门的有关规定。

7.4 住宅外窗采用 88 系列塑钢推拉窗，户内平开门采用夹板门，户门采用保温防盗门。

住宅外侧门窗及封闭阳台采用塑钢中空玻璃(空气 9mm)，各层外墙窗活动扇均加窗纱。露台出屋面的门为 88 系列塑钢中空玻璃(空气 9mm)。

7.5 门窗立面均表示洞口尺寸，门窗加工尺寸要按照装修面厚度予以调整，门窗制作安装。

施工图设计说明（四）

应实测核对尺寸及数量。

7.6 门窗立樘：所有阳台门均立樘墙中，其余的门均立樘与开启方向墙面平，所有窗除特殊标注外，均立樘墙中。

7.7 底层窗的安全防护甲方自理，晒衣架由用户采用成品自理。

7.8 窗台压顶为 60 厚现浇混凝土(仅窗宽范围为现浇混凝土)，在窗宽范围内出檐 100、配筋为 3Φ8、Φ6@250，沿开间窗台处布 3Φ8 通长筋，两端锚入两侧构造柱。

8 内装修工程

8.1 内装修工程执行《建筑内部装修设计防火规范》，楼地面部分执行《建筑地面设计规范》，一般装修见"室内装修做法表"。

8.2 楼地面构造交接处和地坪高度变化处，均位于齐平门扇开启面处。

8.3 凡设有地漏房间应做防水层，图中未注明的，均在地漏周围 1m 范围内做 1%坡度。

8.4 内装修选用的各项材料，均由施工单位制作样板和选样，经确认后进行封样，并据此进行验收。

8.5 嵌入墙内的暗装箱盘留洞内面及有水房间内墙面均做防水砂浆抹灰。

8.6 所有预埋木砖均须进行防腐处理，所有预埋铁件除锈后刷防锈漆二道。金属栏杆、外露铁件做除锈处理后刷防锈漆一道，再刷调和漆两道，做法见 05YJ1 涂 12，裸露于外立面的金属栏杆均为烟灰色。

8.7 厨房、卫生间内穿楼板管道四周 500 范围内刷水泥基渗透结晶型防水涂料，且上翻 150 厚素混凝土翻沿(除门洞外)。

施工图设计说明（五）

9 外装修工程

9.1 外装修选用的各项材料其材质、规格、颜色等，均由施工单位提供样板，经建设和设计单位确认后进行封样，并据此验收。

9.2 各种外墙洞口及挑檐边缘应做滴水线或抹鹰嘴，做法见 05YJ6-27-C

10 防火设计

10.1 根据《多层民用建筑设计防火规范》，建筑耐火等级地上为二级，地下为一级。

10.2 总平面布局：本建筑单体与其他楼体防火间距及消防车道符合规范要求。

10.3 防火分区：

(1)地下室 1 个防火分区，面积小于 500 平方米；

(2)住宅部分均满足防火要求；

(3)住宅每个单元设一部楼梯。

10.4 安全疏散：

住宅每个单元设一个楼梯间。

10.5 防火门：采用木制防火门，疏散防火门应设闭门器。

10.6 二次装修的材料及做法均应达到《建筑内部装修设计防火规范》(GB 50222—1995)的要求。

10.7 本建筑选用的防火门均为在当地消防部门注册的厂家产品，其木制防火门应遵照国家标准 GB 14101—93《木制防火门通用技术条件》中的有关规定。

10.8 防火墙：所有防火墙均采用 240 或 370 厚砖墙，墙体必须从楼(地)面砌至板(梁)底

10.9 凡防火墙上穿洞的管子及安装的设备，待其安装完毕后，用相当于隔墙耐火极限的

施工图设计说明（六）

不燃材料填堵密实，并在设备箱的后面加贴防火板，达到 3h 耐火极限的要求。

11 隔声设计(隔声标准按二级)

11.1 卧室与起居室(厅)允许噪声级分别为≤40dB 和≤50dB。

11.2 分户墙及楼板的空气声的计权隔声量标准≥40dB。

11.3 楼板的计权标准化撞击声压级≤70dB。

12 安全防护措施

12.1 室内楼梯栏杆高度 900(踏步前起算)，水平段栏杆长度大于 500 时，栏杆高度 1050 住宅低于 900 的窗台及封闭阳台落地窗应从可踏面加 900 高护窗栏杆，垂直栏杆净距应小于 110，做法参：05YJ8-73-4。

13 室外工程(室外设施)：

13.1 散水：做法详见建施-13；宽度：340；台阶：05YJ9-1-61-E。

13.2 室外坡道：05YJ9-1-53-4；残疾人坡道、栏板：05YJ13-15-5；05YJ13-16-1。

13.3 管道屋面：05YJ11-3-10-1(平屋面)；05YJ11-3-12(坡屋面)。

13.4 厨房排风道选用：05YJ11-3。

施工图设计说明（七）

14 其它

14.1 住户墙地面均可留毛待住户装修时自理。

14.2 凡在楼板上预留管洞处，均需镶严缝隙，其下部先用 1：2 水泥砂浆镶严，中间用沥青玛蹄脂镶严，其上部用与面层相同的材料镶严，如缝宽大于 30 时，内填 C20 细石混凝土。

14.3 墙体开消火栓洞后，须在消火栓洞背面贴防火板，达到相应墙体耐火极限的要求；水道分水器留洞在设备安装后，洞口背衬钢板网，砂浆粉刷同该墙体内粉。

14.4 住宅空调排水管采用 ϕ32 白色硬质 UPVC 管，所有空调留洞由室内到室外均向下找坡 1%，空调冷凝水立管在空调板上的平面留洞位置应躲开外墙上的空调管留洞水平距离大于 100，其插入支管距空调管留洞下方垂直距离大于 200。

14.5 烟道内侧墙面应随砌(随浇)随用 1：2.5 水泥砂浆抹光，要求内壁平整、密实、不透气，以利烟气排放通畅。

14.6 楼面垫层敷设管线处，加铺 150 宽的双向钢网片，两种材料的墙体交接处，在做饰面前均加钉钢丝网，防止裂缝。

14.7 所有空调栏杆为烟灰色铁艺栏杆由甲方自理，所有外露铁件均在二次装修时封包。

14.8 防水材料应选用国家建设部推荐产品，除图纸明确选用的材料外，如若改变应由甲乙双方共同协商调研后，根据防水性能择优选用。

14.9 该建筑所采用的全部材料，均应符合国家规定的环保要求。

14.10 凡图纸上未尽详述之处均按国家现行施工验收规范及有关标准执行；施工时应严格按照现行国家有关规范、规定、标准执行。

施工图设计说明（八）

14.11 信报箱安放在室外入口处，做法参：03J930-1-444-A

14.12 厨房卫生间布置图详见水施。

15 节能设计

(1)体形系数：0.27。

(2)外墙传热系数：0.74W/(m²·K)；外墙保温材料采用 40 厚聚苯板，做法参：05YJ3-1-A1～A15。

(3)平屋顶传热系数：0.60W/(m²·K)；屋顶保温材料采用 50 厚挤塑聚苯板。

坡屋顶传热系数：0.59W/(m²·K)；屋顶保温材料采用 60 厚挤塑聚苯板。

(4)不采暖地下室顶板传热系数：0.50W/(m²·K)；保温材料采用 50 厚挤塑聚苯板，做法参：05YJ1 楼 36。

(5)窗户采用塑钢中空玻璃窗(空气层 9mm)；传热系数：2.8W/(m²·K)

窗墙面积比：东 0.04 南 0.20 西 0.09 北 0.25。

(6)楼梯间隔墙传热系数：1.60W/(m²·K)。

(7)户门为高级金属入户门，传热系数：2.40W/(m²·K)。

×××设计院

设计资质等级 X级 证书号××××××-××
地址：×××× 邮编：××××
电话：××××
传真：××××
E-MAIL：××××

项目经理		工程名称	金谷·阳光地带	工程号	×××-×
审定		子项名称	a10＃、a12＃	子项号	01
专业负责人		施工图设计说明		专业	建筑
审核				阶段	施工
校对				日期	××××.××
设计				比例	1：100
制图		图号	建施-01	版次	A

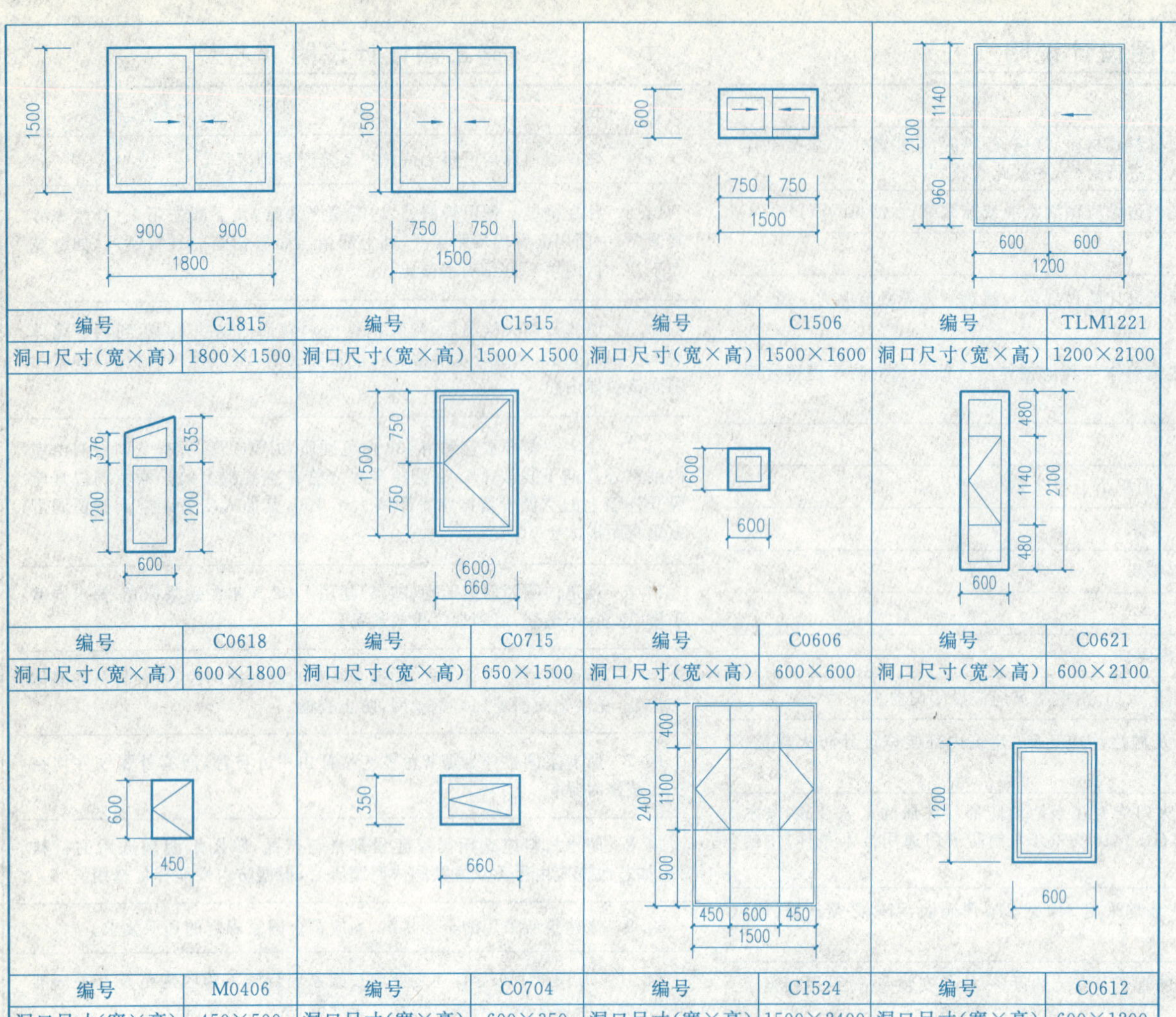

****** 图纸目录 ******

序号	图纸编号	版次	图纸名称	图纸规格	备注
1	新 091-3 建	A	图纸封面	a125A1	2009.04
2	建施-01	A	施工图设计说明	a625A1	2009.04
3	建施-02	A	门窗表、标准图集名称索引 构造做法一览表	a625A1	2009.04
4	建施-03	A	地下室平面图	a625A1	2009.04
5	建施-04	A	一层平面图	a625A1	2009.04
6	建施-05	A	二层平面图	a625A1	2009.04
7	建施-06	A	三～五层平面图	a625A1	2009.04
8	建施-07	A	六层平面图	a625A1	2009.04
9	建施-08	A	屋顶平面图	a625A1	2009.04
10	建施-09	A	①～⑩轴线立面图	a625A1	2009.04
11	建施-10	A	⑩～①轴线立面图	a625A1	2009.04
12	建施-11	A	Ⓐ～Ⓠ轴线立面图，1-1 剖面图 Ⓠ～Ⓐ轴线立面图	a625A1	2009.04
13	建施-12	A	楼梯详图	a5A1	2009.04
14	建施-13	A	墙身大样图	a625A0	2009.04

附注：凡重复使用现成设计图纸时，须在备注栏内注明。

****** 门 窗 表 ******

类型	设计编号	洞口尺寸(mm)	数量	图集适用		备注
				图集名称	选用型号	
安全门	M1523	1500×2300	3	05YJ4-2-37	AHMQ2-1501	
	M1001	1000×2100	36	0YJ4-2-37	AHMCQ-1221	乙燃防火门
塑钢门	TLM1221	1200×2100	2			参详图
	SOM0921	500X2100	4	05YJ4-1-1	1PM-C621	
水门	M0921	900×2100	82	05YJ4-1-89	1PM-0921	
	M1020	100×1970	25	05YJ4-1-89	1PM-1021	
	M0821	800×100	67	05YJ4-1-89	1PM-0321	
	M0405	400×500	35			参详图
防火门	FMZ1021	1000×2100	3	05KJ4-2-3	MFU31-1021	乙燃防火门
渗控门	TLM2125	2100×2500	20	05YJ4-1-7	ZD4-1524	
	TLM1825	1800×2500	6	05YJ4-1-7	ZD4-2124	
	TLM1521	1501×2100	6	05YJ4-1-7	ZD4-1621	
塑钢窗						
	C2104	2100×350	5	05YJ4-1-13	1PC-2106	
	C1815	1800×1500	36	05YJ4-1-26	1TC-1815	参详图
	C1804	1800×350	7	05YJ4-1-13	1PC-1808	
	C1515	1500×1500	51	05YJ4-1-25	1TC-1515	参详图
	C1520	1500×2000	5			参详图
	C1506	1500×600	10			参详图
	C1504	1500×350	7	05YJ4-1-13	1PC-1504	
	C1215	1200×1500	34	05YJ4-1-28	2TC-1215	
	C1204	1200×350	6	05YJ4-1-13	1PC-1204	
	C0915	900×1500	12	05YJ4-1-28	2TC-0905	
	C0904	900×350	2	05YJ4-1-13	1PC-0904	
	C0615	600×500	24			参详图
	C0604	600×350	4	05YJ4-1-13	1PC-0604	参详图
	C0606	600×600	28	05YJ4-1-13	1PC-0606	参详图
	C0620	600×2000	6			参详图
	C0618	600×1800	2			参详图
	C0612	600×2000	4			参详图

****** 构造做法一览表 ****** (05YJ1)

	地面		内墙		踢脚		顶棚	
	做法名称	做法编号	做法名称	做法编号	做法名称	做法编号	做法名称	做法编号
地下室	水泥砂浆地面	地 1	水泥砂浆墙面 普通涂料面层	内墙 6	水泥砂浆 踢脚与墙平	踢 1	水泥砂浆顶棚 普通涂料面层	顶 4
底层商业	水泥砂浆地面(毛面)	地 2	混合砂浆墙面	内墙 4	水泥砂浆 踢脚与墙平	踢 1	混合砂浆顶棚	顶 3
餐厅、起居室、卧室	预留 15 厚面层 45 厚 C15 细石混凝土		混合砂浆墙面	内墙 4	水泥砂浆 踢脚与墙平	踢 1	混合砂浆顶棚	顶 3
卫生间	预留 15 厚面层 1.5 厚聚氨酯粘水涂料(面敷黄砂) 45 厚 C15 砌石混凝土		水泥砂浆 墙面(毛面)	内墙 5			混合砂浆顶棚	顶 3
厨房	预留 15 厚面层 45 厚 C15 细石混凝土		水泥砂浆墙面 (毛面)	内墙 5			混合砂浆顶棚	顶 3
封闭阳台、非封闭阳台	预留 20 厚面层 水泥砂浆楼面(毛面)	楼 1	混合砂浆墙面	内墙 4	水泥砂浆 踢脚与墙平	踢 1	混合砂浆顶棚	顶 3
楼梯间、门厅	陶瓷地砖地(楼)面	楼 10 地 19	混合砂浆墙面 普通涂料面层	内墙 4	水泥砂 浆踢脚	踢 3	混合砂浆顶棚 普通涂料面层	顶 3

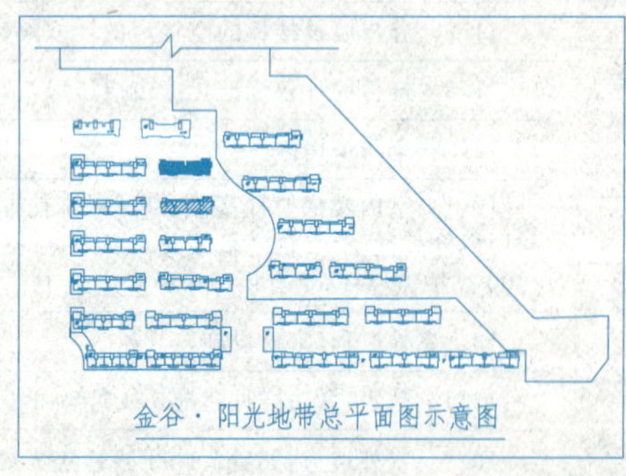
金谷·阳光地带总平面图示意图

注：楼梯间处的陶瓷地砖采用防滑轮板砖。

****** 标准图集名称索引 ******

	标准图集号	标准图集名称	册	
1	C6YJ	住宅建筑构造	1	省标
2	a3J930-1	住宅建筑构造	1	图标

×××设计院

设计资质等级 ×级 证书号××××××-××
地址：×××× 邮编：××××
电话：××××
传真：××××
E-MAIL：××××

			工程名称	金谷·阳光地带	工程号	×××-×
项目经理			子项名称	a10#、a12#	子项号	01
审定			门窗表 构造做法一览表 标准图集名称索引		专业	建筑
专业负责人					阶段	施工
审核					日期	××××.××
校对					比例	1:100
设计						
制图			图号	建施-02	版次	A

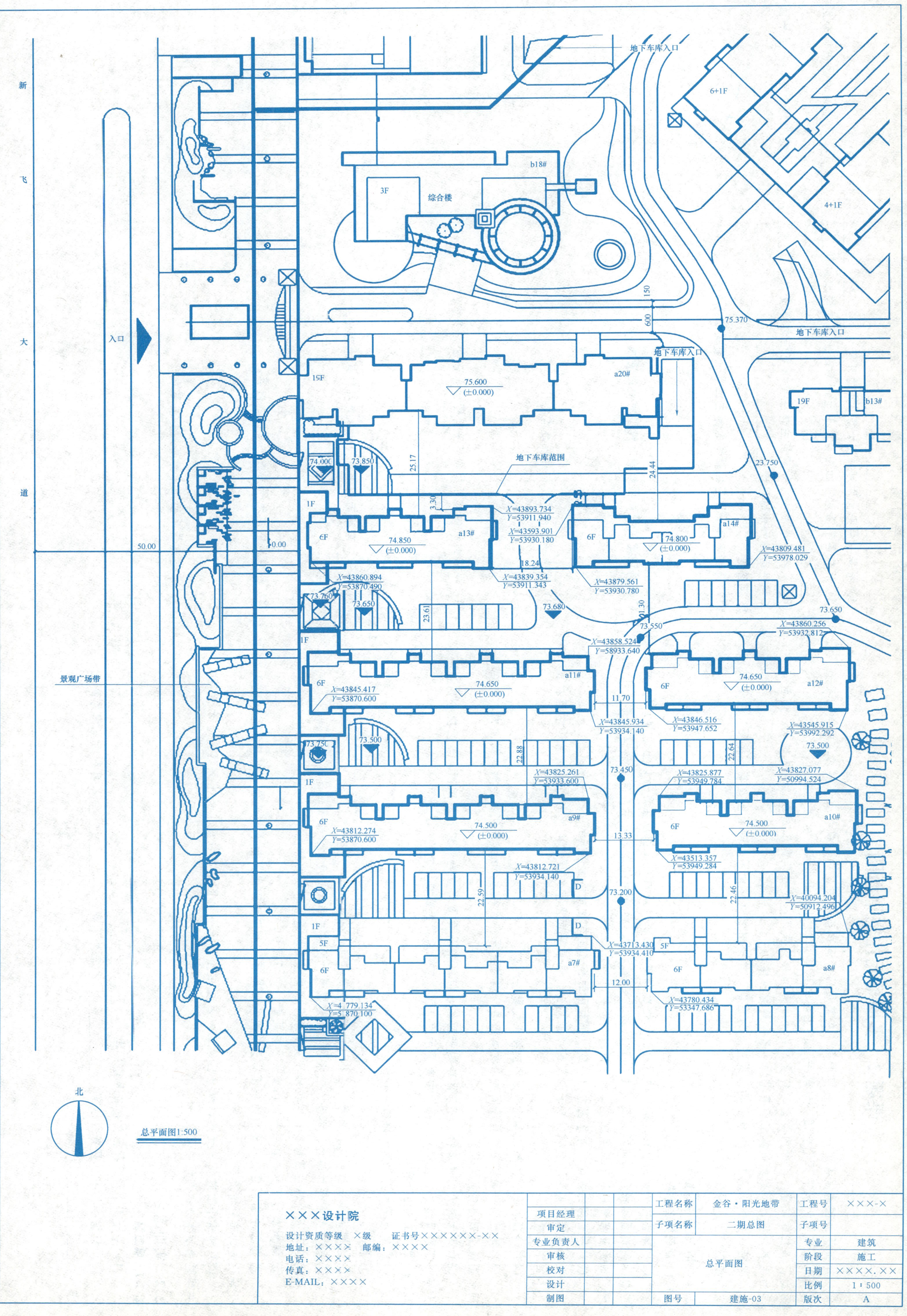
新
飞
大
道
入口
景观广场带
地下车库入口
地下车库范围
综合楼
总平面图1:500
北
×××设计院
设计资质等级 ×级 证书号××××××-××
地址：×××× 邮编：××××
电话：××××
传真：××××
E-MAIL：××××
项目经理
审定
专业负责人
审核
校对
设计
制图
工程名称 金谷·阳光地带
工程号 ×××-×
子项名称 二期总图
子项号
专业 建筑
阶段 施工
总平面图
日期 ××××.××
比例 1∶500
图号 建施-03
版次 A

课题2　多层单元住宅平面图

建筑平面图是假设用一水平剖切平面，在某层门窗洞口范围内，将建筑物水平剖切，对剖切平面以下部分所做的水平正投影图。建筑平面图主要表达建筑物的平面形状，房间的布局、形状、大小、用途，墙柱的位置，门窗的类型、位置、大小，各部分的联系，是建筑施工放线、墙体砌筑、门窗安装的主要依据，也是建筑施工图最基本、最重要的图样之一。

平面图是建筑施工图中最主要、最基本的图纸，其他图纸（立面图、剖面图及某些详图）多是以它为依据派生和深化而成。

2.1　应知应会部分

2.1.1　制图标准要求

（1）建筑物平面图应在建筑物的门窗洞口处水平剖切俯视（屋顶平面图应在屋面以上俯视），图内应包括剖切面及投影方向可见的建筑构造以及必要的尺寸、标高等，如需表示高窗、洞口、通气孔、槽、地沟及起重机等不可见部分，则应以虚线绘制。

（2）平面图的方向宜与总图方向一致。平面图的长边宜与横式幅面图纸的长边一致。

（3）在同一张图纸上绘制多于一层的平面图时，各层平面图宜按层数由低向高的顺序从左至右或从下至上布置。

（4）除顶棚平面图外，各种平面图应按正投影法绘制。

（5）建筑物平面图应注写房间的名称或编号，编号注写在直径为6mm细实线绘制的圆圈内，并在同张图纸上列出房间名称表。

（6）平面较大的建筑物，可分区绘制平面图，但每张平面图均应绘制组合示意图。各区应分别用大写拉丁字母编号。在组合示意图中要提示的分区，应采用阴影线或填充的方式表示。

2.1.2　建筑工程图示要求

（1）建筑平面图的图示内容一般包括：

① 图名、比例；

② 各房间的平面形状、布置、名称（或编号）及其组合关系；

③ 建筑构配件如阳台、雨篷、散水等及固定家具、设施的形状、尺寸、布置情况；

④ 三道尺寸标注及标高、定位轴线及其编号、楼梯或坡道上下坡的标注；

⑤ 详图索引符号，首层平面图要表示指北针、剖切符号；

⑥ 屋顶平面图要表示屋顶的平面布置情况，如屋面排水组织形式、雨水管的位置以及水箱、上人孔等设施的布置情况等。

（2）建筑平面较长较大时，可分区绘制，但须在各分区平面图适当位置上绘出分区组合示意图，并明显表示本分区部位编号。

2.2　实训练习

2.2.1　填空题

（1）平面图中指北针、剖切符号绘制在________________。

（2）根据一层平面图室内标高________________和室外标高________________，可判断室内外高差为________________。

（3）建筑平面图的外部尺寸标注一般为三道尺寸线，分别为________________、________________、________________。

（4）根据一层平面图可知1#楼梯间的开间为________________。

（5）从各层平面图可知阳台、卫生间标高比同层楼地面低________________，并向地漏方向分别找坡________________。

（6）从各层平面图可知建筑主体主要承重墙体厚度为________________，其中地下室、一层平面图、二层平面图的外墙厚度为________________。

2.2.2　问答题

（1）简述建筑平面定位轴线的标注位置及有关编号的规定。

（2）简述建筑平面图绘制时线型的使用要求。

（3）简述平面图是如何进行命名的。

（4）根据图纸内容可知各层平面图面积分别为多少？

2.2.3　综合题

（1）解释一层平面图上出现的各索引符号的意义。

（2）总结归纳建筑平面图主要图示内容。

（3）概述建筑平面图中标高的标注要求。

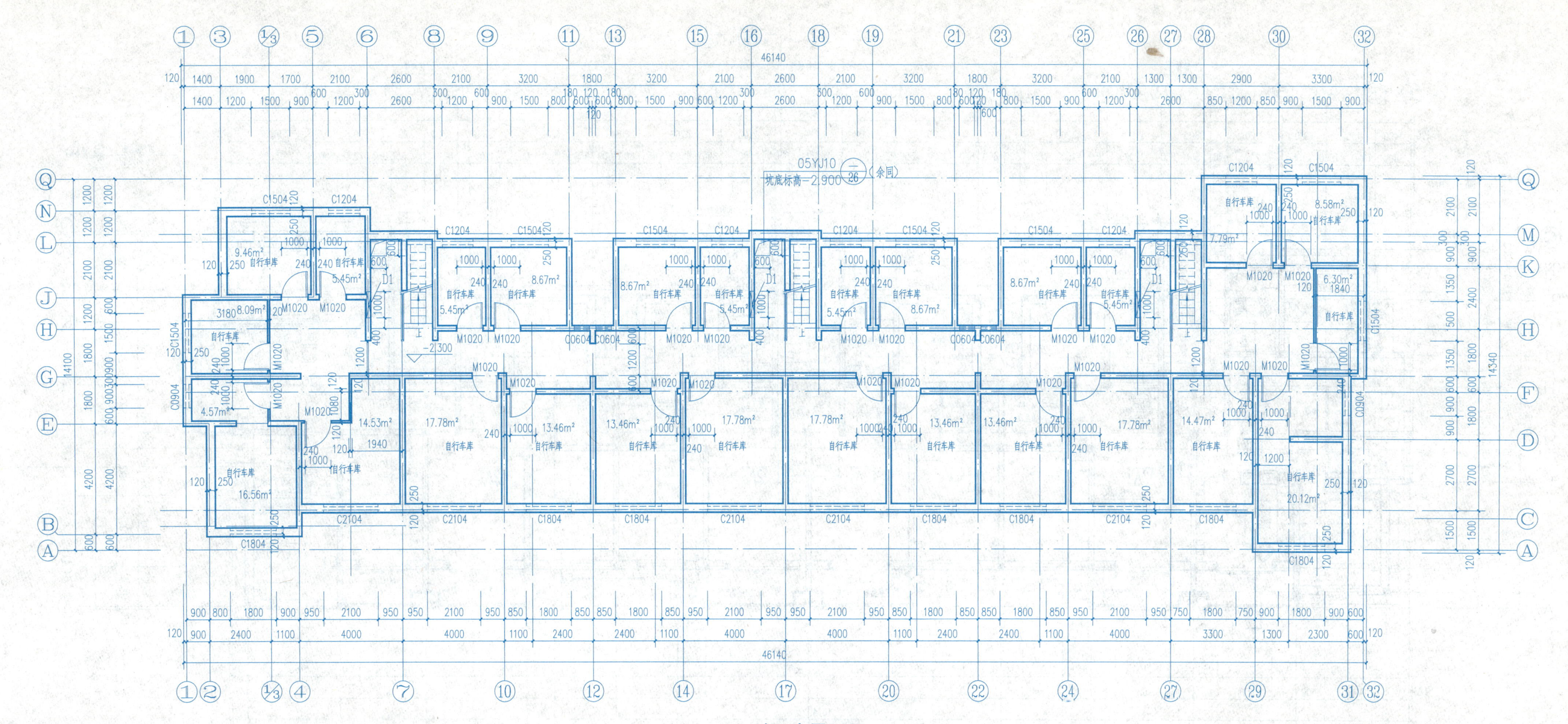

地下室平面图 1:100

半地下室建筑面积：496.40m²

设备留洞：

D1：1000×1000×180 / 洞底距地 1.500 (电)（各层均同）

D2：400×250×120 / 洞底距地 1.800 (电)（各层均同）

D3：1200×1000×180 / 洞底距地 1.500 (电)（各层均同）

D4：500×600×120 / 洞底距地 1.500 (电)（各层均同）

D5：300×300×120 / 洞底距地 2.000 (电)（各层均同）

D6：250×300×120 / 洞底距地 2.000 (电)（各层均同）

D7：250×300×120 / 洞底距地 1.500 (电)（各层均同）

D8：800×600×200 / 洞底距地 0.120 (暖)（各层均同）

D9：800×600×200 / 洞底标高同各层层高 (暖)（各层均同）

说明：1. 图中未注明墙体厚度的均为240厚

2. 所有的门洞高为1970

3. 构造柱位置详见结施

4. 地下室严禁存放火灾危险等级为甲、乙类的物品。

×××设计院	项目经理			工程名称	金谷·阳光地带	工程号	×××-×
设计资质等级 ×级 证书号××××××-××	审定			子项名称	a10#、a12#	子项号	02
地址：×××× 邮编：××××	专业负责人			地下室平面图		专业	建筑
电话：××××	审核					阶段	施工
传真：××××	校对					日期	××××.××
E-MAIL：××××	设计					比例	1∶100
	制图			图号	建施-03	版次	A

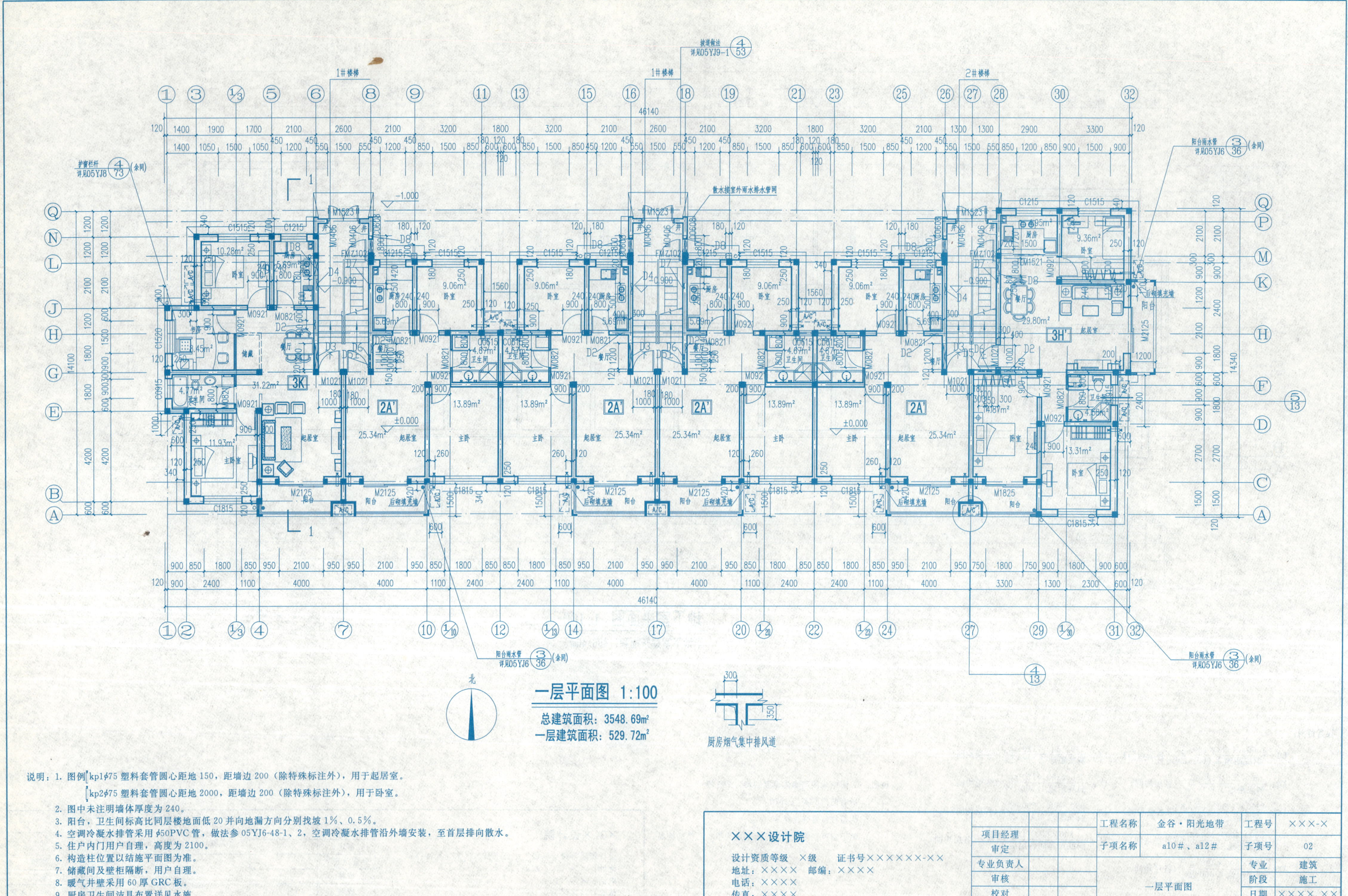

说明：1. 图例[kp1ϕ75 塑料套管圆心距地 150，距墙边 200（除特殊标注外），用于起居室。

[kp2ϕ75 塑料套管圆心距地 2000，距墙边 200（除特殊标注外），用于卧室。

2. 图中未注明墙体厚度为 240。
3. 阳台，卫生间标高比同层楼地面低 20 并向地漏方向分别找坡 1%、0.5%。
4. 空调冷凝水排管采用 ϕ50PVC 管，做法参 05YJ6-48-1、2，空调冷凝水排管沿外墙安装，至首层排向散水。
5. 住户内门用户自理，高度为 2100。
6. 构造柱位置以结施平面图为准。
7. 储藏间及壁柜隔断，用户自理。
8. 暖气井壁采用 60 厚 GRC 板。
9. 厨房卫生间洁具布置详见水施。
10. 冷凝水的排放分三种情况：设空调冷凝水管；就近接入雨水管；接入阳台地漏。

×××设计院

设计资质等级 ×级 证书号××××××-××
地址：×××× 邮编：××××
电话：××××
传真：××××
E-MAIL：××××

			工程名称	金谷·阳光地带	工程号	×××-×
项目经理			子项名称	a10#、a12#	子项号	02
审定			一层平面图		专业	建筑
专业负责人					阶段	施工
审核					日期	××××.××
校对					比例	1:100
设计						
制图			图号	建施-04	版次	A

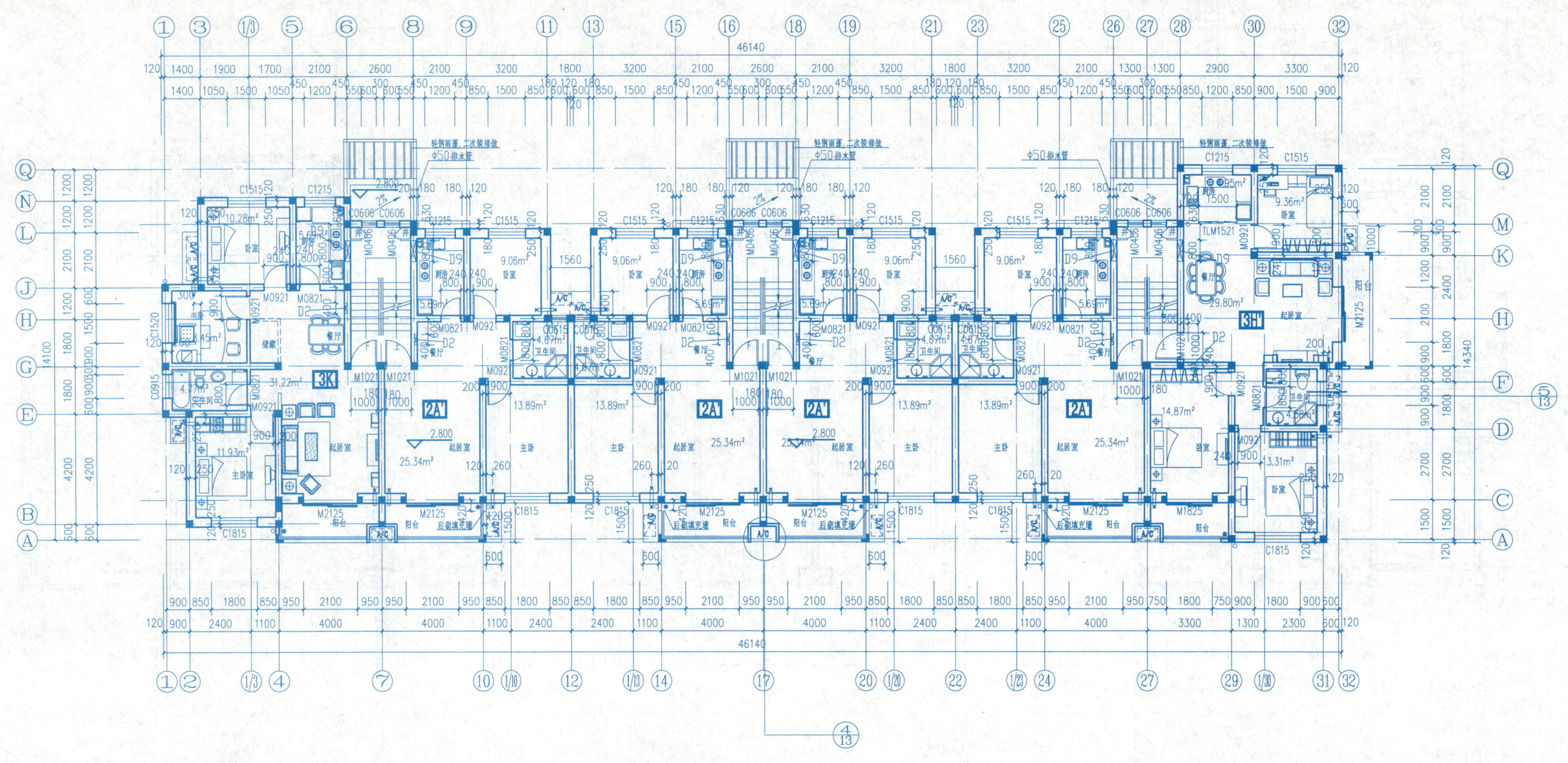

二层平面图 1:100

二层建筑面积：516.76m²

说明：1. 图例 kp1 φ75 塑料套管圆心距地 150，距墙边 200（除特殊标注外），用于起居室。

kp2 φ75 塑料套管圆心距地 2000，距墙边 200（除特殊标注外），用于卧室。

2. 图中未注明墙体厚度为 240。
3. 阳台，卫生间标高比同层楼地面低 20 并向地漏方向分别找坡 1%、0.5%。
4. 空调冷凝水排管采用 φ50PVC 管，做法参 05YJ6-48-1、2，空调冷凝水排管沿外墙安装，至首层排向散水。
5. 住户内门用户自理，高度为 2100。
6. 构造柱位置以结施平面图为准。
7. 储藏间及壁柜隔断，用户自理。
8. 暖气井壁采用 60 厚 GRC 板。
9. 厨房卫生间洁具布置详见水施。
10. 冷凝水的排放分三种情况：设空调冷凝水管；就近接入雨水管；接入阳台地漏。

×××设计院				工程名称	金谷·阳光地带	工程号	×××-×
设计资质等级 ×级 证书号××××××-××	项目经理			子项名称	a10#、a12#	子项号	02
地址：×××× 邮编：××××	审定			二层平面图		专业	建筑
电话：××××	专业负责人					阶段	施工
传真：××××	审核					日期	××××.××
E-MAIL：××××	校对					比例	1∶100
	设计					版次	A
	制图			图号	建施-05		

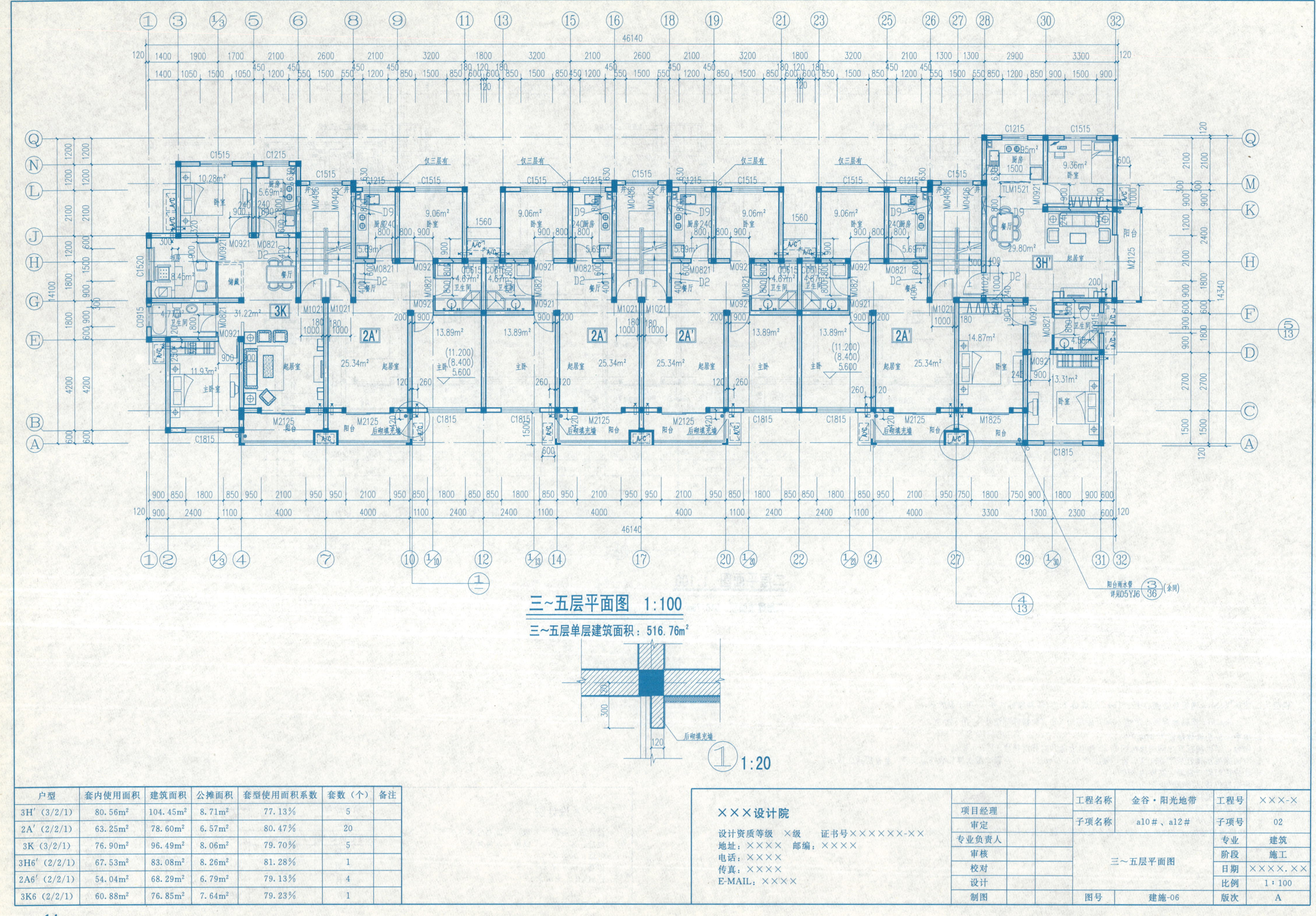

户型	套内使用面积	建筑面积	公摊面积	套型使用面积系数	套数（个）	备注
3H′（3/2/1）	80.56m²	104.45m²	8.71m²	77.13%	5	
2A′（2/2/1）	63.25m²	78.60m²	6.57m²	80.47%	20	
3K（3/2/1）	76.90m²	96.49m²	8.06m²	79.70%	5	
3H6′（2/2/1）	67.53m²	83.08m²	8.26m²	81.28%	1	
2A6′（2/2/1）	54.04m²	68.29m²	6.79m²	79.13%	4	
3K6（2/2/1）	60.88m²	76.85m²	7.64m²	79.23%	1	

×××设计院

设计资质等级 ×级 证书号××××××-××
地址：×××× 邮编：××××
电话：××××
传真：××××
E-MAIL：××××

			工程名称	金谷·阳光地带	工程号	×××-×
项目经理			子项名称	a10#、a12#	子项号	02
审定			三~五层平面图		专业	建筑
专业负责人					阶段	施工
审核					日期	××××.××
校对					比例	1:100
设计						
制图			图号	建施-06	版次	A

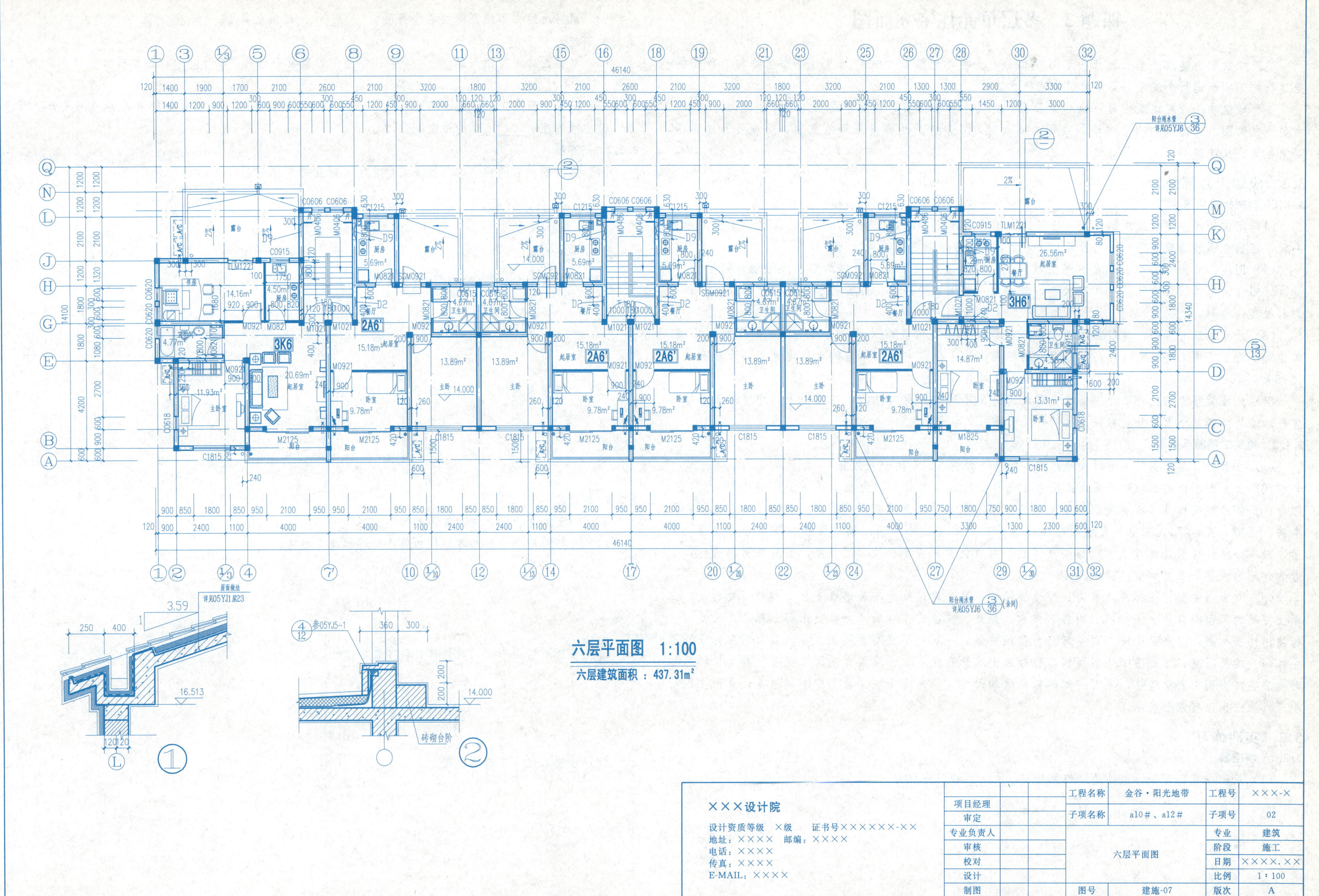

六层平面图 1:100
六层建筑面积：437.31m²
×××设计院
设计资质等级 ×级 证书号××××××-××
地址：×××× 邮编：××××
电话：××××
传真：××××
E-MAIL：××××
项目经理
审定
专业负责人
审核
校对
设计
制图
工程名称
金谷·阳光地带
工程号
×××-×
子项名称
a10#、a12#
子项号
02
专业
建筑
阶段
施工
日期
××××.××
比例
1:100
六层平面图
图号
建施-07
版次
A
阳台雨水管 详见05YJ6
砖砌台阶
参05YJ5-1
屋面做法 详见05YJ1 屋23
起居室
主卧
卧室
厨房
餐厅
卫生间
露台
阳台
书房
46140

课题3　多层单元住宅立面图

建筑立面图为建筑外垂直面正投影可视部分，是展示建筑物外貌特征及外墙面装饰的工程图样，是建筑施工图纸进行高度控制与外墙装修的技术依据。

一个建筑物一般应该绘出每一侧的立面图，但是，当各侧面为较简单或相同的立面时，可以画出主要的立面图。当建筑物有曲线或折线形的侧面时，可以将曲线或折线形的立面，绘成展开立面图，以使各部分反映实形。

3.1　应知应会部分

3.1.1　制图标准要求

(1) 定位轴线：建筑立面图中，一般只标出图两端的定位轴线及编号，并注意与平面图中的编号一致，但当立面转折较复杂时可用展开立面表示，此时应准确注明转角处的轴线编号。

(2) 图线：立面图的外形轮廓用粗实线绘制；室外地坪线用1.4倍的加粗实线绘制；门窗洞口、檐口、阳台、雨篷、台阶等用中实线绘制；其余的，如墙面分隔线、门窗格子、雨水管以及引出线等均用细实线绘制。

(3) 尺寸标注与标高：建筑立面图中，一般仅标注必要的竖向尺寸和标高，该标高指相对标高，即相对于首层室内主要地面（标高值为零）的标高；尺寸标注中尺寸数值的单位为毫米，而标高的单位为米。

(4) 外墙装修做法：外墙面根据设计要求可选用不同的材料及做法，在图面上，外墙表面分格线应表示清楚，各部分面材及色彩应选用带有指引线的文字进行说明。

3.1.2　建筑工程图示要求

(1) 立面图（施工图）中不得加绘阴影和配景（如树木、车辆、人物等）。

(2) 立面图应把定位轴线范围内正投影方向可见的建筑外轮廓（包括有前后变化的轮廓）、门窗、阳台、雨篷等建筑构件、所有突出墙面的线角，用实线表示。前后有距离的，或有凹凸的部位（如门窗洞、柱廊、挑台等），采用不同粗细的实线区分，粗线宜往外加粗，最前面的主要部分用最粗线表示，粉刷分格线应用最细线表示。粗细线的运用可以使立面更有层次、更清晰。前后立面重叠时，前者的外轮廓线宜向外侧加粗，以示区别。

(3) 立面图主要标注标高：室内、外地面设计标高、建筑物外沿轮廓线变化处和最高处标高、立面上可见的门窗洞口的上下标高、雨篷、阳台、挑檐、坡顶的檐口最高点等突出部分标高，必要时可标注出楼层标高，以全面反映立面各部分与楼层关系，一般可不注高度间距尺寸。立面图应标注建筑主体部分的总高度；立面图中外墙留洞，应标注出底标高或中心标高，如平面未能表示其定位和尺寸时也应在立面图中表示清楚。必须控制的粉刷线的尺寸、标高也应在立面图中表示清楚；立面上的粉刷节点做法也应有索引表示。

3.2　实训练习

3.2.1　填空题

(1) 从图中我们可知，该外墙装饰做法有________种，分别为____________________________。

(2) 图中标注的窗的尺寸为________。

(3) 根据所给立面图判断住宅楼高度为________；建筑层数为________；屋顶的形式为________；室内外高差为________。

(4) 立面图的常用比例是________，小型建筑但较复杂时可用________，图形较大但可表示清楚时可用________。

(5) 建筑立面图中，一般只标出________的定位轴线及编号。立面转折较复杂时可用展开立面表示，但应准确注明________的轴线编号。

3.2.2　问答题

(1) 立面图图名的确定有几种方式？有什么对应关系？

(2) 立面图主要标注哪些部位的标高？

(3) 立面图表达的主要内容有哪些？

3.2.3　综合题

阅读下面的立面图，并回答下列问题：

(1) 分析所给图中外墙各部位的装修材料和装饰做法。

(2) 分析所给图中屋顶的装修材料和装饰做法。

(3) 抄绘本住宅建筑立面图。

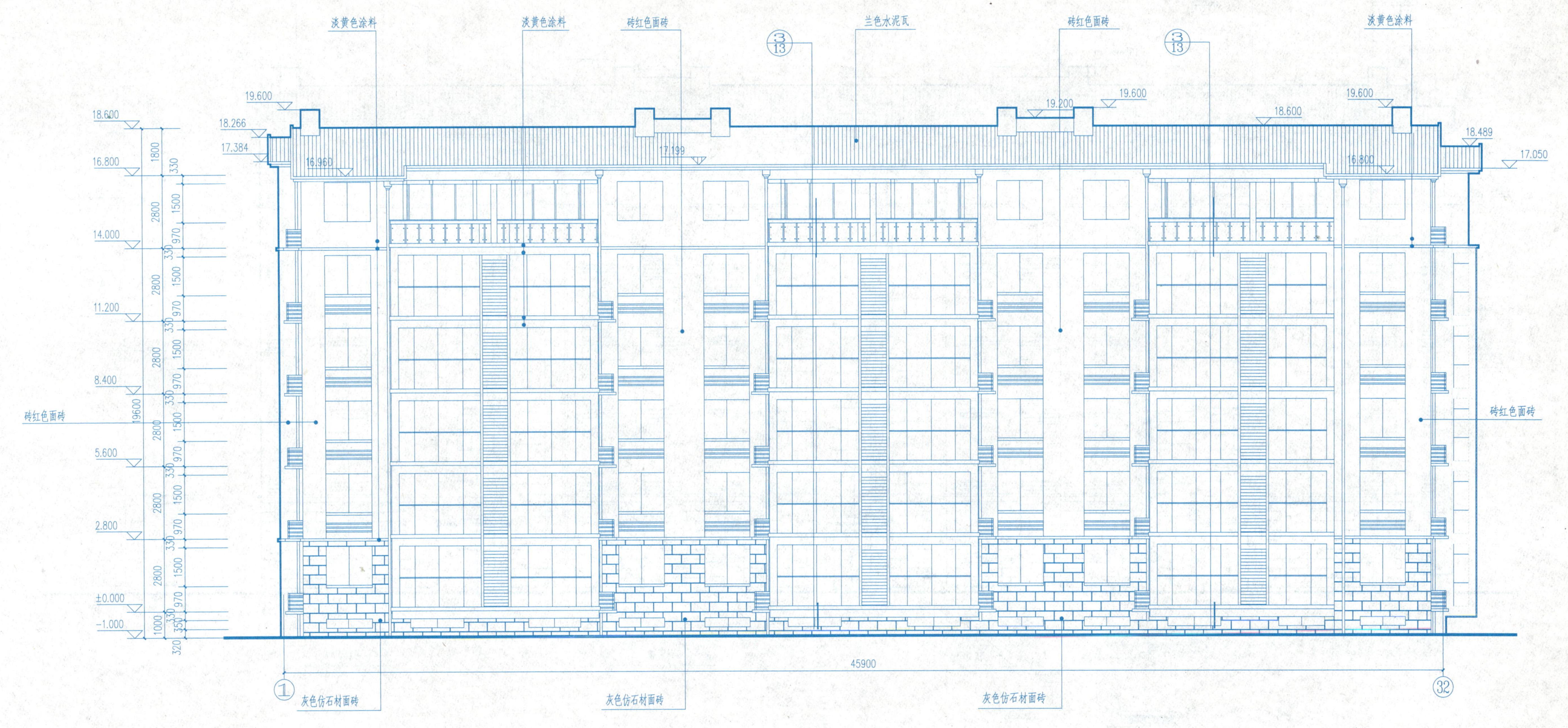

①－㉜轴线立面图 1:100

外立面装修说明

1. 除特殊注明外，色彩说明如下：

(1) 标高 2.800 以下外墙采用灰色仿石材面砖。做法参 05YJ3-1-D17-1。

(2) 标高 2.800～14.000 之间墙面采用砖红色面砖。做法参 05YJ3-1-D17-1。

(3) 标高 14.000 以上外墙采用淡黄色涂料。做法参 05YJ3-1-D5-1。

(4) 檐口线脚及窗套为淡黄色涂料。

2. 所有装修色彩均应在施工前做出样板由甲方和设计单位认可后方可施工。

3. 所有立面装修均参照此说明。

×××设计院	项目经理		工程名称	金谷•阳光地带	工程号	×××-×
设计资质等级 ×级 证书号××××××-××	审定		子项名称	a10#、a12#	子项号	02
地址：×××× 邮编：××××	专业负责人		①～㉜轴线立面图		专业	建筑
电话：××××	审核				阶段	施工
传真：××××	校对				日期	××××.×
E-MAIL：××××	设计				比例	1:100
	制图		图号	建施-09	版次	A

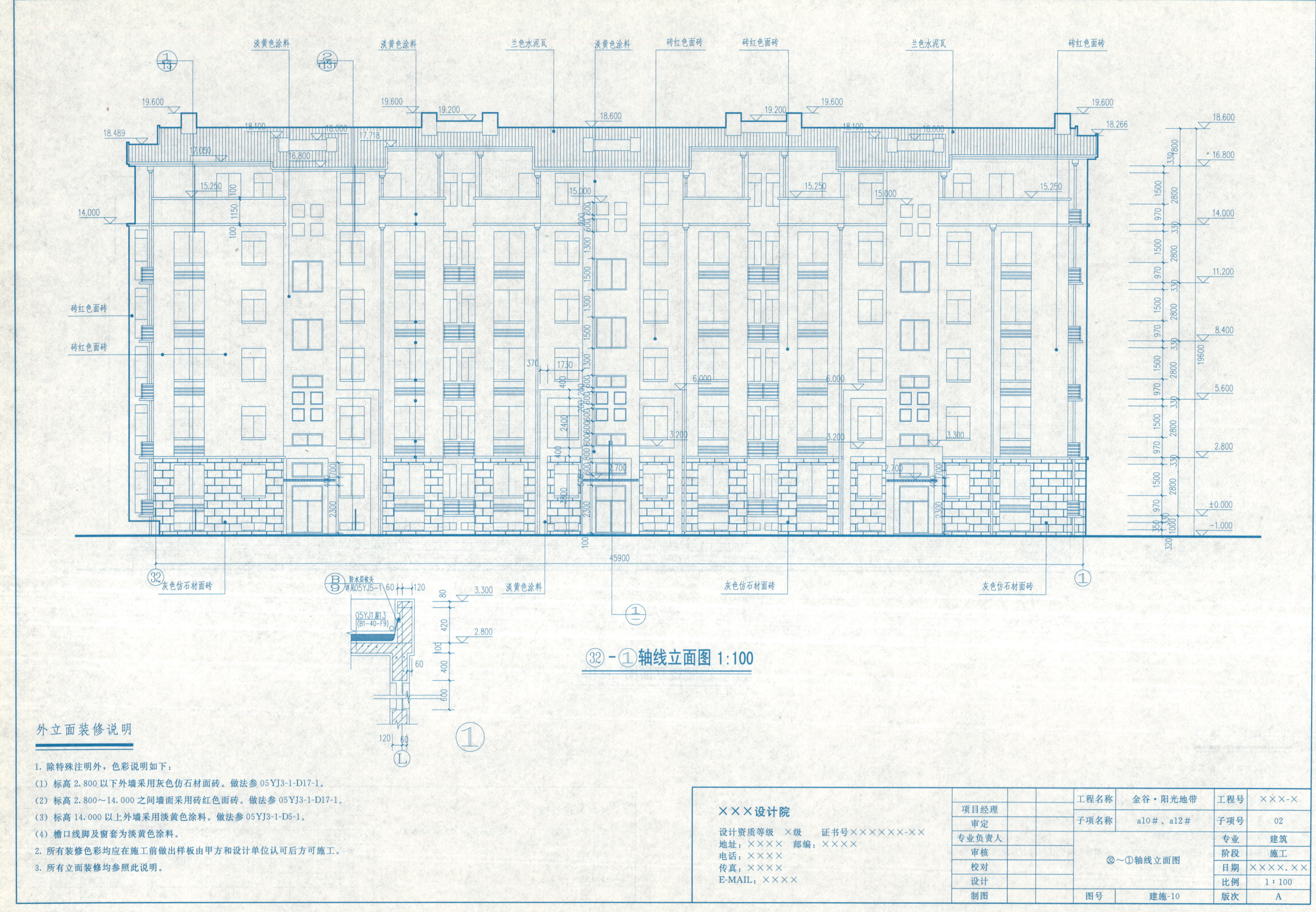
淡黄色涂料
兰色水泥瓦
砖红色面砖
灰色仿石材面砖
32 - 1 轴线立面图 1:100
外立面装修说明
1. 除特殊注明外，色彩说明如下：
(1) 标高 2.800 以下外墙采用灰色仿石材面砖。做法参 05YJ3-1-D17-1。
(2) 标高 2.800～14.000 之间墙面采用砖红色面砖。做法参 05YJ3-1-D17-1。
(3) 标高 14.000 以上外墙采用淡黄色涂料。做法参 05YJ3-1-D5-1。
(4) 檐口线脚及窗套为淡黄色涂料。
2. 所有装修色彩均应在施工前做出样板由甲方和设计单位认可后方可施工。
3. 所有立面装修均参照此说明。
×××设计院
设计资质等级 ×级 证书号××××××-××
地址：×××× 邮编：××××
电话：××××
传真：××××
E-MAIL：××××
项目经理
审定
专业负责人
审核
校对
设计
制图
工程名称 金谷·阳光地带
工程号 ×××-×
子项名称 a10#、a12#
子项号 02
32～1轴线立面图
专业 建筑
阶段 施工
日期 ××××.××
比例 1:100
图号 建施-10
版次 A

课题 4　多层单元住宅剖面图

表示建筑物垂直方向房屋各部分组成关系的图纸称为剖面图。建筑剖面图用以表示建筑各部分的高度、层数、建筑空间的组合利用，以及建筑剖面图中的结构、构筑关系、垂直方向的分层情况、各层楼地面、屋顶的构造做法及相关的尺寸、标高等。

建筑剖面图是与建筑平面图、立面图相配套的，表达建筑物整体概况的基本图样之一。

4.1　应知应会部分

4.1.1　制图标准要求

(1) 室内外地坪线用加粗实线表示，在剖面图中一般不画材料图例符号，被剖切平面剖切到的墙、梁、板等轮廓线用粗实线表示，没有被剖切到但可见的部分用细实线表示，被剖切到的钢筋混凝土梁、板涂黑。

(2) 剖切位置应选在层高不同、层数不同、内外部空间比较复杂，具有代表性的部位，建筑空间局部不同处以及平面、立面均表达不清的部位，可绘制局部剖面图。

(3) 剖切到或可见的主要结构和建筑构造部件，如室外地面、底层地（楼）面、地坑、地沟、各层楼板、夹层、平台、吊顶、屋架、屋顶；出屋顶烟囱、天窗、挡风板、檐口、女儿墙、爬梯、门、窗、外遮阳构件、楼梯、台阶、坡道、散水、平台、阳台、雨篷、洞口及其他装修等可见的内容。

(4) 标注主要结构和建筑构造部件的标高：如地面、楼面（含地下室）、平台、雨篷、吊顶、屋面板、屋面檐口、女儿墙顶、高出屋面的建筑物、构筑物及其他屋面特殊构件等的标高，室外地面标高。

(5) 建筑总高度系指由室外地面至平屋面挑檐口上皮或女儿墙顶面或坡屋面挑檐口下皮的高度。坡屋面檐口至屋脊高度单注，屋顶上的水箱间、电梯机房、排烟机房和楼梯出口小间等局部升起的高度不计入总高度，可另行标注。当室外地面有变化时，应以剖面所在处的室外地面标高为准。

4.1.2　建筑工程图示要求

(1) 表达出与外墙身相接处屋面、楼层、地面和檐口的构造、楼板与墙的连接、门窗过梁、窗台、勒脚、散水、内外墙节点等处的构造情况，是墙身施工的重要依据。

(2) 关于墙身详图索引方法：凡按墙身节点详图编号者，可索引在剖面图上（也有索引在立面图上的），凡按墙身剖断详图编号者，一定要索引到立面图上。各设计院做法不同，难以统一，原则上还是要以方便施工、易于查找墙身详图为准。

(3) 标注尺寸的简化：当两道相对外墙的洞口尺寸、层间尺寸、建筑总高度尺寸相同时，仅标注一侧即可；当两者仅有局部不同时，只标注变化处的不同尺寸即可。

(4) 高层建筑的剖面图上，最好标注层数，以便于查看图纸。隔数层或在变化层标注也可。

(5) 地面、楼面、屋面的分层构造，可用文字说明或图例表示。

(6) 建筑剖面图一般不表达地面以下的基础。墙身只画到基础即用断开线断开。有地下室时剖切面应绘制至地下室底板下的基土，其以下部分可不表示。

4.2　实训练习

4.2.1　填空题

(1) 房间净高与层高的关系为＿＿＿＿＿＿＿＿＿＿。

(2) 剖面图的读图顺序是＿＿＿＿＿＿＿＿＿＿。

(3) 剖面中标高系指建筑＿＿＿＿＿＿＿＿＿＿的标高，否则应加以注说明，如楼面为＿＿＿＿＿＿＿＿＿＿标高，屋面为＿＿＿＿＿＿＿＿＿＿标高。

(4) 有转折的剖面，在剖面图上应画出＿＿＿＿＿＿＿＿＿＿。

4.2.2　问答题

(1) 建筑剖面图剖切位置的选择和剖面图数量的确定依据是什么？

(2) 简述建筑剖面图的图示特点。

4.2.3　综合题

阅读下列某住宅剖面图，并回答以下问题：

(1) 该建筑总共几层？室内外高差为多少？

(2) 该建筑地下室层高为几米？属于半地下室还是全地下室？

(3) 该建筑总高度是指室外地坪至楼梯间最顶端的距离吗？

(4) 抄绘此住宅建筑剖面图。

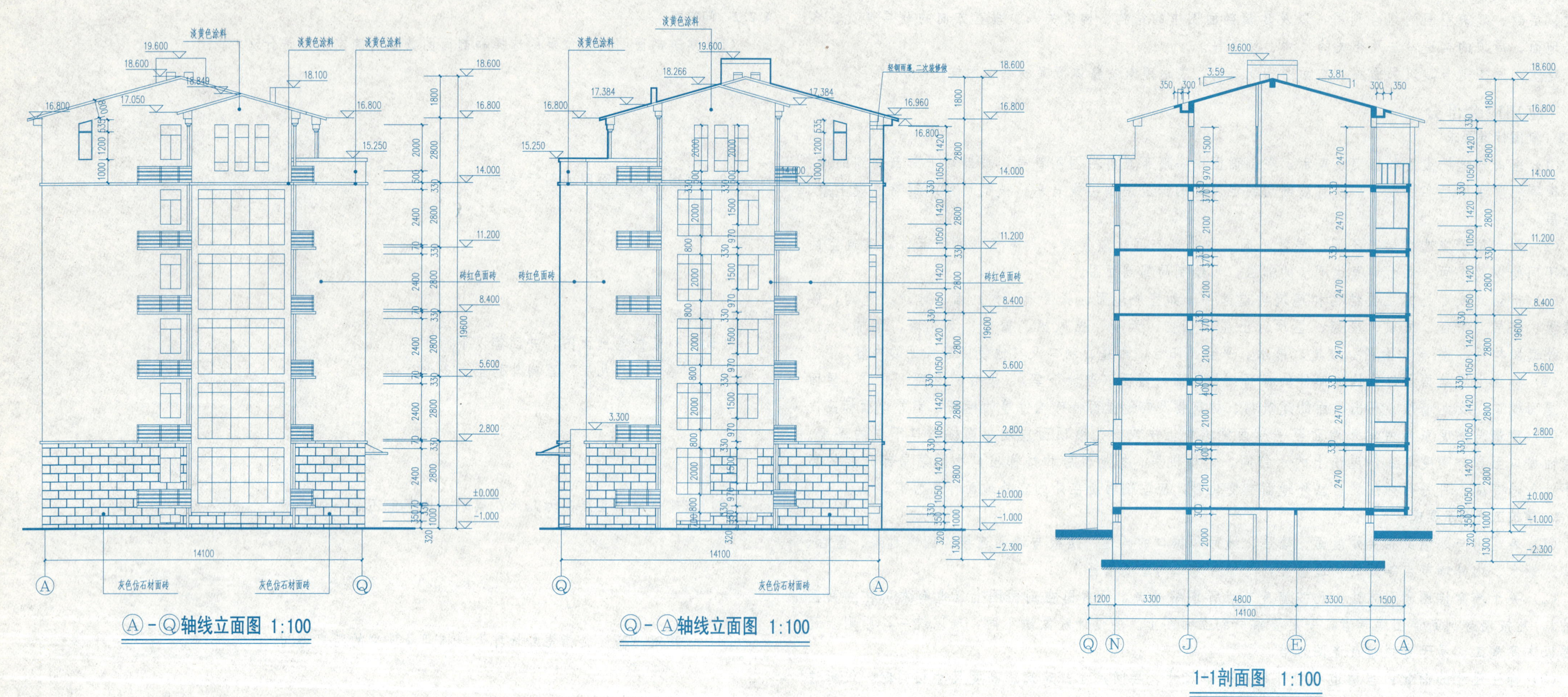

Ⓐ-Ⓠ轴线立面图 1:100

Ⓠ-Ⓐ轴线立面图 1:100

1-1剖面图 1:100

外立面装修说明

1. 除特殊注明外，色彩说明如下：

（1）标高 2.800 以下外墙采用灰色仿石材面砖。做法参 05YJ3-1-D17-1。

（2）标高 2.800～14.000 之间墙面采用砖红色面砖。做法参 05YJ3-1-D17-1。

（3）标高 14.000 以上外墙采用淡黄色涂料。做法参 05YJ3-1-D5-1。

（4）檐口线脚及窗套为淡黄色涂料。

2. 所有装修色彩均应在施工前做出样板由甲方和设计单位认可后方可施工。

3. 所有立面装修均参照此说明。

×××设计院

设计资质等级 ×级 证书号××××××-××

地址：×××× 邮编：××××

电话：××××

传真：××××

E-MAIL：××××

项目经理			工程名称	金谷·阳光地带	工程号	×××-×
审定			子项名称	a10＃、a12＃	子项号	02
专业负责人			Ⓐ-Ⓠ轴线立面图 Ⓠ-Ⓐ轴线立面图 1-1 剖面图		专业	建筑
审核					阶段	施工
校对					日期	××××.××
设计					比例	1:100
制图			图号	建施-11	版次	A

课题 5　多层单元住宅外墙详图

外墙详图是建筑剖面的局部放大图，表达墙体与地面、楼面、屋面的构造连接以及檐口、门窗顶、窗台、勒脚、防潮层、散水、明沟的尺寸、材料、做法等构造情况，它是砌墙、室内外装修、门窗安装、编制施工预算以及材料估算的重要依据，其中许多可以直接引用或参见相应的标准图。

5.1　应知应会部分

5.1.1　制图标准要求

(1) 凡在平面、立面、剖面或文字说明中无法交待或交待不清的建筑构配件和建筑构造均需用较大比例的详图表示出，而外墙详图则是表达外墙身重点部位构造做法的详图。

(2) 建筑外墙详图，宜按直接正投影法绘制。

(3) 建筑外墙详图的常用比例为：1∶1、1∶2、1∶5、1∶10、1∶15、1∶20、1∶25、1∶30、1∶50。

(4) 墙身大样宜由剖面中直接引出，剖视方向应一致，这样对照看图比较方便，当从剖面中不能直接索引时，可由立面中索引，应尽量避免由平面中索引。

(5) 详图需绘出详图符号，应与被索引图样上的索引符号相对应。

5.1.2　建筑工程图示要求

(1) 表达出与外墙身相接处屋面、楼层、地面和檐口的构造、楼板与墙的连接、门窗过梁、窗台、勒脚、散水、内外墙节点等处的构造情况，是墙身施工的重要依据。

(2) 表达出室内外装饰方面的构造、线脚做法等。

(3) 详图在绘制时要求大比例、全尺寸、详细说明，保证清楚表达各细部构造的形状、大小、材料、做法。

(4) 通常在多层房屋中，墙身详图绘制时，若各层情况一样时，可只画底层、顶层或加一个中间层表示，一般从上到下连续画完。

(5) 对于不典型的零星部位，可以作为节点详图就近画在平面图、立面图、剖面图旁，无需绘入墙身大样系列中。

(6) 建筑外墙详图因为绘制比例较大，各部分的构造如结构层、面层的构造均应详细表达出来，并画出相应图例符号。

(7) 建筑外墙详图标高主要标注以下部位：地面、楼面、屋面、女儿墙或檐口顶面、室外地面。

5.2　实训练习

5.2.1　填空题

(1) 从建施-13 图纸上各详图可判断建筑室外标高为____________，地下室层高为____________。

(2) 从建施-13 图纸上各详图可判断地下室及一层部分墙体厚度为____________，二层及以上各楼层墙体厚度为____________。

(3) 建施-13 图纸上 ③ 号详图对应建筑平面图相应部位的轴号为____________。

(4) 建施-13 图纸上各详图的绘图比例为____________。

(5) 综合前面各图，寻找建施-13 图纸上①号详图对应索引符号在编号为____________的图纸上。

(6) 从详图中我们可判断各层楼板材料为____________。

(7) 建筑详图的图示特点____________、____________、____________。

5.2.2　问答题

(1) 简述外墙详图的简化画法。

(2) 详图索引符号及详图符号在施工图绘制时是如何进行前后对应的？

(3) 简述建筑详图的标高和尺寸表示特点。

5.2.3　综合题

(1) 系统叙述详图索引符号及详图符号的表示方法。

(2) 解释建施-13 图纸上 ① 号详图中各索引符号的意思，并指出所对应的详图。

(3) 归纳建筑外墙详图的主要图示内容及深度要求。

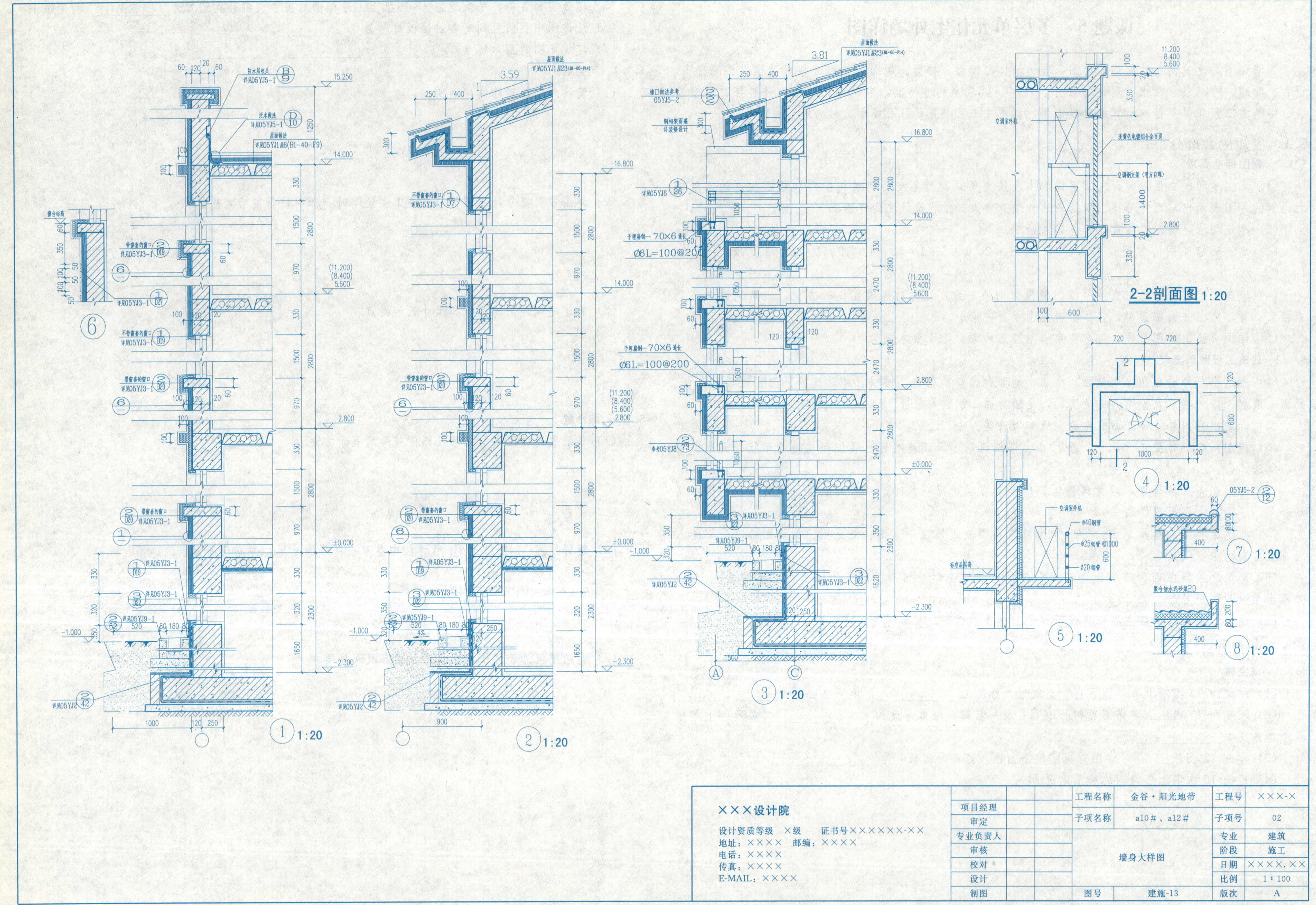
2-2剖面图 1:20
1 1:20
2 1:20
3 1:20
4 1:20
5 1:20
7 1:20
8 1:20
×××设计院
设计资质等级 ×级 证书号××××××-××
地址：×××× 邮编：××××
电话：××××
传真：××××
E-MAIL：××××
项目经理
审定
专业负责人
审核
校对
设计
制图
工程名称 金谷·阳光地带
工程号 ×××-×
子项名称 a10＃、a12＃
子项号 02
专业 建筑
阶段 施工
墙身大样图
日期 ××××.××
比例 1∶100
图号 建施-13
版次 A

课题 6　多层单元住宅楼梯详图

楼梯的构造比较复杂，在建筑平面图和建筑剖面图中不易表达清楚，一般需要另绘楼梯详图。楼梯详图表示楼梯的组成和结构形式，楼梯详图一般包括楼梯平面详图、楼梯剖面详图、楼梯栏杆、扶手做法、踏步防滑做法等，同一楼梯的各图样一般尽量画在同一张图纸内，以方便施工人员对照阅读。

楼梯平面图是各层楼梯的水平剖视图，其剖切位置位于本层向上走的第一梯段内，在该层窗台上和休息平台下的范围。楼梯剖面图是用假想的垂直剖切平面，通过各层的一个梯段和门窗洞口，将楼梯垂直剖切，向另一侧未剖切到的楼梯方向做投影所得的剖面图，其剖切位置和剖视方向需在楼梯一层平面图上标出。

6.1　应知应会部分

6.1.1　制图标准要求

（1）楼梯详图是根据工程性质及复杂程度，所选择绘制的在平面图、立面图、剖面图或文字说明中无法交待或交待不清的楼梯平面图、剖面图及楼梯局部构造的放大图。

（2）楼梯及栏杆扶手的形式和梯段踏步数应按实际情况绘制。

（3）楼梯平面详图在绘制时应注意区分首层、中间层及顶层平面的不同。

（4）底层楼梯平面应注明剖切位置及剖视方向。

（5）为区分楼梯的上、下，一般会把剖切处用倾斜的折断线表示，并用箭头表示楼梯段的上、下走向。

（6）中间平台的深度，不应小于楼梯梯段的宽度，且不得小于1200，对不改变行进方向的平台，其深度可不受此限。

6.1.2　建筑工程图示要求

（1）楼梯间在表示时应标注出墙或者柱的定位轴线，方便查询该楼梯在房屋中的位置。

（2）楼梯详图要求表示楼梯的类型、结构形式、各部位的尺寸及装饰装修做法等，是楼梯施工放样的主要依据。

（3）平面图、剖面图比例宜一致，以便对照阅读，栏杆、扶手、踏步防滑等图样比例宜大些，方便表达清楚详细构造。

（4）楼梯平面详图中应标注如下尺寸：楼梯间的开间和进深尺寸、楼梯平台的宽度、梯段的宽度、梯井的宽度、楼地面和平台的标高，以及其他细部尺寸。通常把梯段长度尺寸与踏面数、踏面宽的尺寸一起表达：踏步宽度×(踏步个数－1)＝梯段宽度。

（5）楼梯剖面详图图示内容一般包括：踏步高度及个数，楼梯平台的标高，各楼层、地面标高，楼梯剖面详图尺寸标注一般表示两道尺寸，一道尺寸是用梯段高度尺寸与踏步高度和个数一起表达：踏步高度×踏步个数＝梯段高度，一道尺寸为楼层尺寸。

6.2　实训练习

6.2.1　填空题

（1）从建施-12 图纸上可判断该楼梯间开间尺寸为__________，二层及以上部分的进深为__________。

（2）从建施-12 图纸上可判断该楼梯间各楼层踏步尺寸为__________，三～五层每梯段踏步的高度为__________，个数为__________。

（3）从建施-12 图纸上可判断该楼梯间梯段净宽为__________，梯井宽度为__________。

（4）楼梯平台部位的净高不应小于__________，楼梯梯段部位的净高不应小于__________，楼梯梯段最低、最高踏步的前缘线与顶部凸出物的内边缘线的水平距离不应小于于 300mm。

（5）楼梯详图的常用绘图比例为__________。

（6）中间平台的深度，不应小于楼梯梯段的宽度，且不得小于__________，对不改变行进方向的平台，其深度可不受此限。

（7）我国规定每段楼梯的踏步数应在__________步。

（8）一般室内楼梯的栏杆高度不应小于__________米，室外楼梯栏杆不应小于__________米，高层建筑室外楼梯栏杆高度不应小于__________米。

6.2.2　问答题

（1）根据建施-12 图纸内容简述栏杆、扶手及踏步防滑的做法。

（2）简述楼梯详图在绘制时的简化画法。

（3）简要叙说楼梯详图一般包括的内容。

6.2.3　综合题

（1）根据建施-12 图纸内容系统叙说楼梯剖面详图的标高及尺寸标注的内容要求及深度要求。

（2）系统叙说楼梯平面详图尺寸标注的内容要求及深度要求。

（3）如何表示出所绘楼梯在整栋建筑中的位置，以方便施工和查阅？

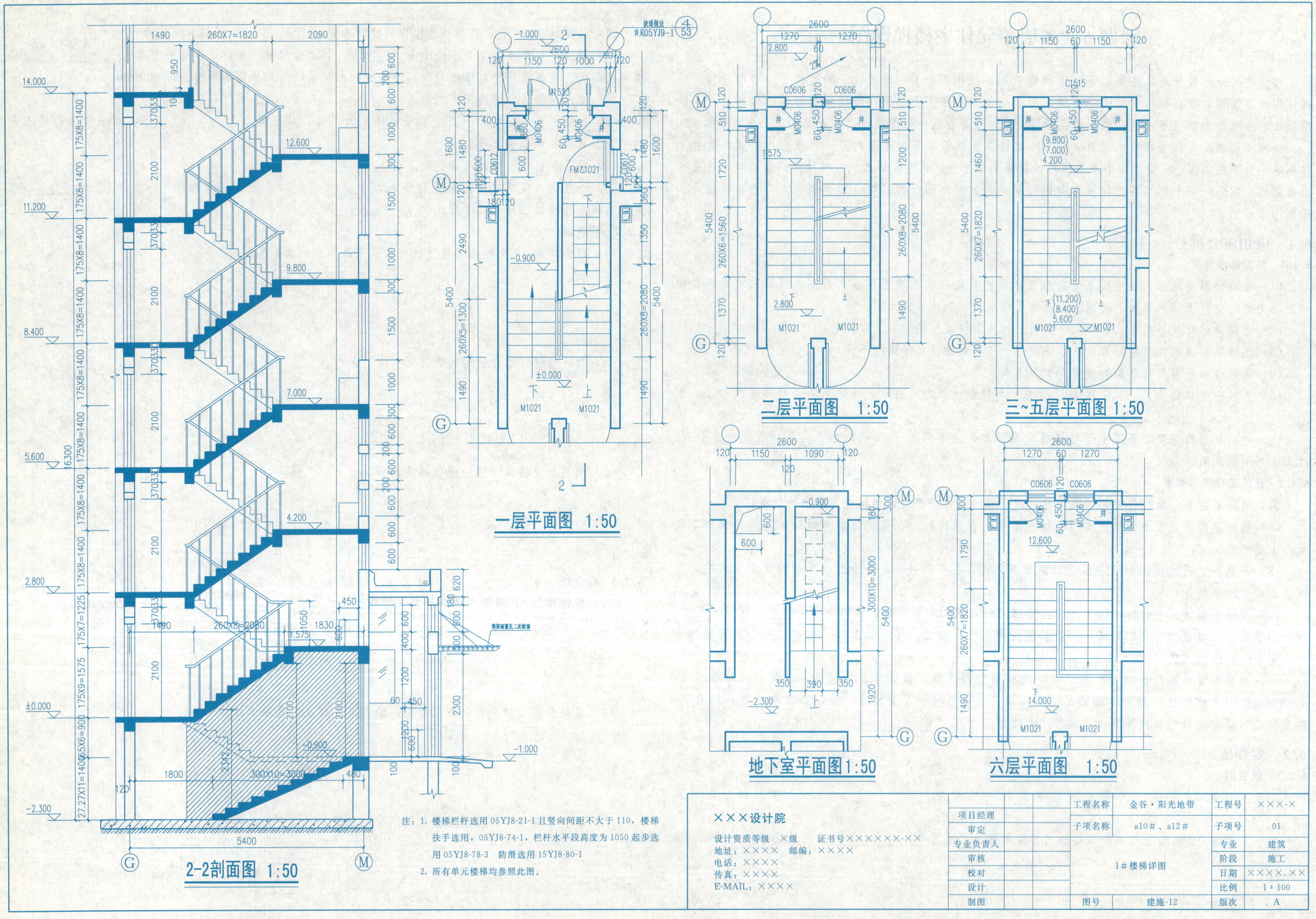
2-2剖面图 1:50
一层平面图 1:50
二层平面图 1:50
三~五层平面图 1:50
地下室平面图1:50
六层平面图 1:50
注：1. 楼梯栏杆选用 05YJ8-21-1 且竖向间距不大于 110，楼梯扶手选用，05YJ8-74-1，栏杆水平段高度为 1050 起步选用 05YJ8-78-3　防滑选用 15YJ8-80-1
2. 所有单元楼梯均参照此图。
×××设计院
设计资质等级　×级　证书号××××××-××
地址：××××　邮编：××××
电话：××××
传真：××××
E-MAIL：××××
项目经理
审定
专业负责人
审核
校对
设计
制图
工程名称　金谷·阳光地带
工程号　×××-×
子项名称　a10#、a12#
子项号　01
专业　建筑
阶段　施工
1#楼梯详图
日期　××××.××
比例　1：100
图号　建施-12
版次　A

课题 7　多层单元住宅屋顶详图

7.1　应知应会部分

7.1.1　制图标准要求

（1）屋顶平面可以按不同的标高分别绘制，也可以画在一起，但应注明不同标高。复杂时多用前者，简单时多用后者。

（2）屋面平面应有女儿墙、檐口、天沟、坡向、雨水口、屋脊（分水线）、变形缝、楼梯间、水箱间、电梯间、天窗及挡风板、屋面上人孔、检修梯、室外消防楼梯及其他构筑物，必要的详图索引符号、标高等；表述内容单一的屋面可缩小比例绘制。

（3）在屋面平面图中可以只标注两端和有变化处，以及供构配件定位的轴线编号及相间尺寸。

7.1.2　建筑工程图示要求

（1）应根据当地的气候条件、暴雨强度、屋面汇流分区面积等因素，确定雨水管的管径和数量。每一独立屋面的落水管数量不宜少于两个。高处屋面的雨水允许排到低处屋面上，汇总后再排除。

（2）当一部分为室内，另一部分为屋面时，应注意室内外交接处（特别是门口处）的高差与防水处理。例如：室内外楼板结构面即便是同一标高，但因屋面找坡、保温、隔热、防水的需要，此时门口处的室内外均应增加踏步，或者做门槛防水。其高度应能满足屋面泛水节点的要求。

（3）屋面排水设计。由于屋面排水天沟常削弱保温效果，因此在寒冷地区亦将屋面多向找坡形成汇水线，使雨水直接流入水落口。但当屋面平面形状复杂或水落口位置不规律时，绘制汇水线的难度也较大。

当屋面四周有女儿墙时，一般做法如下。

无论内排水还是外排水，屋面的排水坡向均宜与女儿墙垂直或平行，以便于施工；排水坡向应以2%为主，以利于排水；当为外排水时，建议屋面的绝大部分为2%坡度的主坡，仅沿女儿墙根据水落口位置增做1%～0.5%的辅坡，即可形成汇水线。此法排水顺畅、施工方便、绘图简单。当然，也可选用一种坡度（2%）绘制，但较为复杂。当为内排水时，首先应使水落口的位置尽量有规律，这样无论采用一种坡度（2%）还是采用加辅坡（1%～0.5%）的两种坡度，汇水线的形成均较为简单，施工也较方便，否则将很复杂。

（4）当选用一种坡度（2%）以及坡向垂直或平行女儿墙时，汇水线与女儿墙的夹角应为45°，同一水落口的汇水线相互垂直。如任意连接汇水线，则无法保证坡度均为2%。

（5）当两水落口的标高和排水坡度相同时，其分水线必然在两水落口连线的中分线上。

7.2　实训练习

7.2.1　填空题

（1）平屋面排水，排水坡度一般为____________。

（2）当选用一种坡度以及坡向垂直或平行女儿墙时，汇水线与女儿墙的夹角应为____________。

（3）当一部分为室内，另一部分为屋面时，应注意室内外交接处（特别是门口处）的____________。

7.2.2　问答题

（1）屋面平面图中轴线及尺寸如何简化标注？

（2）对于选用一种坡度的内排水屋面，其汇水线的形成有何规律？

（3）屋顶排水管道数量与分布情况怎么确定？

7.2.3　综合题

阅读下面坡屋面详图，并回答以下问题。

（1）此屋面为何未标注主要的排水坡度？

（2）屋面檐沟内排水坡度为多少？屋脊线的标高为多少？

（3）此屋面排水采取的是哪种排水方式（外排水还是内排水）？

（4）抄绘此屋顶平面图。

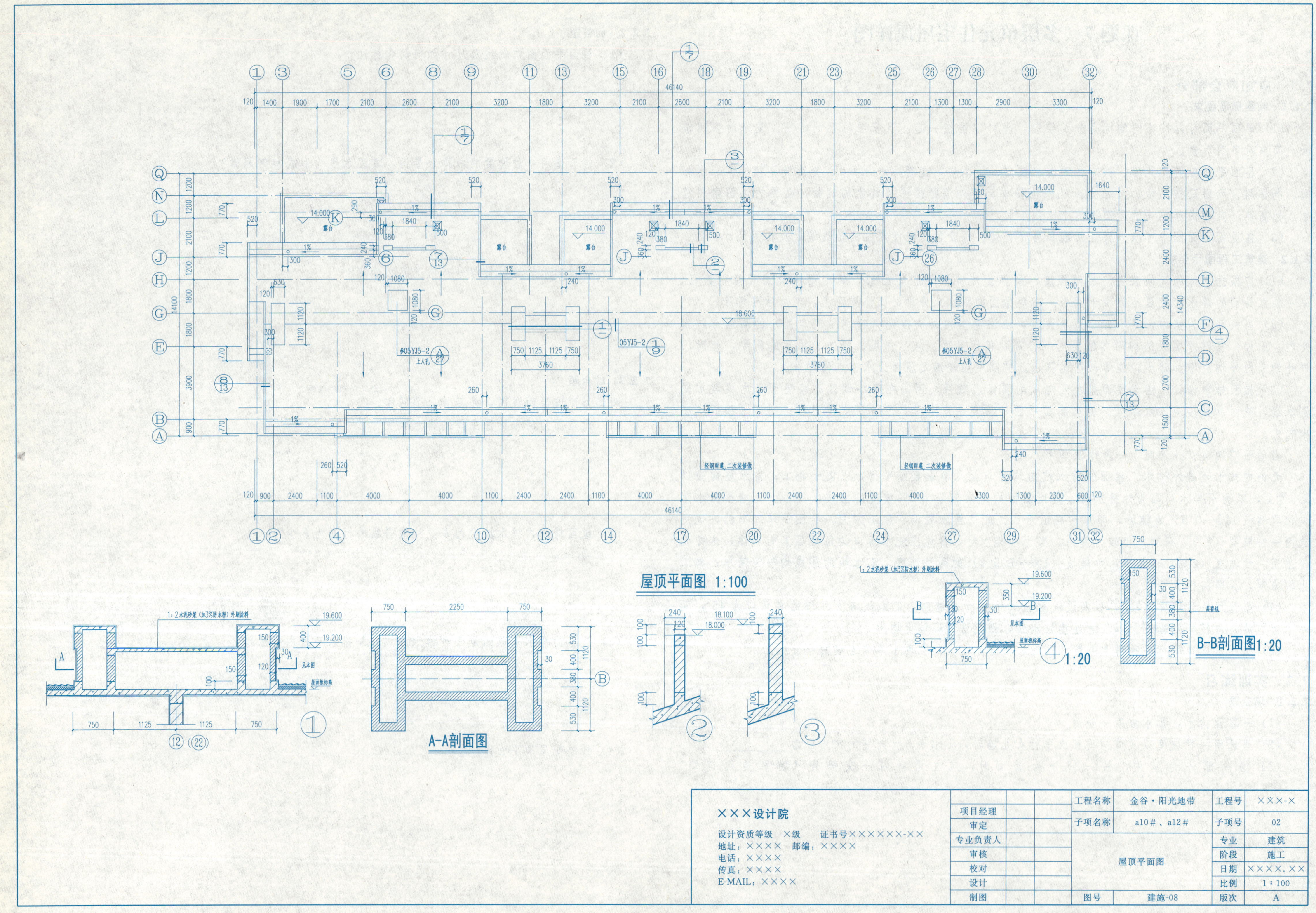
屋顶平面图 1:100
A-A剖面图
B-B剖面图1:20
1:20
1:2水泥砂浆（加3%防水粉）外刷涂料
05YJ5-2
上人孔
露台
14.000
18.600
19.600
19.200
18.100
18.000
46140
14100
14340
轻钢雨篷，二次装修做
×××设计院
设计资质等级 ×级 证书号××××××-××
地址：×××× 邮编：××××
电话：××××
传真：××××
E-MAIL：××××
项目经理
审定
专业负责人
审核
校对
设计
制图
工程名称
金谷·阳光地带
子项名称
a10#、a12#
屋顶平面图
图号
建施-08
工程号
×××-×
子项号
02
专业
建筑
阶段
施工
日期
××××.××
比例
1:100
版次
A

课题8　多层单元住宅门窗详图

8.1　应知应会部分

8.1.1　制图标准要求

(1) 门窗立面的绘制顺序为：先画樘，再画开启扇及开启线。

(2) 门窗开启扇的绘制图例可详见《建筑制图标准》GB/T 50104—2001。

(3) 在门窗高度和宽度方向应标注洞口尺寸和分格尺寸。

(4) 门窗详图说明最好直接写在相关的门窗图内或门窗表的附注内，也可以写在首页的设计说明中。

(5) 门窗立面均系外视图。旋转开启的门窗，用实开启线表示外开，虚开启线表示内开。开启线交角处表示旋转轴的位置，以此可以判断门窗的开启形式，如平开、上悬、下悬、中悬、立转等；对于推拉开启的门窗则用在推拉窗上画箭头表示开启方向；固定扇只画窗樘不画窗扇。

(6) 弧形窗及转折窗应绘制展开立面。

8.1.2　建筑工程图示要求

(1) 门窗立面表示方法有三种，一般采用粗实线画樘，用细线画扇和开启线，做到简繁适度，樘扇分明；用双细实线代替粗实线画樘，图面精细美观，常用于大比例的图纸；用粗实线画樘，细实线画开启线，不画窗扇，可用于小比例的图纸，如玻璃幕墙立面图。

(2) 门窗立面尺寸的标注。门窗立面尺寸的标注应标注三道尺寸，即洞口尺寸、制作总尺寸与安装尺寸、分樘尺寸。但一般将其简化为两道尺寸，即洞口尺寸和分格尺寸。

① 弧形窗或转折窗的洞口尺寸应标注展开尺寸，并宜加画平面示意图，注出半径或分段尺寸。

② 转折窗的制作总尺寸应分段标注。中间部分注窗轴线总尺寸。

③ 若对拼樘位置无明确要求时，分格尺寸可以仅表示立面划分，制作时由厂家调整和确定拼樘位置、节点构造，以方便加工和安装。

(3) 特殊的或非标准的门、窗、幕墙等应有构造详图，如属另行委托设计加工者，要绘制里面分格图，对开启面积大小和开启方式，与主体结构的连接方式、预埋件、用料材质、颜色等作出规定。

(4) 常用的门窗框料有木材、铝合金、塑钢、彩色钢板、实腹钢门窗料。

(5) 门窗详图说明

说明最好直接写在相关的门窗图内或门窗表的附注内，也可以写在首页的设计说明中，说明应包括以下内容。

a. 门窗立樘位置；

b. 外门窗附纱与否，纱的材料与形式（平开、卷轴、固定挂扇等）；

c. 玻璃的颜色［透明（白）色、宝蓝、翠绿、茶色等］与材质［浮法玻璃、净片、镀膜、钢化、夹胶、防火、中空等］；

d. 框的材质与颜色、框料断面尺寸、玻璃厚度及构造节点，详见各种标准图册或由厂家确定；

e. 对特殊构造节点的要求，如通窗在楼层或墙壁之间的防火、隔音处理，以及与主体结构的连接等；

f. 外门窗的抗风压、气密、水密、保温、隔声性能要求；

g. 其他制作及安装要求和注意事项，如门窗制作尺寸应放样并核实无误后方可加工。

8.2　实训练习

8.2.1　填空题

(1) 窗的代码，推拉窗为________，外开窗为________。

(2) 门由________、________、________、________等部分组成。

(3) 常用________　来准确表达门的开启方式。

(4) 旋转开启的门窗，用________开启线表示外开，________开启线表示内开。

(5) 门窗立面尺寸的标注一般简化为两道尺寸，即________尺寸和________尺寸。

8.2.2　问答题

(1) 窗洞口大小的确定方法有哪些？窗的位置布置应注意几点？

(2) 简述住宅门的常用宽度值。

(3) 门窗详图的用途是什么？

(4) 外开、内开、上悬、下悬、中悬、立转、外开滑轴、推拉等不同开启形式的窗立面如何表示？

8.2.3　综合题

阅读下图，回答以下问题。

(1) 该门窗详图中绘制了几种形式的门窗？

(2) 图中门窗编号如C0618、C0715等名称是根据门窗的什么尺寸来限定的？

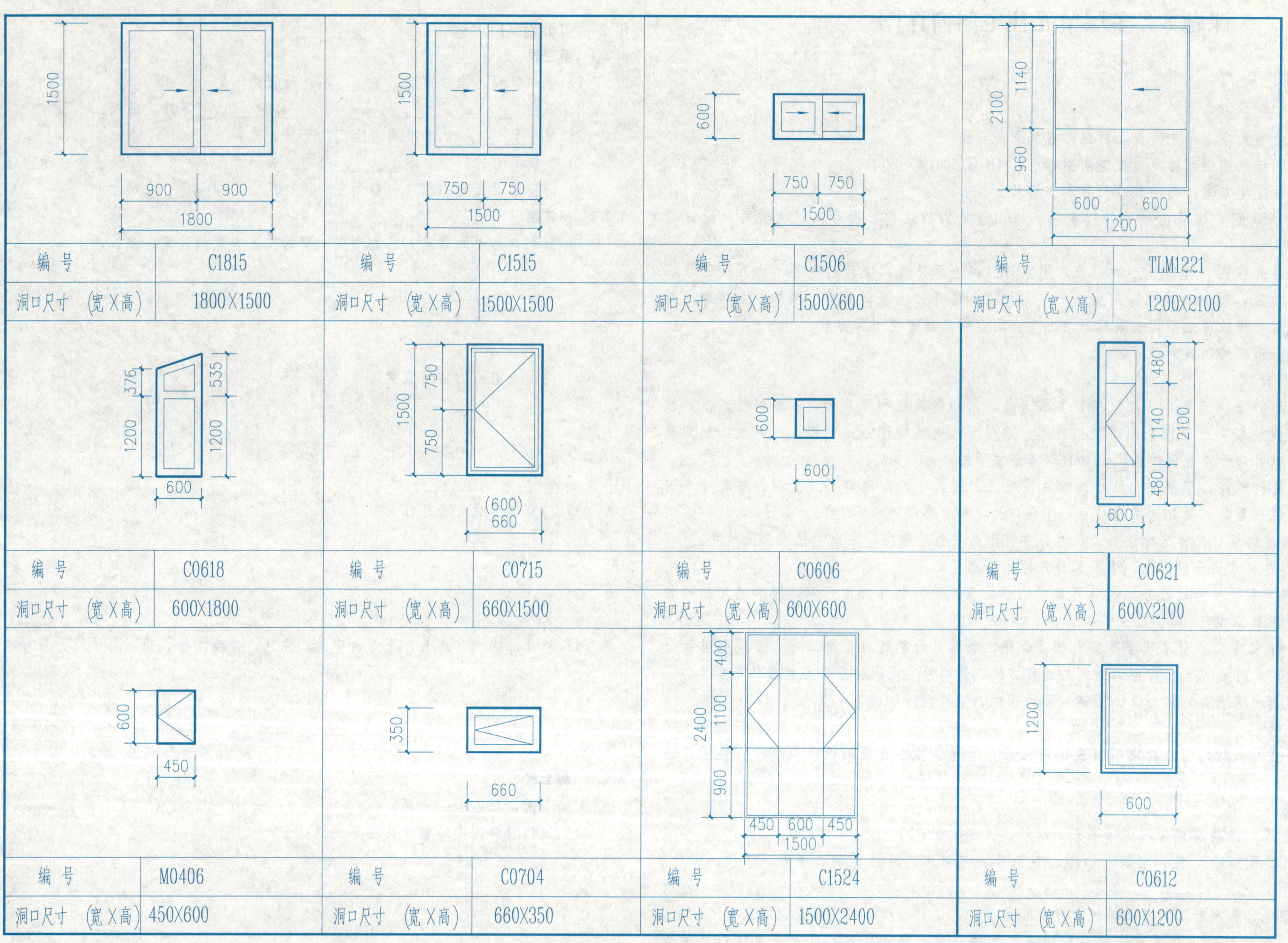
编 号 C1815
洞口尺寸 (宽X高) 1800X1500
编 号 C1515
洞口尺寸 (宽X高) 1500X1500
编 号 C1506
洞口尺寸 (宽X高) 1500X600
编 号 TLM1221
洞口尺寸 (宽X高) 1200X2100
编 号 C0618
洞口尺寸 (宽X高) 600X1800
编 号 C0715
洞口尺寸 (宽X高) 660X1500
编 号 C0606
洞口尺寸 (宽X高) 600X600
编 号 C0621
洞口尺寸 (宽X高) 600X2100
编 号 M0406
洞口尺寸 (宽X高) 450X600
编 号 C0704
洞口尺寸 (宽X高) 660X350
编 号 C1524
洞口尺寸 (宽X高) 1500X2400
编 号 C0612
洞口尺寸 (宽X高) 600X1200

单元③ 民用建筑结构施工图实训

知识点

多层单元住宅基础平面图、结构平面图、钢筋混凝土构件详图、楼梯结构图、混凝土结构施工图平面整体表示方法。

学习目标

通过该单元的学习，使学员能够掌握多层住宅结构施工图的识图方法，掌握民用住宅结构构成特点和施工图的常用表达方法，熟悉建筑结构制图标准和钢筋混凝土结构构造的相关内容。

结构是承受建筑物重量的骨架体系。主要由梁、板、柱、墙体、屋架、支撑、基础等部件组成，这些部件称为结构构件。结构设计即根据建筑各方面的要求，进行结构选型和构件布置，再通过力学计算，决定房屋各承重构件（梁、墙、柱及基础等）的材料、形状、大小以及内部构造等并将设计结果绘成图样，用以指导施工（如施工放线、混凝土浇筑及梁、板的安装等），这种图样称为结构施工图，简称“结施”。换句话说结构施工图就是表达建筑物承重构件的布置、形状、尺寸、材料、构造及其相互关系的图样。

结构施工图包括下列内容。

（1）结构设计说明。包括：抗震设计与防火要求，地基与基础，地下室，钢筋混凝土各结构构件，砖砌体，后浇带与施工缝等部分适用的材料类型、规格、强度等级，施工注意事项等。很多设计单位已把上述内容一一详列在一张“结构说明”图纸上供设计者选用。

（2）结构平面图。一般建筑物主要包括：①基础平面图，工业建筑还有设备基础布置图；②楼层结构平面图布置图，工业建筑还包括柱网、吊车梁、柱间支撑、联系梁布置等；③屋面结构平面图，包括屋面板、天沟板、屋架、天窗架及支撑系统布置等。

（3）构件详图主要包括：①梁、板、柱及基础结构详图；②楼梯结构详图；③屋架结构详图。

（4）其他详图（如挑檐、雨篷等详图）。

课题1　多层单元住宅基础图

基础是位于建筑物底层地面以下，承受着房屋全部荷载的结构构造，它将荷载传递到下面的地基，是建筑物地面以下的主要承重构件。基础是建筑物的重要组成部分，在建筑结构中起着上乘下传的作用。在房屋建筑中，基础的构造形式一般包括条形基础、独立基础、桩基础等。

基础图是表示建筑物基础的平面布置和详细构造的图样。它是施工放线、开挖基槽、砌筑基础的依据。一般包括基础平面图和基础详图。

1.1　应知应会部分

1.1.1　制图标准要求

（1）基础平面图

基础平面图是假想用一个水平剖切面，沿室内地面与基础之间将建筑物剖开，移去上部的房屋结构及其周围土层，向下所作出的水平正投影图。它主要表示基础的平面布置以及墙、柱与轴线的关系，为施工放线、开挖基槽或基坑和砌筑基础提供依据。

① 基础平面图的图示方法。在基础平面图中只需画出基础墙、基础梁、柱以及基础底面的轮廓线。基础墙、基础梁的轮廓线为粗实线，基础底面的轮廓线为细实线，柱子的断面一般涂黑，基础细部的轮廓线通常省略不画，各种管线及其出入口处的预留孔洞用虚线表示。

② 基础平面图的主要内容

a. 图名、比例一般与对应建筑平面图一致，如1∶100。

b. 纵横向定位轴线及编号、轴线尺寸须与对应建筑平面图一致。

c. 基础墙、柱的平面布置，基础底面形状、大小及其与轴线的关系。

d. 基础梁的位置、代号。

e. 基础编号、基础断面图的剖切位置线及其编号。

f. 条形基础边线。每一条基础最外边的两条实线表示基础底的宽度。

g. 基础墙线。每一条基础最里边两条粗实线表示基础与上部墙体交接处的宽度，一般同墙体宽度一致，凡是有墙垛、柱的地方，基础应加宽。

h. 施工说明，即所用材料的强度等级、防潮层做法、设计依据以及施工注意事项等。

（2）基础详图

基础详图是假想用一个垂直的剖切面在指定的位置剖切基础所得到的断面图。它主要反映单个基础的形状、尺寸、材料、配筋、构造以及基础的埋置深度等详细情况。基础详图要用较大的比例（如1∶20）绘制。

① 基础详图的图示方法。不同构造的基础应分别画出其详图。当基础构造相同，而仅部分尺寸不同时，也可用一个详图表示，但需标出不同部分的尺寸。基础断面图的边线一般用粗实线画出，断面内应画出材料图例；若是钢筋混凝土基础，则只画出配筋情况，不画出材料图例。

② 基础详图的图示内容

a. 图名为剖断编号或基础代号及其编号，如1—1或J1，比例较大，如1∶20。

b. 定位轴线及其编号与对应基础平面图一致。

c. 基础断面的形状、尺寸、材料以及配筋。

d. 室内外地面标高及基础底面的标高。

e. 基础墙的厚度、防潮层的位置和做法。

f. 基础梁或圈梁的尺寸及配筋。

g. 垫层的尺寸及做法。

h. 施工说明等。

1.1.2　建筑工程图示要求

（1）基础平面图

① 图示比例一般为1∶100或1∶200，定位轴线及编号与房屋建筑平面相同。

② 墙（或柱）的边线用粗线，基础底边线用细实线。习惯上不画大放脚的水平投影。

③ 基础梁不同断面的剖切符号应分别编号。

④ 尺寸标注主要标注纵向及各轴线之间的距离、轴线到基础底边和墙边的距离以及基坑宽和墙

厚等。

⑤ 图中注写必要的文字说明，如混凝土、砖、砂浆的强度等级，基础埋置深度。

⑥ 设备较复杂的房屋，在基础平面图上还要配合采暖通风图、给排水管道图、电气设备图等，用虚线画出管沟、设备孔洞等位置，注明其内径、宽、深尺寸和洞底标高。

(2) 基础详图

① 基础详图常用1∶20或1∶50的比例，并要求尽可能与基础平面图画在同一张图纸上，以便对照施工。定位轴线及编号与基础平面图相对应。

② 图中应标明基础底面线、室内外地坪标高位置线。基础断面轮廓应标注基础高、宽尺寸，基坑线一般不表示出来。

③ 基础砖墙、大放脚断面和防潮层应在图中分别表示。

④ 标出室内地面、室外地坪、基础底面标高和其他尺寸。

⑤ 书写有关混凝土、砖、砂浆的强度和防潮层材料及施工技术要求等说明。

1.2 实训练习

1.2.1 填空题

(1) 基础图是________________的图样，它的作用是________。一般包括________。

(2) 基础平面图中，基础墙、基础梁的轮廓线为________，基础底面的轮廓线为________，各种管线及其出入口处的预留孔洞用________表示。

(3) 基础图的施工说明一般包括____等。

(4) 结构施工图就是________________________的图样，其作用是________________________。

(5) 建筑结构按所使用的材料来分类，可以分为________、________、________和________。

(6) 建筑结构按承重结构类型划分为________、________、________和________等。

(7) 构件代号WB、QL、KZ、JCL各代表________、________、________、________。

(8) 为了突出表示钢筋的配置状况，在构件的立面图和断面图上，轮廓线用中粗线或细实线画出，图内不画材料图例，而用在立面图钢筋用________线型表示。断面图中钢筋用________表示。

1.2.2 问答题

(1) 基础图主要包括什么内容？各自的主要图示内容是什么？

(2) 每组相同的钢筋、箍筋或环筋，可以用什么简化表示方法？

(3) 建筑工程中常用的钢筋的表示方法是什么？

(4) 钢筋的弯钩有哪些形式？试用图形表示出来？

(5) 结构施工图包括的内容有什么？

1.2.3 综合题

阅读下面的基础图，并回答下面的问题。

(1) 本工程结构类型是________，楼板类型为________。基础类型是________，其埋置深度为________mm，基础材料是____________，垫层厚度是____________，材料是________________。基础底部纵向受力钢筋为________。

(2) 本工程混凝土强度等级有__________________，构件的保护层厚度有__________________。

(3) 基础平面图中JZL3表示____________，其断面尺寸是________mm×________mm，受力钢筋为________，架立钢筋为____________，分布钢筋为________________。

(4) 基础墙体的厚度为________，防潮层采用____________，其钢筋配置为________________，基础墙的大放脚尺寸为____________________。

(5) 基础柱共有________种类型，其中GZ1的截面形式为长________mm，宽________mm，其钢筋配置形式为主筋为________，箍筋为________。

(6) 符号⌀10@150 (4) 表示的意义是________________________________。

(7) 在2＃图纸上抄绘下面的基础结构平面布置图，注意选用合适的比例和线宽。

结构设计总说明

一、工程概况

(1) 本工程位于××市××大道与××路东北角，六层砖混结构，基础采用筏板基础，楼板为预制板和现浇板。砌体施工质量控制等级要求达到 B 级，建筑总高度为 17.500 米。

(2) 未经技术鉴定或设计许可，不得改变结构的用途和使用环境。

二、建筑结构的安全等级及设计使用年限

建筑结构的安全等级：二级

结构设计使用年限：50 年

建筑抗震设防类别：丙类

地基基础设计等级：丙级

三、自然条件

(1) 基本风压：0.4kN/m^2

地面粗糙度：C 类

(2) 基本雪压：0.3kN/m^2

(3) 抗震设防烈度：8 度（抗震构造措施按八度）

设计基本地震加速度　　0.20g

设计地震分组　　第一组

建筑场地类别：　　Ⅰ类

(4) 场地的工程地质及地下水条件

① 依据的岩土工程勘查报告为××市建筑设计研究院勘探队提供的《××××××岩土工程勘察报告》。

② 地下水：场区地下水位埋深在地表下 5.0～5.2 米左右，年变幅 2.5 米左右，地下水对混凝土无腐蚀性，对混凝土中钢筋干湿交替季节有弱腐蚀性。

③ 场地土类型：中软场地土。

④ 地基基础：基础底面座于第 2 单元粉质黏土和第 3 单元粉土层上，地基承载力特征值 f_{ak}=100kPa。a10＃、a12＃楼为中等液化。

四、本工程相对标高±0.000，相对应的绝对标高为 73.20。

五、本工程设计遵循的标准、规范、规程

《建筑结构可靠度设计统一标准》　(GB 50068—2001)

《建筑结构荷载规范（2006 年版）》　(GB 50009—2001)

《砌体结构设计规范》　(GB 50003—2001)

《多孔砖砌体结构技术规范》　(JGJ 137—2001)

《混凝土结构设计规范》　(GB 50010—2002)

《建筑地基基础设计规范》　(GB 50007——2001)

《建筑抗震设计规范（2008 年版）》　(GB 50011—2001)

《住宅工程质量通病防治技术规程》　(DBJ 41/070—2005)

《建筑工程抗震设防分类标准》　(GB 50223—2008)

其它有关现行的国家设计规范及规程

六、设计采用的均布活荷载标准值

部　位	活荷载/(kN/m^2)	部　位	活荷载/(kN/m^2)
屋面(上人)	2.0	楼面、厨卫间	2.0
屋面(不上人)	0.5	消防疏散楼梯	3.5
阳台	2.5	住宅栏杆水平荷载	0.5

七、本工程设计计算所采用的计算程序

结构分析计算采用中国建筑科学研究院《PKPM CAD 系列工程软件》(2007 年版)（新规范版）。

八、地基基础

(1) 基槽挖至设计标高后，应通知勘察、施工、设计、建设监理单位共同验槽。

(2) 当地下沟管通过基础墙时，沟管顶部要按门窗洞口要求设置钢筋混凝土过梁。

(3) 电气专业对基础钢筋连接的要求详见电气施工图。

九、主要结构材料

(1) 现浇结构混凝土强度等级

① 基础垫层为 C15 混凝土；±0.000 以下为 C25 混凝土；±0.000 以上为 C20 混凝土。

② 本建筑混凝土的环境类别为：基础及阳台、雨篷等外露构件二（b）类，卫生间二（a）类，其它一类。

③ 混凝土耐久性的具体要求

环境类别	最大水灰比	最小水泥用量	最大氯离子含量	最大碱含量
一	0.65	225kg/m^3	1.0%	不限制
二(b)	0.55	275kg/m^3	0.2%	3.0kg/m^3
二(a)	0.60	250kg/m^3	0.3%	3.0kg/m^3

④ 混凝土保护层厚度

环境类别	楼层现浇板	混凝土梁	混凝土柱
一	15	25	30
二(b)	20	30	30
二(a)			

基础底面：40；顶面：板 20，梁 30

(2) 钢筋

名　称	HPB235 钢筋	HRB335 钢筋	HRB400 钢筋
符　号	Φ	Φ	Φ

注：1. 钢筋的强度标准值应具有不小于 95%的保证率。

2. 当需要以强度等级较高的钢筋替代原设计中的纵向受力钢筋时，应按照钢筋承载力设计值相等的原则换算，并应满足最小配筋率、抗裂验算等要求。

(3) 墙体材料

名称＼部位	±0.000 以下	一、二、三层	四、五层	六层及以上
砂浆	M10	M10	M7.5	M7.5
	水泥砂浆	混合砂浆	混合砂浆	混合砂浆
砌体	MU10	MU10	MU10	MU10
	烧结煤矸石砖	P 型烧结多孔砖	P 型烧结多孔砖	P 型烧结多孔砖
	后砌填充墙采用 P 型烧结多孔砖或 A3.5 加气混凝土砌块，其砌筑砂浆采用 M5 混合砂浆			

十、钢筋接头与锚固

(1) 钢筋接头形式及要求

① 接头位置宜设置在受力较小处，在同一根钢筋上宜少设接头。

② 受力钢筋接头的位置应相互错开，当采用机械连接或焊接接头时，在任一 35d 且不小于 500 区段内，和当采用绑扎搭接接头时，在任一 1.3 倍搭接长度的区段内，有接头的受力钢筋截面面积占受力钢筋总截面面积的百分率应不大于下表要求：

×××建筑设计院				工程名称		×××小区住宅楼	
审　定		方　案		结构设计说明		设计号	××××
总工程师		设　计				图　别	结施
注册师		制　图				图　号	1
审　核		校　对				专业张数	9
项目负责人		专业负责人		第 1 张	共 9 张	日　期	××××

结构设计总说明

接头形式	受接区接头数量	受压区接头数量
机械连接或焊接	50	50
绑扎连接	25	50

③ 钢筋的搭接长度，锚固长度详见 03G101-1 第 33～35 页。

(2) 钢筋的工地接头，当直径 $d>20$ 时优先采用机械连接或焊接。

十一、钢筋混凝土结构构造

(1) 现浇钢筋混凝土板

除具体施工图中有特别规定者外，现浇钢筋混凝土板的施工应符合以下要求：

① 板的底部钢筋伸入支座长度应$\geqslant 10d$，且应伸过支座中心线。

② 板的边支座和中间支座板顶标高不同时，负筋在梁或墙内的锚固应满足受拉钢筋最小锚固长度 l_a。

③ 双向板的底部钢筋，短跨钢筋置于外侧，长跨钢筋置于内侧。

④ 当板底与梁底平时，板的下部钢筋伸入梁内须弯折后置于梁的下部纵向钢筋之上。

⑤ 未注明的现浇板分布筋均为Φ6@250。

(2) 钢筋混凝土梁

① 梁内箍筋采用封闭形式，并作成 135°弯钩，纵向钢筋为多排时，应增加直线段弯钩在两排或三排钢筋以下弯折。梁内第一根箍筋距柱边、梁边、墙边 50 起设置。

② 主梁内在次梁作用处，箍筋应贯通布置，凡未在次梁两侧注明箍筋者，均在次梁两侧各设 2 组箍筋，箍筋肢数、直径同主梁箍筋，间距 50。

③ 主次梁底平时，次梁的下部纵向钢筋应置于主梁下部纵向钢筋之上。

④ 梁的纵向钢筋需要设置接头时，底部钢筋应在距支座 1/3 跨度范围内接头，上部钢筋应在跨中 1/3 跨度范围内接头。

⑤ 梁跨度大于或等于 4m 时，模板按跨度 0.2%起拱；悬臂梁按悬臂长度的 0.4%起拱。起拱高度不小于 20。

十二、钢筋混凝土楼，屋面板

(1) 施工时应与各专业密切配合，穿板的管洞不得后凿，对于洞宽＜300 的管洞可按各专业图纸提供的位置予留，但结构的板筋不得截断，钢筋应在洞边绕过；对于洞宽≥300 的管洞结构图中未注明者，按本页节点 È1É 施工。

(2) 未标注的门窗过梁选用 02YG301 中对应砌体种类的过梁；过梁标注均详见各层平面，未标注者均为 4 级过梁。

当门洞上方作为楼层梁的支点时，过梁断面加高 100（当与圈梁重叠时与圈梁合并），底部筋增设 2Φ14，箍筋Φ6@150。

大于 300 宽的基础留洞选用 02YG301 烧结普通砖 1 级过梁当洞口上部砌体不符合模数时，应适当加高过梁截面。

(3) 门窗洞口上方均应设过梁，当洞口上方位置有其他现浇梁式构件时，过梁可与其合并，在其底面附加 3Φ10 钢筋，长为洞口尺寸加 500。

十三、圈梁与构造柱

(1) 所有 240、370 墙体在楼层位置处无其他梁式构件时均设置板底圈梁，各楼层未特殊注明者按〈02YG001-1〉27～31 页，将圈梁高度改为 150，圈梁纵筋进入其他梁式构件 600。坡屋面采用现浇板时，其圈梁未注明者采用本页节点 È4É。

(2) 圈梁与构造柱，圈梁与圈梁间的连接参照 02YG001-1 页 32-38 相关节点。

(3) 预制板板端连接大样按《02YG201》第 91～96 页 8 度区板端预留拉结筋做法。

(4) 梁在支座处搭板大样详见本页节点 È3É。

(5) 构造柱位置见基础、楼、屋面结构平面布置图；构造柱节点及与墙体的拉接详见 02YG001-1 页 8-17 构造柱尺寸及配筋与本工程相关详图。

(6) 构造柱的施工程序必须是先砌墙、后浇柱，即先砌墙留槎，再浇混凝土构造柱。

十四、墙体抗震构造

(1) 六层楼梯间加强构造见 02YG001-1 页 44。

(2) 底层和顶层墙体窗台处防裂措施见 02YG001-1 页 46È1É。

钢筋贯通该开间，图中另有做法者按该做法执行。

顶层窗上沿抗裂措施按第 47 页。

挑梁端部防裂措施见本页 È1É。

(3) 无构造柱墙角配置拉结筋见 02YG001-1 页 48。

(4) 后砌填充墙与先砌承重墙的连接及与梁底板底的连接见〈02YG001-1〉59 页相关节点，与构造柱连接见〈02YG002〉43 页相关节点。

十五、其它

(1) 图中未注明单位的尺寸，除标高为米（m）外，其他均为毫米（mm）。

(2) 本工程采用国家标准图《混凝土结构施工图平面整体表示方法制图规则和构造详图 03G101-1》的表示方法。施工图中未注明的构造要求应按照标准图的有关要求执行。

(3) 凡预留洞，预埋件或吊钩等应严格按照结构图并配合其他工种图纸进行施工，严禁擅自留洞，留水平槽或事后凿洞，不得在承重墙上埋设通长水平管道或水平槽，不得在截面长边小于 500 的承重墙，独立柱内埋设管线，横穿钢筋混凝土板或承重墙的边长不小于 300 的预留洞，应以结构图为准，其他专业图纸或设计修改通知与本条说明有矛盾时，应征得结构设计人员同意并采取有效措施后方可施工。

(4) 未说明未详尽处，应遵照国家有关规范与规程规定施工

选用的标准图集

03G101-1	混凝土结构施工图平面整体表示方法制图规则和构造详图	全国通用
02YG001-1	砌体结构构造详图	河南省通用
02YG002	钢筋混凝土结构抗震构造详图	河南省通用
02YG201	预应力混凝土空心板	河南省通用
02YG301	钢筋混凝土过梁	河南省通用

×××建筑设计院				工程名称		×××小区住宅楼	
审定		方案		结构设计说明		设计号	××××
总工程师		设计				图别	结施
注册师		制图				图号	1
审核		校对				专业张数	9
项目负责人		专业负责人		第1张	共9张	日期	××××

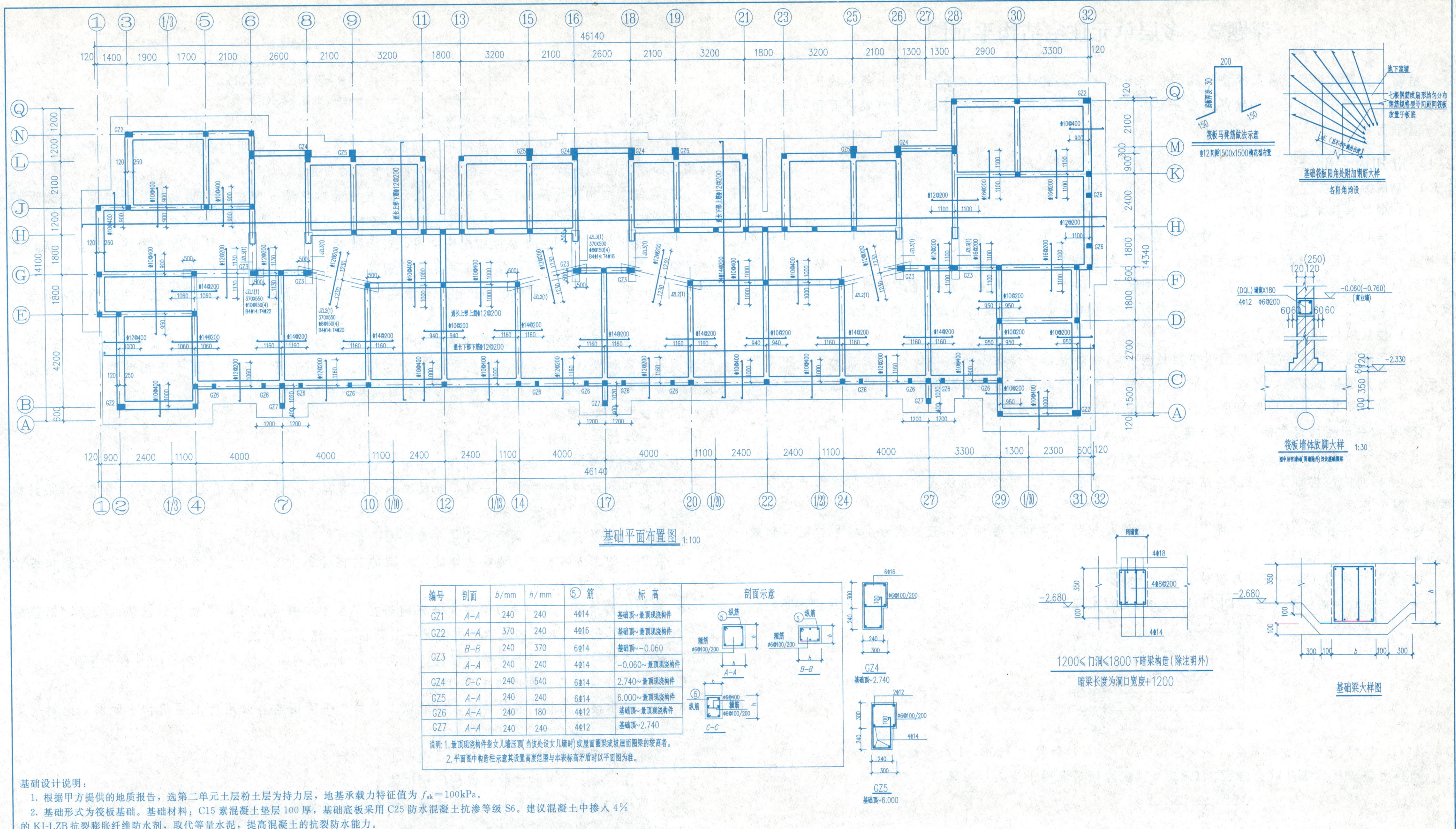

基础平面布置图 1:100

编号	剖面	b/mm	h/mm	⑤筋	标高	剖面示意
GZ1	A-A	240	240	4Φ14	基础顶~最顶现浇构件	
GZ2	A-A	370	240	4Φ16	基础顶~最顶现浇构件	
GZ3	B-B	240	370	6Φ14	基础顶~-0.060	
	A-A	240	240	4Φ14	-0.060~最顶现浇构件	
GZ4	C-C	240	540	6Φ14	2.740~最顶现浇构件	
GZ5	A-A	240	240	6Φ14	6.000~最顶现浇构件	
GZ6	A-A	240	180	4Φ12	基础顶~最顶现浇构件	
GZ7	A-A	240	240	4Φ12	基础顶~2.740	

说明：1. 最顶现浇构件指女儿墙压顶(当该处设女儿墙时)或屋面圈梁或坡屋面圈梁的较高者。
2. 平面图中构造柱示意其设置高度范围与本表标高矛盾时以平面图为准。

基础设计说明：

1. 根据甲方提供的地质报告，选第二单元土层粉土层为持力层，地基承载力特征值为 $f_{ak}=100$kPa。

2. 基础形式为筏板基础。基础材料：C15 素混凝土垫层 100 厚，基础底板采用 C25 防水混凝土抗渗等级 S6。建议混凝土中掺入 4%的 KJ-LZB 抗裂膨胀纤维防水剂，取代等量水泥，提高混凝土的抗裂防水能力。

保护层厚度：基础 40mm（迎水面 50mm）；柱，梁 25mm，钢筋：Φ表示 HPB235 级；Φ表示 HRB335 级；Φ表示 HRB400 级。墙体材料：±0.000 以下采用 Mu10 烧结烧矸石转、M10 水泥砂浆。

3. 本图未标注墙厚度均为 240mm，墙均居轴线中，圈梁轴线与墙轴线重合。筏板厚除注明外均为 $h=350$mm。未标注的外挑长度均距外墙轴线 800，筏板构造详 04G101-3。

4. 基坑见 04G101-3 页 57 基坑 JK 构造（一），尺寸定位详见建施。

5. 基础回填土应分层夯实，压实系数不小于 0.94。

6. 图中构造柱仅在基础平面图中标出，未标注构造柱均为 GZ1，未定位 GZx 均居轴线中或一边与门窗洞口相切。（请参照建筑图中门窗洞口尺寸进行施工）。除注明外构造柱均通至各对应屋顶。构造柱边墙垛尺寸≤120 时可与柱整浇（是否与柱整浇施工单位定）。梯段处及楼梯外伸部分构造柱定位设置详见结施—09。

7. 楼梯外伸部分及一层商铺部分待主楼施工完工后再施工。

8. 主楼大洞口处设基础暗梁、详见本图大样。

9. 施工放线时结构图要与建筑图一致。未尽事宜应按照国家现行规范、规程、规定执行，图中不明之处请设计人员协商解决。

×××设计院

设计资质等级 ×级 证书号××××××-××
地址：×××× 邮编：××××
电话：××××
传真：××××
E-MAIL：××××

项目经理		工程名称	××××××	工程号	×××-×
审定		子项名称	×××住宅楼	子项号	02
专业负责人		基础平面布置图		专业	结构
审核				阶段	施工
校对				日期	××××.××
设计				比例	1:100
制图		图号	结施-02	版次	A

课题2　多层单元住宅结构平面图

结构平面图表示房屋各层承重结构构件布置情况，是表达建筑物位于地面以上部分的图样。民用建筑一般采用砖石混合结构和钢筋混凝土结构，其结构平面图一般包括楼层结构布置平面图和屋顶结构布置平面图。

2.1　应知应会部分

2.1.1　制图标准要求

（1）楼层结构布置平面图

楼层结构平面图是用来表示各楼层结构构件（如墙、梁、板、柱等）的平面布置情况，以及现浇混凝土构件构造尺寸与配筋情况的图纸，是建筑结构施工时构件布置、安装的重要依据。楼层结构布置图的形成是假想沿楼面（只有结构层，未做面层）将建筑物水平剖切后所得的楼面的水平投影。它反映出每层楼面上板、梁及楼面下层的门窗过梁布置以及现浇楼面板的构造及配筋情况。

（2）楼层结构平面图的图示方法

结构平面图中墙身的可见轮廓用中粗线表示，被楼板挡住而看不见的墙、柱和梁的轮廓用中虚线表示。有时为了画图方便，习惯上也把楼板下的不可见轮廓线，由虚线改画成细实线，这是一种镜像投影法。钢筋混凝土柱断面用涂黑表示，梁的中心位置用粗点划线表示。

① 结构平面图的定位轴线必须与建筑平面图一致。

② 对于承重构件相同的楼层，可只画一个结构平面图，该图为标准层结构平面图。

③ 楼梯间的结构布置，一般在结构平面图中不予表示，只用双对角线表示，楼梯间这部分内容在楼梯详图中表示。

④ 楼层上各种梁、板、柱构件，在图上都用规定的代号和编号标记，查看代号、编号和定位轴线就可以了解各种构件的位置和数量。

⑤ 预制构件的代号、型号与编号标注方法如下：

矩形截面过梁的编号（选自DBJT-13——地区标准建筑图第十三分册，即《钢筋混凝土过梁图集》）。

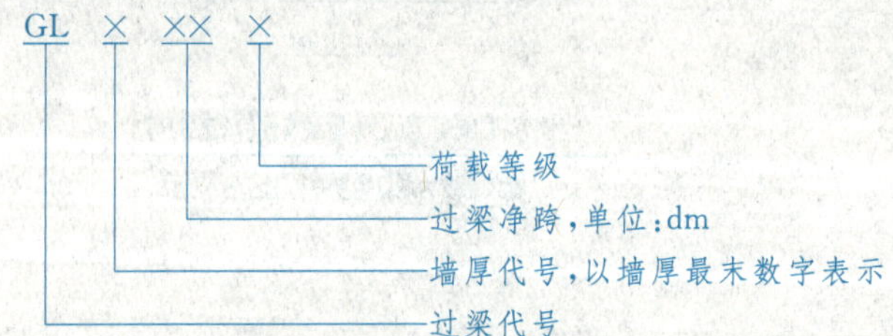

如GL 4181表示该过梁宽度（墙厚）为240，过梁净跨度为1800，1级荷载。

预应力空心板的编号（选自西南G222《预应力钢筋混凝土空心板图集》）

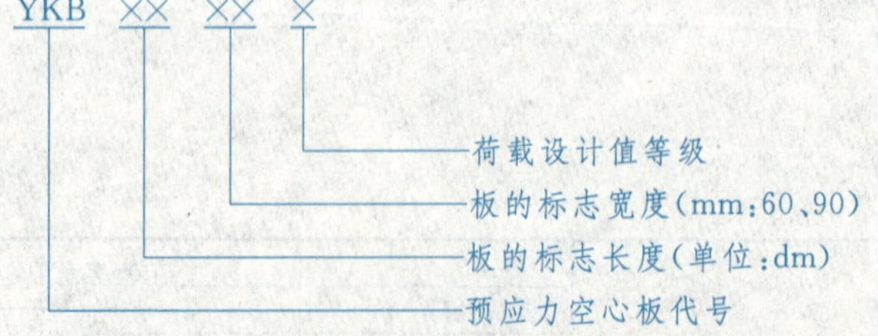

如2YKB4590—5表示两块预应力空心板，此板的板跨4500（实际板长4480），板宽900（实际板宽890），5级荷载。

在“川92G402”中2Y—KB276—5表示两块板跨为2700，板宽为600，荷载级别为5级的预应力空心板。符号的含义为：

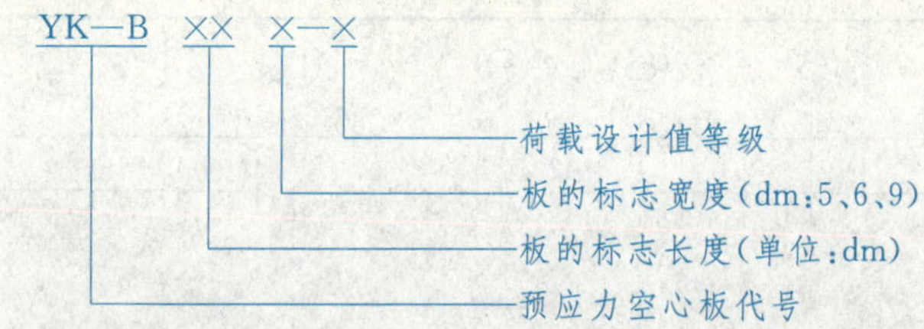

⑥ 预制板在平面图中的布置一般有两种方式。

a. 在每个结构单元中分块画出，并注写数量及型号。对于预制板的铺设方式相同的单元，用相同的编号如甲、乙等表示，而不一一画出每个单元楼板的布置。

b. 在每个结构单元范围内画一对角线表示，并沿着对角线方向注明预制板的数量和代号。对于相同铺设区域，只需作对角线，并注明相同板号。这种方式表示方便，应用较多。

⑦ 现浇板的平面图主要画板的配筋详图，表示出受力筋、分布筋和其他构造钢筋的配置情况，并注明编号、规格、直径、间距等。每种规格的钢筋只画出一根，按其形状画在相应位置上。配筋相同的楼板，只需将其中一块板的配筋画出，其余各块分别在该楼板范围内画一对角线，并注明相同板号。

（3）屋顶结构布置平面图

屋顶结构布置平面图是表示屋面承重构件平面布置的图样。屋顶的结构形式有时会与楼层不同，但其图示内容和表达方法与楼层结构平面图基本相同，因此在识读屋顶平面布置图时要注意结构建筑施工图来区别屋顶哪些构件和楼层结构构件不同，其主要的作用是什么。

2.1.2　建筑工程图示要求

（1）楼层结构平面图

① 现浇钢筋混凝土楼层结构平面图的主要内容

a. 图名应和结构构件的编号一致，能反映图示的内容。比例一般采用1∶100或1∶200，如果结构形式比较简单也可采用较大比例。

b. 定位轴线及其编号、间距尺寸应与建筑图一致。

c. 在图名的下方常标注现浇板的厚度，板顶的结构标高在图中合适位置标注。有时也在结构设计说明中注明板的厚度和标高。

d. 板的配筋情况，板的受力钢筋和分布钢筋在平面图中表示，用粗实线表示钢筋的形状，钢筋的断面用涂黑的圆表示，对于构造钢筋的情况一般需在设计说明或附注中表明。

e. 必要的设计详图或有关说明，通过结构设计说明或板的施工说明，明确板的材料及等级。

② 预制板楼层结构平面图的主要内容

a. 图名表示楼层结构的具体位置，一般以二层结构平面图或者采用标准层结构平面图。比例采用较小的比例，如1∶100或1∶200等。

b. 与建筑平面图相一致的定位轴线及编号。

c. 墙、柱、梁、板等构件的位置及代号和编号。

d. 预制板的跨度方向、数量、型号或编号和预留洞的大小及位置。

e. 轴线尺寸及构件的定位尺寸。

f. 详图索引符号及剖切符号。

g. 文字说明。

（2）常用构件代号

在楼层结构平面图中，常需要注明构件的代号。构件的代号通常以构件名称的汉语拼音第一个大写字母表示。常用结构构件的代号见表3-1。

（3）钢筋的等级

钢筋按其强度和品种分成不同的等级。常见的热轧钢筋有以下几种。

表 3-1　常用构件的代号

序号	名　称	代号	序号	名　称	代号	序号	名　称	代号
1	板	B	15	吊车梁	DL	29	基础	J
2	屋面板	WB	16	圈梁	QL	30	设备基础	SJ
3	空心板	KB	17	过梁	GL	31	桩	ZH
4	槽形板	CB	18	连系梁	LL	32	柱间支撑	ZC
5	折板	ZB	19	基础梁	JL	33	垂直支撑	CC
6	密肋板	MB	20	楼梯梁	TL	34	水平支撑	SC
7	楼梯板	TB	21	檩条	LT	35	梯	T
8	盖板或沟盖板	GB	22	屋架	WJ	36	雨篷	YP
9	挡雨板或檐口板	YB	23	托架	TJ	37	阳台	YT
10	吊车安全走道板	DB	24	天窗架	CJ	38	梁垫	LD
11	墙板	QB	25	框架	KJ	39	预埋件	M
12	天沟板	TGB	26	刚架	GJ	40	天窗端壁	TD
13	梁	L	27	支架	ZJ	41	钢筋网	W
14	屋面梁	WL	28	柱	Z	42	钢筋骨架	G

注：1. 预制钢筋混凝土构件，现浇钢筋混凝土构件，钢构件和木构件，一般可直接采用本表中的构件代号。在设计中，当需要区别上述构件的种类时，应在图纸中加以说明。

2. 预应力钢筋混凝土构件代号，应在构件代号前加注"Y-"，如 Y-DL 表示预应力钢筋混凝土吊车梁。

① Ⅰ级钢筋。即 3 号光圆钢筋，外形光圆，用符号Φ表示，材料为普通碳素钢。

② Ⅱ级钢筋。外形为螺纹或人字纹，用符号Φ表示，材料为 16 锰硅钢。

③ Ⅲ级钢筋。外形为螺纹或人字纹，用符号Φ表示，材料为 25 锰硅钢。

④ Ⅳ级钢筋。用代号Φ表示。

⑤ 此外，还有冷拔低碳钢丝 ϕ^b 等。

(4) 钢筋的分类及作用

钢筋混凝土构件中钢筋是根据结构计算或构造要求而进行配置的，这些钢筋的形状和作用各不相同，按钢筋在构件中所起的作用不同，可以分为以下几种。

受力筋：承受拉力、压力或扭矩的主要受力钢筋，也称纵筋或主筋，承受拉力的钢筋称为受拉筋；承受压力的钢筋称为受压筋；承受扭矩的钢筋称为抗扭钢筋。

箍筋：也称为钢箍，主要是用来固定受力钢筋位置，加强纵向受力钢筋的稳定，并且能够承担剪力和扭矩的作用。一般根据构件的外形形状可以做成矩形箍和圆形箍，在梁、柱中经常要配置箍筋。

架立筋：一般常用于钢筋混凝土梁类构件内，其主要作用是固定箍筋位置，并与受力筋一起构成钢筋骨架。有时也可以承受部分拉力、压力。

分布筋：一般常用于钢筋混凝土板类构件中，与受力筋垂直布置，将荷载均匀地传递给受力钢筋，并与板内受力筋一起构成钢筋骨架而配置的钢筋。

其他钢筋：因构造要求或施工安装需要而配置的钢筋。如预埋件的锚固筋、布置在高断面梁侧面的腰筋、钢筋混凝土中墙起拉结作用的拉筋等。

(5) 钢筋的图示方法

为了突出表示钢筋的配置状况，在构件的立面图和断面图上，轮廓线用中粗线或细实线画出（表 3-3），图内不画材料图例，而用粗实线（在立面图）和黑圆点（在断面图）表示钢筋，并要对钢筋加以说明标注。具体的表示方法如表 3-2 所示：

表 3-2　一般钢筋的表示方法

编　号	名　称	图　例	说　明
1	钢筋横断面	•	
2	无弯钩的钢筋端部		下图为长短筋投影叠时短钢筋的端部用 45°斜划线表示
3	带半圆形弯钩的钢筋端部		
4	带直钩的钢筋端部		

续表

编　号	名　称	图　例	说　明
5	带丝扣的钢筋端部		
6	无弯钩的钢筋搭接		
7	带半圆弯钩的钢筋搭接		
8	带直钩的钢筋搭接		
9	套管接头(花篮螺丝)		
10	接触对焊(闪光焊)的钢筋接头		
11	单面焊接的钢筋接头		
12	双面焊接的钢筋接头		

表 3-3　钢筋的画法

序　号	说　明	图　例
1	在平面图中配置双层钢筋时，底层钢筋弯钩应向上或向左，顶层钢筋则向下或向右	
2	配双层钢筋的墙体，在配筋立面图中，远面钢筋的弯钩应向上或向左，而近面钢筋则向下或向右(CM-近面，YM-远面)	
3	如在断面图中不能表示清楚钢筋布置，应在断面图外面增加钢筋大样图	
4	图中所示的箍筋、环筋，如布置复杂，应加画钢筋大样及说明	
5	每组相同的钢筋、箍筋或环筋，可以用粗实线画出其中一根来表示，同时用横穿的细线表示其余的钢筋、箍筋或环筋，横线的两端带斜短划表示该号钢筋的起止范围	

2.2 实训练习

2.2.1 填空

(1) 民用建筑混合结构平面图一般包括＿＿＿＿＿＿平面图和＿＿＿＿＿＿平面图。

(2) 楼层结构布置图的形成是＿＿＿＿＿＿＿＿＿＿＿＿＿＿＿＿＿＿水平投影。它反映出每层楼面＿＿＿＿＿＿＿＿＿＿＿＿＿＿＿的情况。楼层结构平面图的作用是＿＿＿＿＿＿＿＿＿＿＿＿＿＿＿。

(3) 结构平面图中墙身的可见轮廓用＿＿＿＿线型表示，被楼板挡住而看不见的墙、柱和梁的轮廓用＿＿＿＿线型表示。钢筋混凝土柱断面用＿＿＿＿表示，梁的中心位置用＿＿＿＿线型表示。

(4) 构件代号 GL 4181 表示＿＿＿＿＿＿＿＿＿＿＿＿＿＿＿＿＿＿。

(5) 钢筋混凝土楼板根据其施工方式的不同，可分为＿＿＿＿、＿＿＿＿和＿＿＿＿三种。根据其传力方式的不同，可分为________和________。

2.2.2 问答题

（1）简要介绍预制板在平面图中的两种布置方式的异同。

（2）叙述现浇板和预制板楼层结构平面图主要表达内容。

（3）常用构件代号都有哪些？其表示方法如何？

（4）结构平面图中钢筋的表示方法如何？

（5）绘制出结构平面图中配置双层钢筋的图示方法？

2.2.3 综合题

阅读下面的三层结构平面图，并回答下面的问题。

（1）本楼层承重结构是________，楼板的种类有________和________两种，其中预制楼板分布区域在____________。

（2）图中Ⓐ区域楼板的组成是__________，其中3YKBa4061代表__________。

（3）本楼西户厨房楼板的钢筋配置情况，其中受力钢筋为____________，分布钢筋为____________。

（4）本楼层中L1共有________根，其断面尺寸是宽________mm×高________mm，其顶面标高与结构层标高的差________mm，主要受力钢筋是____________。

（5）在2＃图纸上抄绘下面的结构平面图，注意采用合适的比例、线型和线宽。

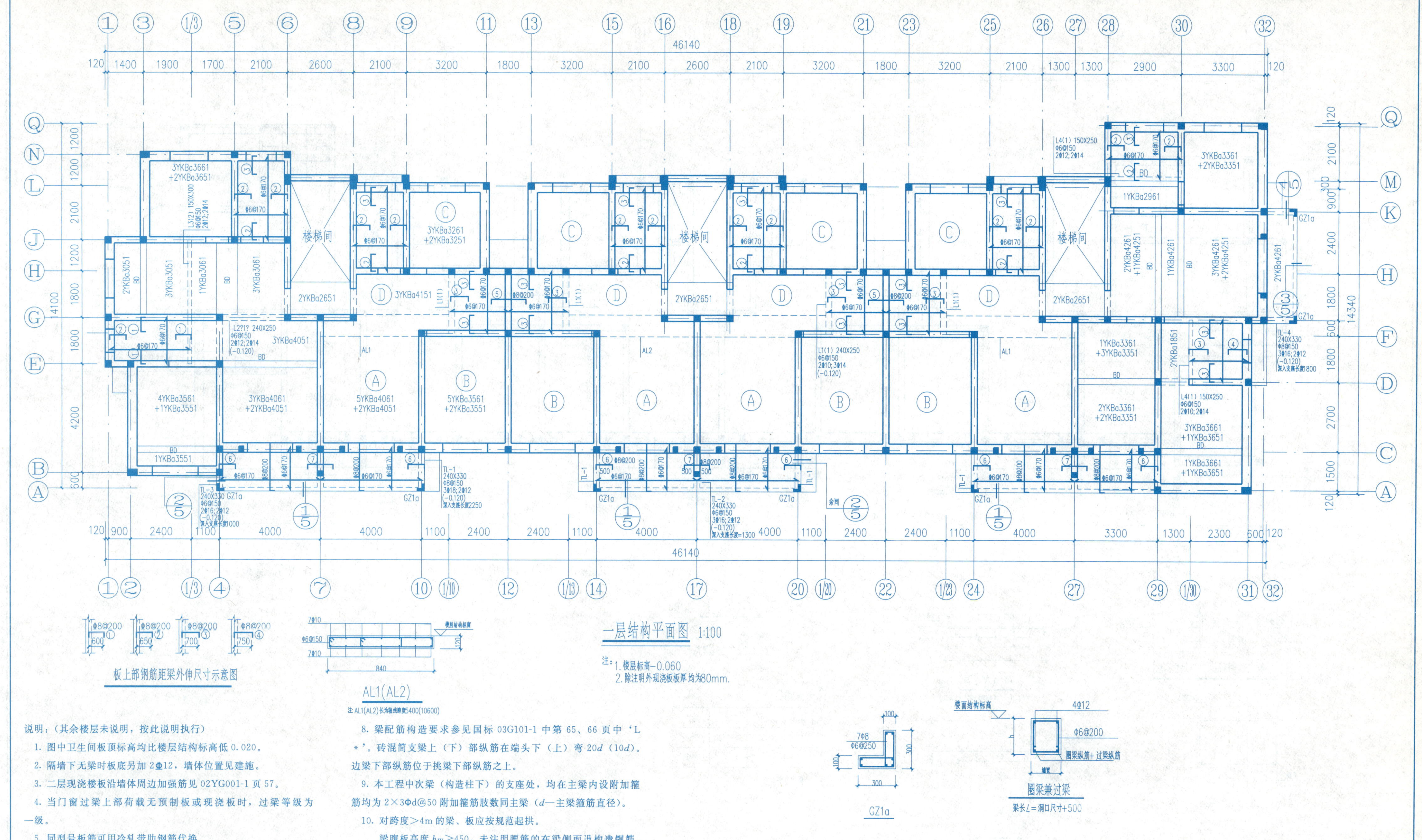

说明：（其余楼层未说明，按此说明执行）

1. 图中卫生间板顶标高均比楼层结构标高低 0.020。
2. 隔墙下无梁时板底另加 2Φ12，墙体位置见建施。
3. 二层现浇楼板沿墙体周边加强筋见 02YG001-1 页 57。
4. 当门窗过梁上部荷载无预制板或现浇板时，过梁等级为一级。
5. 同型号板筋可用冷轧带肋钢筋代换。
6. 空调板、雨篷板及厨房、卫生间烟道具体尺寸、位置详建施。其中洞边加筋见结构总说明。
7. 预制板铺设方向与标注文字方向平行。铺板遇楼梯间 GZ 时调整。连续 BD 中间支座处纵向钢筋不得截断，应为通筋，各层均同。
8. 梁配筋构造要求参见国标 03G101-1 中第 65、66 页中‘L*’。砖混简支梁上（下）部纵筋在端头下（上）弯 $20d$（$10d$）。边梁下部纵筋位于挑梁下部纵筋之上。
9. 本工程中次梁（构造柱下）的支座处，均在主梁内设附加箍筋均为 2×3Φd@50 附加箍筋肢数同主梁（d—主梁箍筋直径）。
10. 对跨度>4m 的梁、板应按规范起拱。

梁腹板高度 $h_w \geqslant 450$，未注明腰筋的在梁侧面设构造钢筋，做法详见（03G101-1 $\frac{1}{63}$ 腰筋为Φ12）。

11. 电留洞洞宽 $b>300$ 时，洞顶附加 2Φ8 钢筋砖过梁，伸过两端洞边各 240。
12. 未注明的建筑线条当无法砌墙时可与主体一起采用素混凝土浇注。
14. 厨房、卫生间未定位的梁向室内偏移，外边与墙齐。

×××建筑设计院				工程名称	×××小区住宅楼	
审定		方案		一层结构平面图	设计号	××××
总工程师		设计			图别	结施
注册师		制图			图号	3
审核		校对			专业张数	9
项目负责人		专业负责人		第3张 共9张	日期	××××

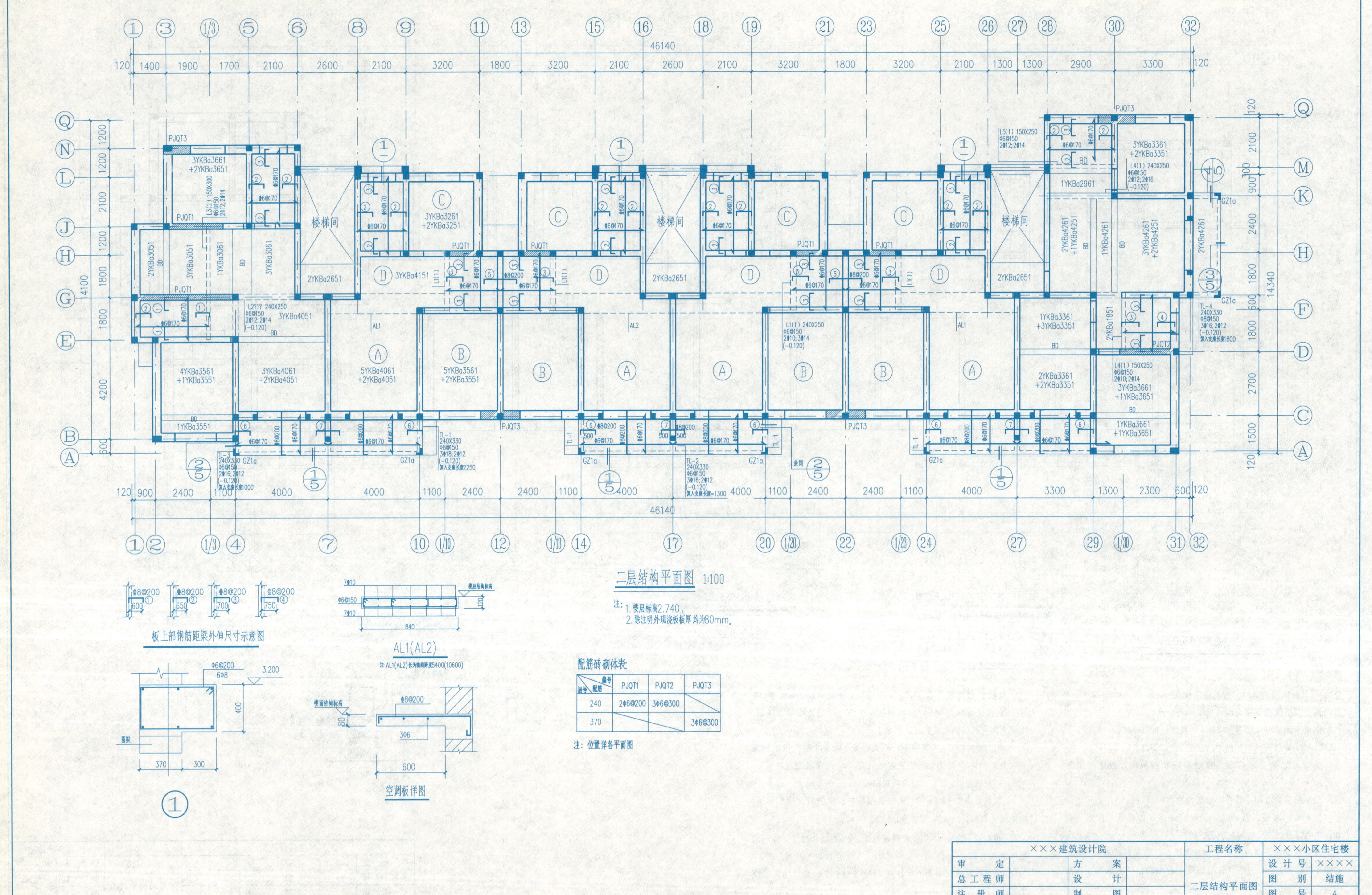

配筋砖砌体表

墙厚 \ 编号 配筋	PJQT1	PJQT2	PJQT3
240	2Φ6@200	3Φ6@300	
370			3Φ6@300

注：位置详各平面图

×××建筑设计院				工程名称	×××小区住宅楼	
审定		方案		二层结构平面图	设计号	××××
总工程师		设计			图别	结施
注册师		制图			图号	4
审核		校对			专业张数	9
项目负责人		专业负责人		第4张 共9张	日期	××××

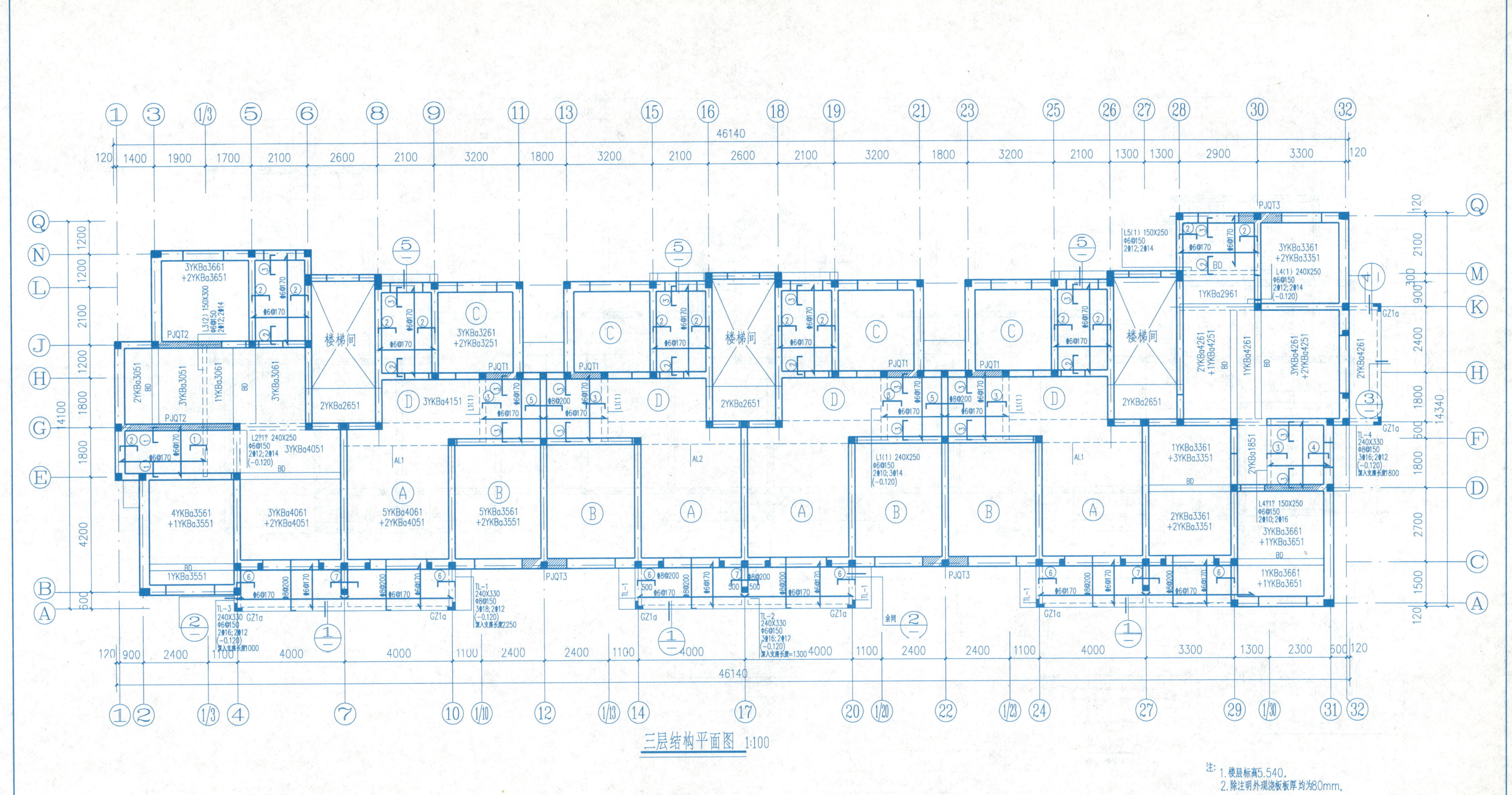

×××建筑设计院				工程名称	×××小区住宅楼	
审定		方案		三层结构平面图	设计号	××××
总工程师		设计			图别	结施
注册师		制图			图号	5
审核		校对			专业张数	9
项目负责人		专业负责人		第5张　共9张	日期	××××

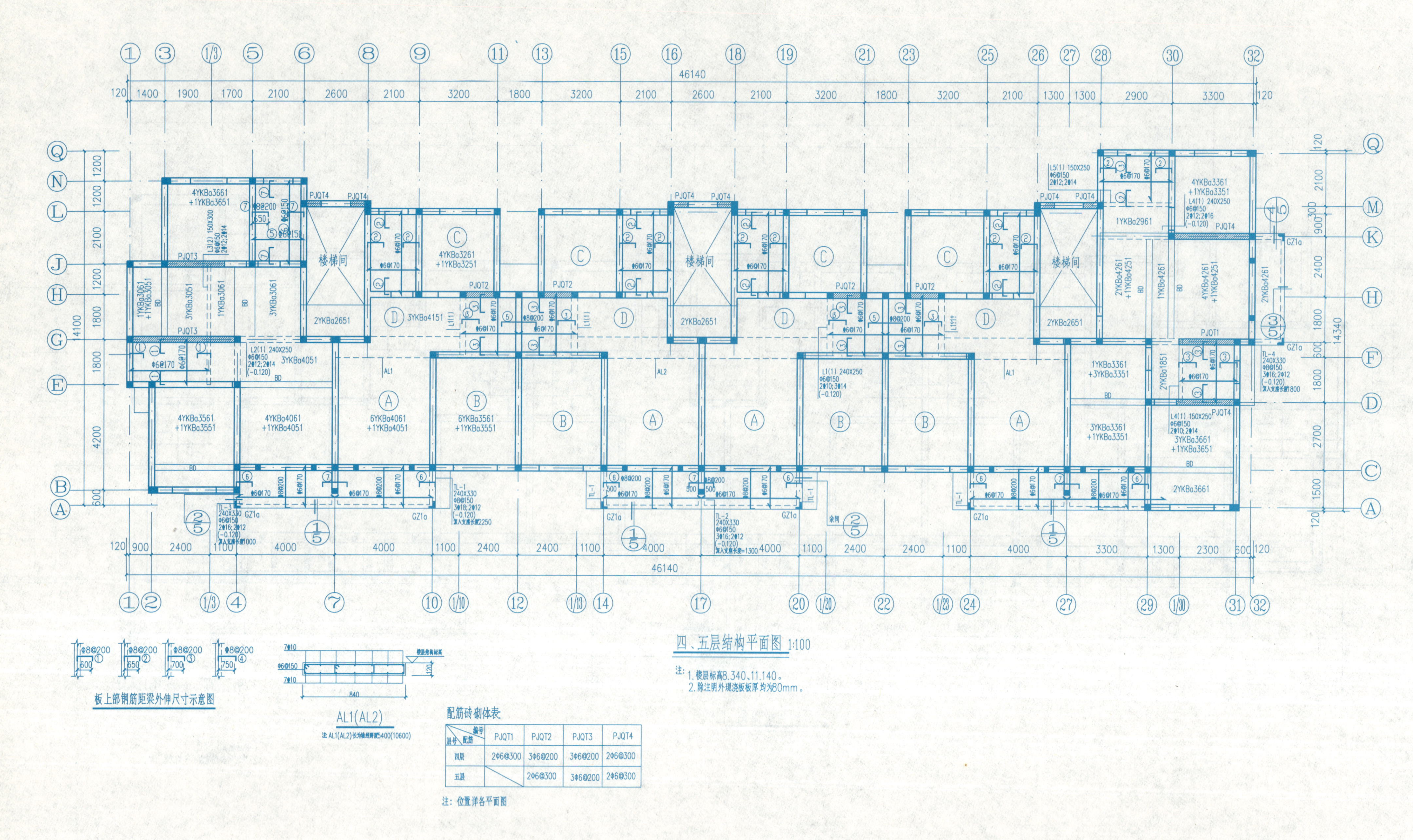

配筋砖砌体表

层号＼编号	PJQT1	PJQT2	PJQT3	PJQT4
四层	2Φ6@300	3Φ6@200	3Φ6@200	2Φ6@300
五层		2Φ6@300	3Φ6@200	2Φ6@300

注：位置详各平面图

×××建筑设计院				工程名称	×××小区住宅楼	
审定		方案		四、五层结构平面图	设计号	××××
总工程师		设计			图别	结施
注册师		制图			图号	6
审核		校对			专业张数	9
项目负责人		专业负责人		第6张 共9张	日期	×××

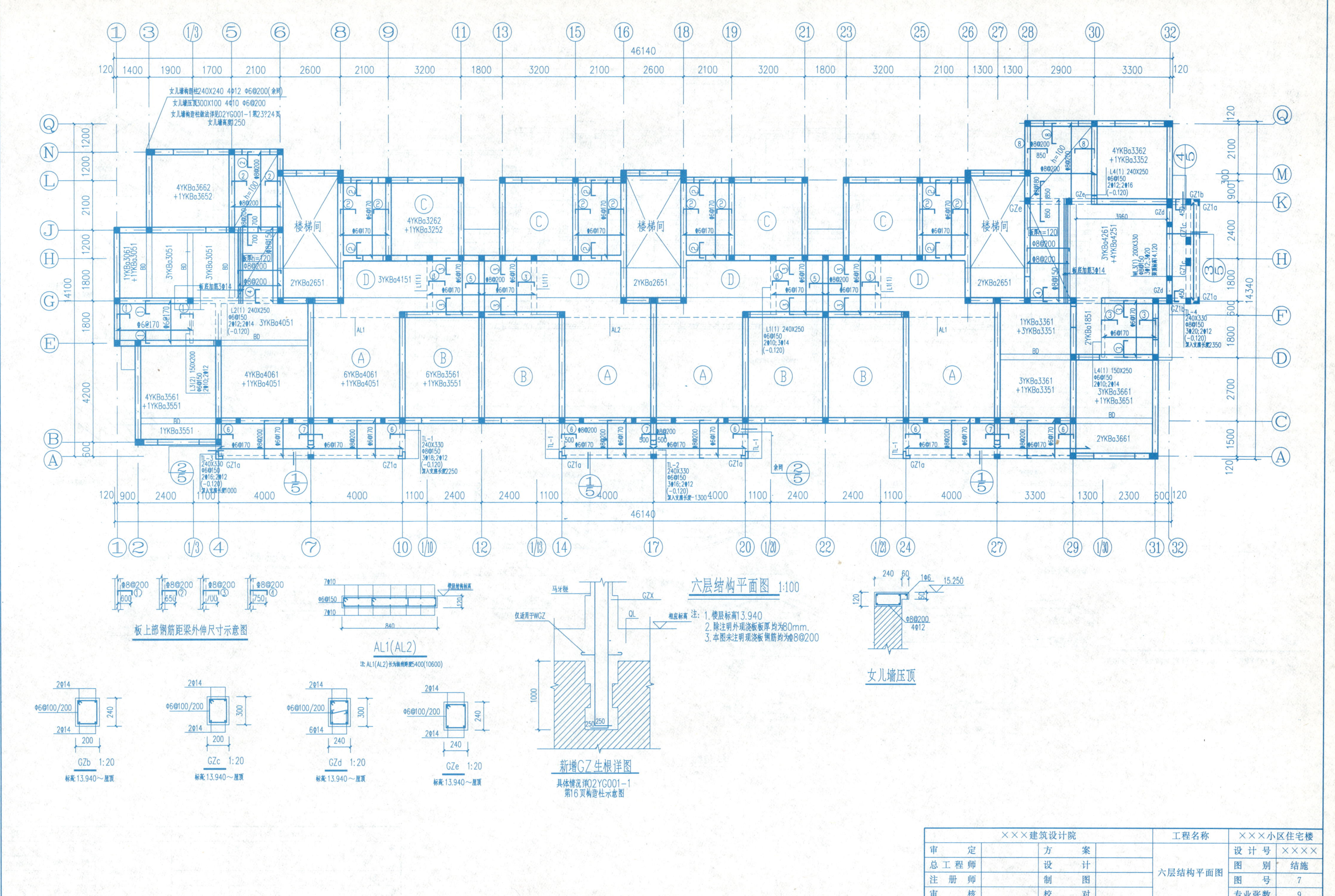

六层结构平面图 1:100
注：1. 楼层标高13.940
2. 除注明外现浇板板厚均为80mm.
3. 本图未注明现浇板钢筋均为Φ8@200
板上部钢筋距梁外伸尺寸示意图
AL1(AL2)
注 AL1(AL2)长为轴线跨度5400(10600)
新增GZ生根详图
具体情况详02YG001-1
第16页构造柱示意图
女儿墙压顶
GZb 1:20
标高:13.940～屋顶
GZc 1:20
标高:13.940～屋顶
GZd 1:20
标高:13.940～屋顶
GZe 1:20
标高:13.940～屋顶
楼梯间
×××建筑设计院
工程名称
×××小区住宅楼
审定
方案
设计号
××××
总工程师
设计
图别
结施
注册师
制图
六层结构平面图
图号
7
审核
校对
专业张数
9
项目负责人
专业负责人
第7张
共9张
日期
××××

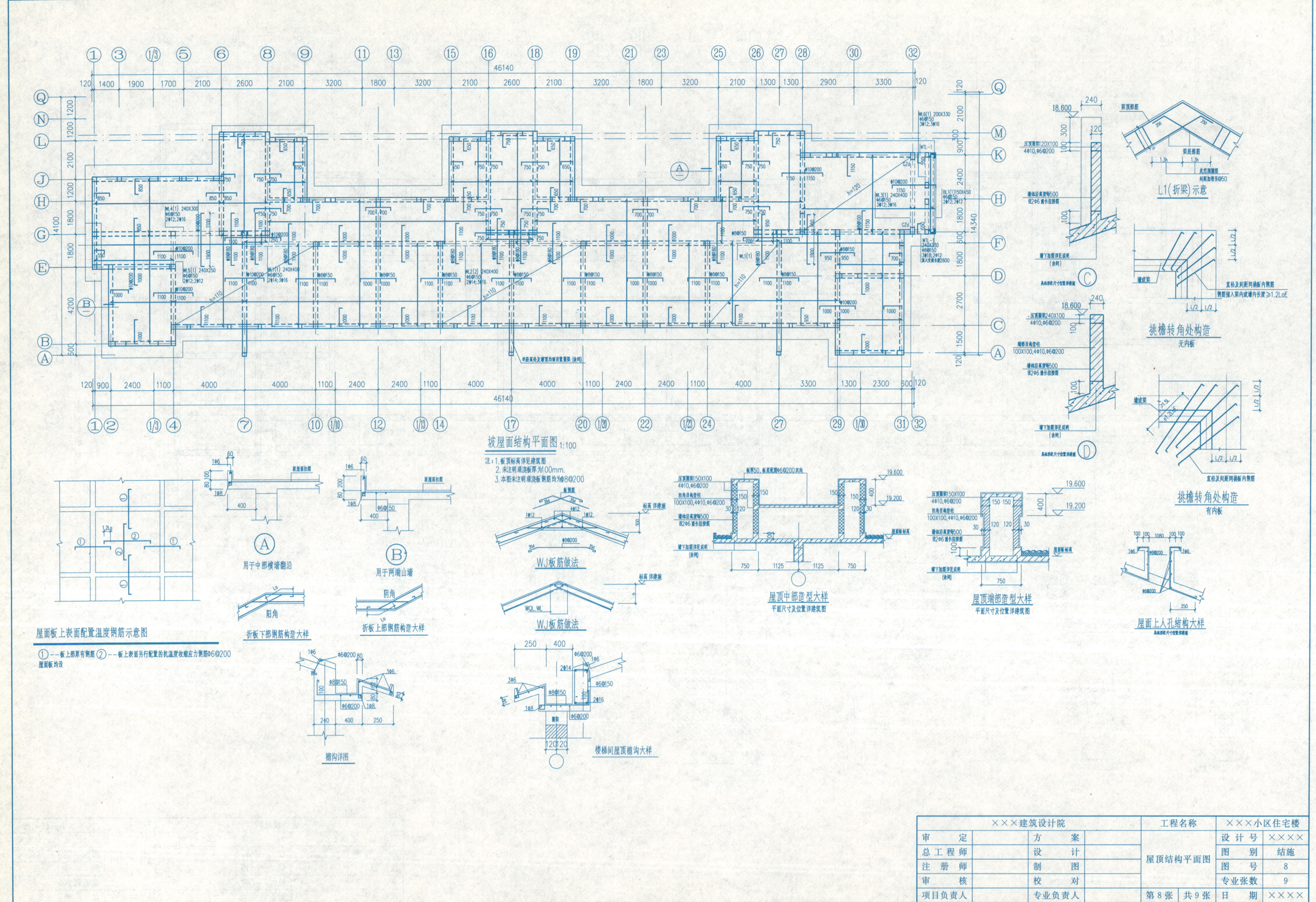
坡屋面结构平面图 1:100
注：1. 板顶标高详见建筑图
2. 未注明现浇板厚为100mm.
3. 本图未注明现浇板钢筋均为Φ8@200
L1(折梁)示意
挑檐转角处构造
无内板
挑檐转角处构造
有内板
屋面板上表面配置温度钢筋示意图
①——板上部原有钢筋 ②——板上表面另行配置的抗温度收缩应力钢筋Φ6@200
屋面板均设
用于中部横墙翻沿
用于两端山墙
折板下部钢筋构造大样
折板上部钢筋构造大样
WJ板筋做法
WJ板筋做法
屋顶中部造型大样
平面尺寸及位置详建筑图
屋顶端部造型大样
平面尺寸及位置详建筑图
屋面上人孔结构大样
檐沟详图
楼梯间屋顶檐沟大样
×××建筑设计院
工程名称
×××小区住宅楼
审定
方案
设计号
××××
总工程师
设计
图别
结施
注册师
制图
屋顶结构平面图
图号
8
审核
校对
专业张数
9
项目负责人
专业负责人
第8张
共9张
日期
××××

课题 3　钢筋混凝土构件详图

房屋建筑结构中钢筋混凝土构件主要包括梁、板、柱和屋架等，结构构件类型和布置情况可以通过结构平面图表示出来，然而对于它们的形状、大小、材料、构造和连接情况等则需要分别画出各承重构件的结构详图来表示。钢筋混凝土结构详图是钢筋加工制作、混凝土浇筑的基本依据。一般情况，钢筋混凝土构件详图主要包括模板图、配筋图和钢筋表三部分。

3.1　应知应会部分

3.1.1　制图标准要求

(1) 模板图

模板图即是表示构件的外形大小及预埋件的位置和尺寸等，作为制作、安装模板和预埋件的依据。模板图一般多用于构件复杂、预埋件繁多的钢筋混凝土结构，在绘制模板图一般采用细实线绘制。

(2) 配筋图

钢筋混凝土构件制作完成之后，其内部的钢筋是隐蔽的，为了表达其内部钢筋的配置情况，把混凝土假想成透明体，显示构件中钢筋配置情况的图样称为配筋图，主要表达组成骨架的各号钢筋的形状、直径、位置、长度、数量、间距等，必要时，还要画成钢筋详图（也称抽筋图）。

配筋图一般包括立面图、断面图和钢筋详图。立面图是假想构件为一透明体而画出的一个纵向正投影图，它主要表明钢筋的立面形状及其上下排列的情况。在立面图中，构件立面轮廓线用细实线，钢筋用粗实线表示。图中箍筋只反映出其侧面（一条线），当它的类型、直径、间距均相同时，可只画出其中一部分。

断面图是构件的横向剖切投影图，它能表示出钢筋的上下和前后排列、箍筋的形状及与其他钢筋的连接关系。断面图中，构件的轮廓线采用细实线表示，钢筋的横断面用涂黑的圆点表示，箍筋用粗实线表示。一般在构件断面形状或钢筋的数量、位置发生变化之处，都要画一断面。剖切位置通常位于支座和跨中，并在立面图中画出剖切位置线，断面图中不再画出材料图例。

钢筋详图是指在构件的配筋较为复杂时，把其中的各号钢筋分别“抽”出来，在立面图附近用同一比例将钢筋的形状画出，同一编号的钢筋只画一根，并详细注写出钢筋的编号、级别、直径、数量（或间距）及各段长度与总长度的图样。其主要作用是钢筋施工下料和编制工程预算的主要依据。

(3) 钢筋表

为了便于钢筋下料、制作和预算，通常在每张图纸中都有钢筋表。钢筋表的内容包括钢筋名称，钢筋简图，钢筋规格、长度、数量和质量等。利用钢筋表可以方便的识读配筋图，而且对于编著工程预算有一定的辅助作用。

(4) 钢筋的标注

钢筋的标注应包括钢筋的编号、数量（或间距）、代号、直径及所在位置，通常是沿钢筋的长度标注或标注在钢筋的引出线上。图示方法如图 3-1。简单的构件，钢筋可不编号。板的配筋和梁、柱的箍筋一般是标注其间距，不注数量。具体标注方式常用以下两种方式。

① 标注钢筋的级别、根数和直径。例如 2Φ10——分别表示钢筋根数（2 根）、Ⅰ级钢筋直径、钢筋直径（10mm）。

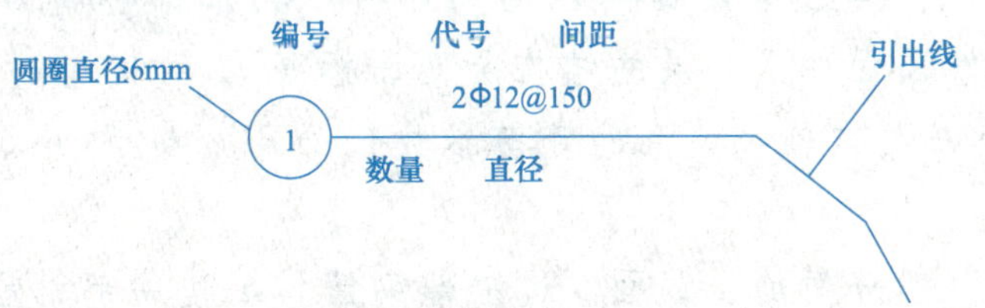

图 3-1　钢筋的标注符号

② 标注钢筋的数量、级别、直径和相邻钢筋中心距离。例如 10Φ8@200——分别表示钢筋根数 10 根，Ⅰ级钢筋直径符号、钢筋直径（8mm）、相等中心距离符号、相邻钢筋中心距（≤200mm）。

(5) 钢筋混凝土结构详图的识读

① 钢筋混凝土梁结构详图。钢筋混凝土梁可以分为现浇和预制两大种类，对于建筑工程中常用的梁有过梁、圈梁、楼板梁、框架梁、楼梯梁、雨篷梁等。一般情况下梁的截面形式有矩形、T 形、工形等，梁结构详图一般包括配筋图和钢筋表，复杂的梁还需要模板图和预埋件图。下面以一框架梁为例说明详图的读图方法（见图 3-2）。

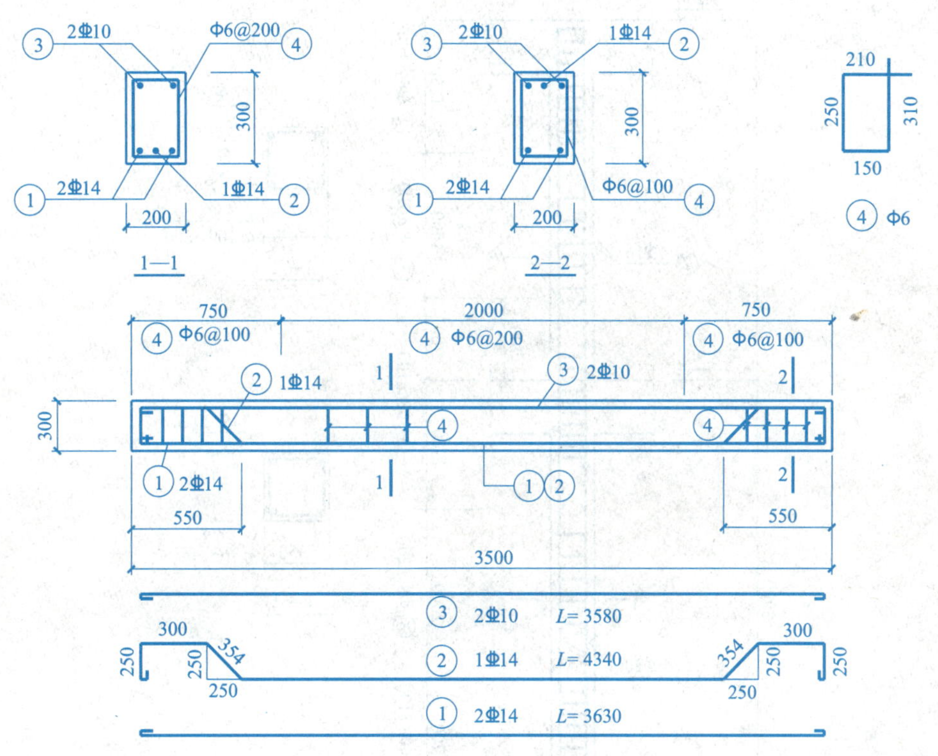

图 3-2　钢筋混凝土梁结构详图

读图时先看图名，再看立面图和断面图，后看钢筋详图和钢筋表。从图名 L—1 可以得知该梁的编号为一号梁，比例为 1∶30。梁的外形和尺寸可以结合立面图和断面图知道：此梁为矩形断面的现浇梁，断面尺寸为宽 200mm、高 300mm、梁长 3500mm。由于此梁的结构形式简单，梁的模板图和立面图重合在一起画出，其配筋情况如下：梁的上部钢筋为，2 根直径为 10mm 的Ⅲ级钢筋；中部为箍筋④，钢筋直径为 6mm，分布间距为 200mm，梁的两端 750mm 钢筋加密，分布间距为 100mm；下部为①筋，2 根直径为 14mm 的Ⅲ级钢筋。②筋为弯起筋，在距梁的端部各 550mm 处，由梁的下部弯至梁的上部。钢筋沿梁的横向布置情况可以从梁的断面图得知：梁的中部 1—1 断面表明上部③筋在梁的角部布置，下部①筋和②筋均匀布置，其中②筋在梁横断面的中间位置；梁的端部 2—2 断面表明②筋在支座位置处由梁下部弯至上部，其余配筋与中部相同。

立面图下方是钢筋详图，其表示了每种钢筋的编号、数量、直径和各段的设计长度和总尺寸以及弯起角度。通常梁高小于 800mm 时弯起角度为 45°，大于 800mm 时用 60°。由图 3-2 可知，①、②和③筋的总长度分别为 3630mm、4340mm 和 3580mm。而④箍筋的详图布置在断面图的右边，主要是为了图面布局均匀，图中可知④箍筋为双肢箍，各段的设计长度如图 3-2 所示。此外，为了便于编制施工预算，统计用料，通常还列出钢筋表，说明构件的名称、数量、钢筋编号、钢筋简图、钢筋规格、直径、长度、数量、重量和总重量等，如表 3-4 所示。

表 3-4 钢筋表

构件名称	构件数	钢筋编号	钢筋简图	钢筋规格	长度/mm	每件根数/根	总根数/根	重量/kg
L—1	1	1		Φ14	3630	2	2	8.78
		2		Φ14	4340	1	1	5.25
		3		Φ10	3580	2	2	4.42
		4		Φ6	920	25	25	5.11
							钢筋总重	23.6

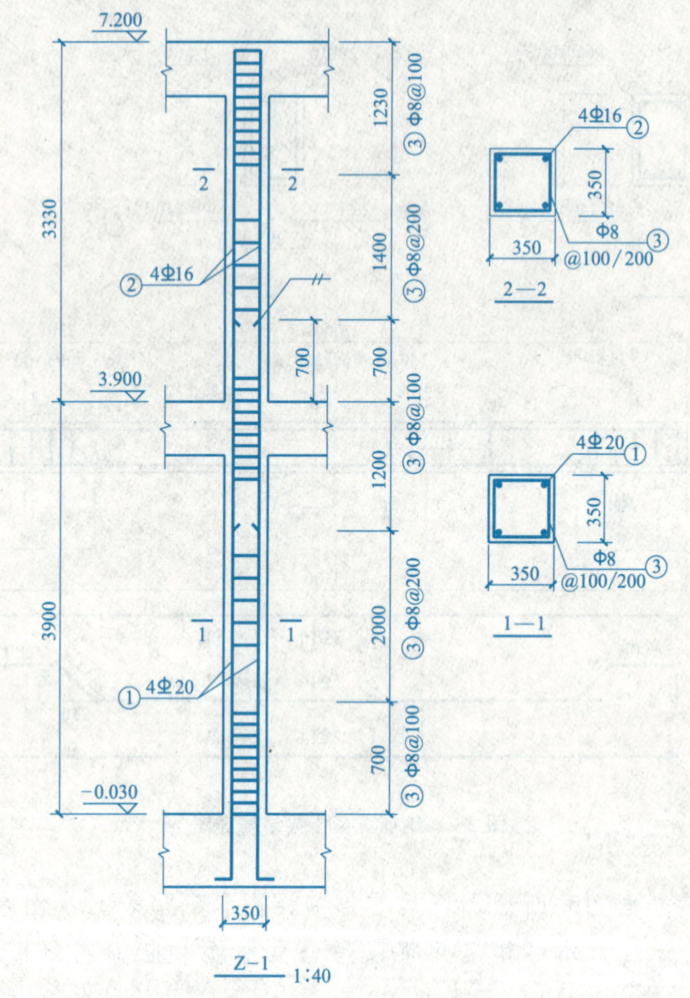

图 3-3 柱结构详图

② 钢筋混凝土柱结构详图。建筑工程中钢筋混凝土柱梁常用的类型有框架柱、框支柱、梁上柱、墙上柱等。柱常用的截面形式有矩形、圆形、H 形等。如图 3-3 所示为现浇钢筋混凝土柱 Z—1 的结构详图。从图中可以看出，该柱从－0.030 起到标高 7.200 止，柱的形状为正方形，断面尺寸 350mm×350mm。由 1—1 断面可知，柱 Z—1 下部受力钢筋为 4 根直径为 20mm 的Ⅱ级钢筋，其下端锚固在基础上，具体构造见独立基础详图。由 2—2 断面，可知柱 Z—1 上部受力钢筋为 4 根直径为 16mm 的Ⅱ级钢筋，在楼层位置处和下部受力钢筋连接，具体连接方式参考构造详图或节点详图。柱的箍筋为 A8@100/200，加密区范围分别在基础上部 700mm；楼层上方 700mm，下方 1200mm；屋面板下部 1230mm。

对于简单的钢筋混凝土柱结构详图，只利用配筋图和断面图基本上就可以表达清楚，而对于复杂的钢筋混凝土柱比如工业厂房结构的钢筋混凝土柱，除画出其配筋图外，还要画出其模板图和预埋件详图，有时候还需要画出钢筋表。

③ 钢筋混凝土板结构详图。建筑工程常用的板类型包括楼面板、屋面板和悬挑板等，板结构详图包括配筋图、断面图和钢筋详图，复杂的板结构还需要绘制板的局部构造详图等。钢筋混凝土板结构详图的识读和楼层结构平面布置图相似，其实板结构详图可以看成楼层结构平面布置图的局部放大图，相关的识读方法可以参考楼层结构平面布置图部分相关内容。

3.1.2 建筑工程图示要求

(1) 混凝土结构施工图平面整体表示方法

将结构构件的尺寸和配筋等情况，整体地直接表达在各类构件的结构平面布置图上，再与标准构造详图相配合，就构成一套完整的结构施工图。采用平面整体表示方法绘制的结构平面图，称为平法施工图。一般平法施工图均需与标准图集配套使用。

采用平面整体表示方法绘制的结构平面图与传统的结构平面图不同，传统结构平面图是在一张图上反映该层所有承重构件的平面布置情况，另外绘制详图来表示构件的详细信息；平法施工图是分别绘制柱、梁、板的结构平面布置图，并直接在其上表达构件的详细信息。平面整体表示法改变了传统将构件从结构平面布置图中索引出来，再逐个绘制配筋详图的繁琐方法，从而使结构设计表达得更方便、全面、准确，大大简化了绘图过程。

(2) 柱平法施工图的识读

柱平法施工图是在柱平面布置图上，采用截面注写方式或列表注写方式，只表示柱的截面尺寸和配筋等具体情况的平面图。它主要表达了柱的代号、平面位置、截面尺寸、与轴线的几何关系和配筋等具体情况。

① 柱的平面表示方法

a. 截面注写方式

(a) 截面注写方式是指在分标准层绘制的柱平面布置图的柱截面上，分别在同一编号的柱中选择一个截面，以直接注写截面尺寸和配筋具体数值的方式来表达柱平法施工图。

(b) 按表 3-5 的规定进行编号，从相同编号的柱中选择一个截面，按另一种比例原位放大绘制柱截面配筋图，并在各配筋图上继其编号后再注写截面尺寸 $b\times h$、角筋或全部纵筋（当纵筋采用一种直径且能够图示清楚时）、箍筋的具体数值以及在柱截面配筋图上标注柱截面与轴线关系的 b_1、b_2 和 h_1、h_2 的具体数值。当纵筋采用两种直径时，须再注写截面各边中部筋的具体数值（对于采用对称配筋的矩形截面柱，可仅在一侧注写中部筋，对称边省略不注）。

(c) 在截面注写方式中，如柱的分段截面尺寸和配筋均相同，仅分段截面与轴线关系不同时，可将其编为同一柱号，但此时应在未画配筋的柱截面上注写该柱截面与轴线关系的具体尺寸。

b. 列表注写方式。列表注写方式是在柱平面布置图上，分别在同一编号的柱中，选择一个或几个截面标注与轴线关系的几何参数代号，通过列表注写柱号、柱段起止标高、几何尺寸（包括柱截面对轴线的偏心情况）与配筋具体数值，并配以各种柱截面形状及其箍筋类型图说明箍筋形式的方式。

列表注写的具体包括以下内容。

(a) 注写柱编号。编号由类型代号和序号组成，不同类型柱编号见表 3-5。

(b) 注写各段柱的起止标高。通常自柱根部往上，以变截面位置或截面未变但配筋改变处为界分段注写。框架柱和框支柱的根部标高是指基础顶面的标高，梁上柱的根部标高是指梁顶面标高，剪力墙上柱的根部标高有两种情况：当柱纵筋锚固在墙顶面时，其根部标高为墙顶面标高；当柱与剪力墙重叠一层时，其根部标高为墙顶面往下一层的结构层楼面标高。

(c) 注写柱截面尺寸 $b\times h$ 及与轴线关系的几何参数代号 b_1、b_2 和 h_1、h_2 的具体数值。其中，$b=b_1+b_2$，$h=h_1+h_2$。

(d) 注写柱纵筋。纵筋一般分角筋、截面 b 边中部钢筋和 h 边中部钢筋分别注写（采用对称配筋的可仅注写一侧中部钢筋，对称边省略不写）。当为圆柱时，表中角筋一栏注写全部纵筋。

表 3-5 柱编号

柱 类 型	代 号	序 号
框架柱	KZ	XX
框支柱	KZZ	XX
芯柱	XZ	XX
梁上柱	LZ	XX
剪力墙上柱	QZ	XX

(e) 注写箍筋类型号。具体工程所设计的各种箍筋的类型图，须画在表的上部或图中适当的位置，并在其上标注与表中相对应的 b、h 和类型号。

(f) 注写箍筋。包括钢筋级别、直径与间距。标注时，用“/”区分箍筋加密区与非加密区长度范围内的不同间距。

② 识图步骤

a. 查看图名、比例。

b. 核对轴线编号及其间距尺寸是否与建筑图、基础平面图相一致。

c. 与建筑图配合，明确各柱的编号、数量及位置。

d. 通过结构设计说明或柱的施工说明，明确柱的材料及等级。

e. 根据柱的编号，查阅截面标注图或柱表，明确各柱的标高、截面尺寸以及配筋情况。

f. 根据抗震等级、设计要求和标准构造详图（在“平法”标准图集中），确定纵向钢筋和箍筋的构造要求，如纵向钢筋的连接方式、搭接长度、弯折要求、锚固要求、箍筋加密区的范围等。

(3) 梁平法施工图的识读

梁平法施工图是在梁平面布置图上，采用平面注写方式或截面注写方式，只标注梁的截面尺寸、配筋等具体情况的平面图。它主要表达了梁的代号、平面位置、偏心定位尺寸、截面尺寸、配筋和梁顶面标高高差的具体情况。

① 梁的平面表示方法

a. 平面注写方式。平面注写方式是指在梁平面布置图上，分别在每一种编号的梁中选择一根梁，在其上注写截面尺寸和配筋具体数值。

梁平面注写方式包括集中标注和原位标注。集中标注表达梁的通用数值，原位标注表达梁的特殊数值。当梁的某部位不适用集中标注中的某项数值时，则在该部位将该项数值原位标注。在图纸中，原位标注取值优先。

集中标注时，用索引线将梁的通用数值引出，在跨中集中标注一次，其内容有下列几项，自上而下分行注写。

(a) 第一行注写梁的编号和截面尺寸。编号由梁的类型代号、序号、跨数和有无悬挑代号几项组成。梁的类型代号见表 3-6。悬挑代号由 A 和 B 两种，A 表示一端悬挑，B 表示两端悬挑。截面尺寸注写宽×高，位于编号的后面。

表 3-6 梁的编号

梁 类 型	代 号	序 号	跨数及是否带有悬挑
楼层框架梁	KL	XX	(XX)、(XXA)或(XXB)
屋面框架梁	WKL	XX	(XX)、(XXA)或(XXB)
框支梁	KZL	XX	(XX)、(XXA)或(XXB)
非框架梁	L	XX	(XX)、(XXA)或(XXB)
悬挑梁	XL	XX	(XX)、(XXA)或(XXB)
井字梁	JZL	XX	

(b) 第二行注写箍筋的级别、直径、间距及肢数。加密区与非加密区的不同间距和肢数用“/”分隔。

(c) 第三行注写梁上部和下部通用纵筋的根数、级别和直径。上部纵筋和下部纵筋两部分中间用“;”隔开，前面是上部纵筋，后面是下部纵筋。当一排纵筋的直径不同时，注写时用“+”相连，将角部纵筋写在前面，如 2Φ20+1Φ18 表示两边为 2 根Φ20 的钢筋，中间为 1 根Φ18 的钢筋。无论上部还是下部钢筋，当为多排时，用“/”将各排纵筋自上而下分开，如 6Φ20 4/2 表示上一排纵筋为 4 根Φ20 的钢筋，下一排纵筋为 2 根Φ20 的钢筋。

(d) 第四行注写梁中部构造或抗扭纵筋（当梁中有时）的根数、级别和直径。构造钢筋前加符号“G”表示，抗扭钢筋前加符号“N”表示，接续注写设置在梁两个侧面的总配筋值，且对称配置。例如 G4Φ10 表示梁的两个侧面共配置 4 根直径为 10mm 的纵向构造筋，每侧各配置 2Φ10 钢筋；如 N2Φ20 表示梁的两个侧面共配置 2 根直径为 20mm 的纵向抗扭筋，每侧各配置 1Φ20 钢筋。构造钢筋也可不标注，按标准构造详图施工。

(e) 第五行注写梁顶面标高高差。梁顶面标高高差是指相对于结构层楼面标高的高差值。有高差时，需将其写入括号内，无高差时不注写。当梁的顶面高于所在结构层的楼面标高时，其标高高差为正值，反之为负值。例如：(−0.050) 表示梁顶面标高相对于结构层楼面低 0.05m。即当结构层的楼面标高为 14.950m 时，则表示该层该梁顶面标高为 14.90m。

当在梁上集中标注的内容不适用于某跨或某悬挑部分时，则将不同数值原位标注在该跨或该悬挑部分。原位标注时，需注意以下几点。

(a) 当梁中间支座两边的上部纵筋相同时，可仅在支座的一侧标注，另一边省略不注；否则，须在两侧分别标注。

(b) 附加箍筋和吊筋直接画在平面图的主梁支座处，与主梁的方向一致，用引线引注总配筋数值。当多数附加箍筋或吊筋相同时，可在梁平法施工图上统一注明，少数不同的，在原位引注。施工时，附加箍筋或吊筋的几何尺寸采用标准构造详图。

b. 截面注写方式。截面注写方式是在分层绘制的梁平面布置图上，分别在不同编号的梁中各选择一根梁，用单边剖切符号引出配筋图，并在其上注写截面尺寸和配筋具体数值的方式。具体来讲，就是对梁按规定进行编号，从相同编号的梁中，选择一根梁，先将单边剖切符号画在梁上，再画出截面配筋详图，在配筋详图上直接标注截面尺寸，并采用引出线方式标注上部钢筋、下部钢筋、侧面钢筋

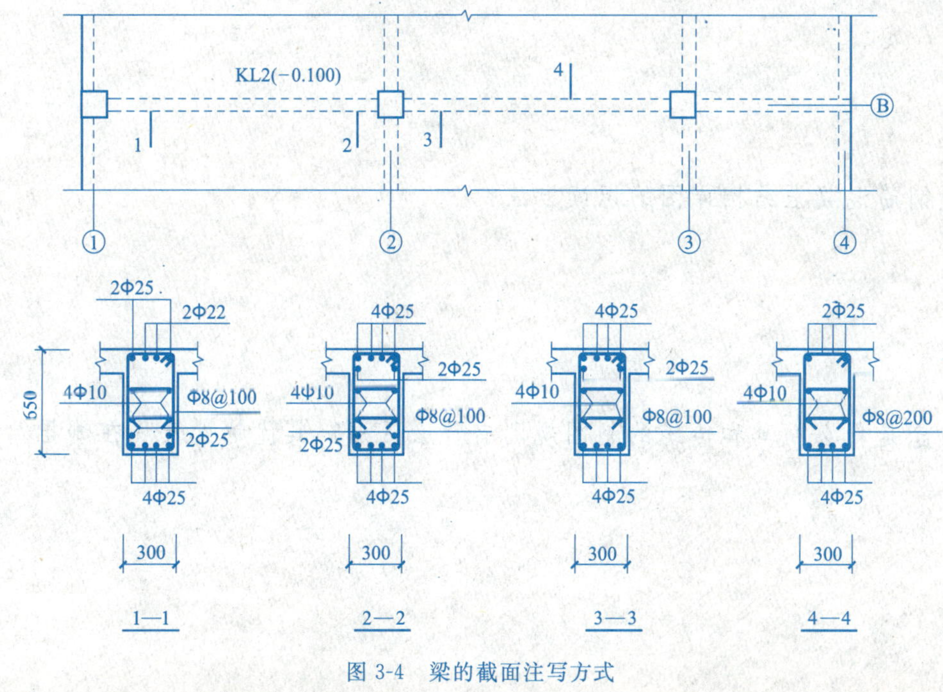

图 3-4 梁的截面注写方式

和箍筋的具体数值。当某梁的顶面标高与结构层的楼面标高不同时，应在梁编号后注写梁顶面标高高差。如图 3-4 所示。截面注写方式可以单独使用，也可与平面注写方式结合使用。

② 识图步骤

a. 查看图名、比例。

b. 核对轴线编号及其间距尺寸是否与建筑图、基础平面图、柱平面图相一致。

c. 与建筑图配合，明确各梁的编号、数量及位置。

d. 通过结构设计说明或梁的施工说明，明确梁的材料及等级。

e. 明确各梁的标高、截面尺寸及配筋情况。

f. 根据抗震等级、设计要求和标准构造详图（在“平法”标准图集中有），确定纵向钢筋、箍筋和吊筋的构造要求，如纵向钢筋的连接方式、搭接长度、弯折要求、锚固要求，箍筋加密区的范围，附加箍筋和吊筋的构造等。

3.2 实训练习

3.2.1 填空题

（1）房屋建筑结构中钢筋混凝土构件结构详图主要包括________、________和________三部分，其主要作用是________________________________。

（2）模板图是表示________________________________的图样，其作用是________。

（3）配筋图一般包括________________________、________________________和钢筋详图；钢筋详图是表示________________________的图样，其作用是________________。

（4）钢筋的标注应包括________、________、________、________、________；钢筋标注 10Φ8@200 表示____。

（5）钢筋混凝土梁的平面注写方式包括________标注和________标注；当两者不相适应时，________标注取值优先。

（6）柱的平法施工图注写式，柱的类型 KZ 代表__________，KZZ 代表__________，QZ 代表________，LZ 代表________。

3.2.2 问答题

（1）什么情况下需要画出钢筋表？表中一般包括什么内容？其作用是什么？

（2）简要叙述钢筋混凝土结构详图的识读方法？

（3）平法的概念是什么？其和传统的制图规则有什么区别？其优越性表现在哪里？

（4）柱平法的截面注写方式怎么表示？

（5）柱平法的列表注写方式怎么表示？

（6）钢筋混凝土柱平法施工图识图步骤是什么？

（7）梁的集中标注包括的内容有哪些？

（8）梁的原位标注包括的内容有哪些？其注意要点是什么？

（9）简要叙述梁的截面注写和传统的梁断面图有什么异同？

(10) 梁的平法施工图的识读步骤是什么？

3.2.3 综合题

(1) 识读下面的现浇钢筋混凝土板的详图（图 3-5）回答问题：

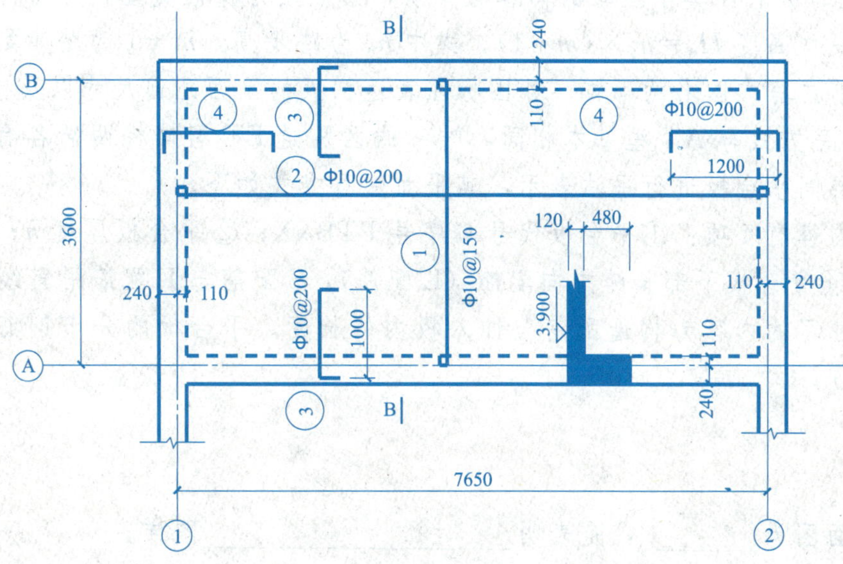

图 3-5 某现浇板的配筋图 1∶100

① 该现浇板的支撑方式是________，其板厚为________mm，板顶标高为________m，该板在计算时按（单向板）还是（双向板）处理。

② 板的受力钢筋是横向________，纵向________。支座处的钢筋构造为________。

③ 根据图中的内容绘制 B—B 断面图，并标注钢筋。

④ 板中钢筋的种类共有________种，其具体配置方式是________。

(2) 阅读前面的四、五层结构平面布置图，回答问题：

① 楼层现浇混凝土构件有________、________和________，其中现浇板位于________位置，现浇梁位于________。

② 楼层结构构件梁的种类有________，其中 TL 有________种，TL—3 的断面尺寸为________，钢筋配置为________。

③ 图中详图索引符号 $\frac{2}{5}$ 表示________，试绘制出其详图。

④ 图中以 L1 为支承的板，其受力钢筋为________，分布钢筋为________，板支座钢筋为________，③钢筋端部距支座边的长度为________。

课题4　多层单元住宅楼梯结构图

楼梯结构详图包括楼梯结构平面图、楼梯结构剖面图和楼梯配筋图。

4.1　应知应会部分

4.1.1　制图标准要求

(1) 楼梯结构平面图

楼梯结构平面图为水平剖面图，是表明各构件如楼梯梁、楼梯板、平台板、楼梯间门窗过梁等的平面布置、代号、大小、平台板的配筋及结构标高等的图样。

楼梯结构平面图应分层画出，当中间几层的结构布置与构造和构件类型完全相同时，用一个标准层楼梯结构平面图表示，一般底层与其它各层不尽相同，所以底层需简单画出。

(2) 楼梯结构剖面图

楼梯结构剖面图是表示楼梯间的各种构件的竖向布置和构造情况的图样。剖面图中楼层、梁底等标高，一般标注结构标高。在楼梯结构剖面图中，应标注出轴线编号和尺寸、梯段的外形尺寸和层高尺寸以及室内、外地面、楼梯平台板上表面和楼梯横梁底面的结构标高等。看楼梯剖视图，应根据其编号对照楼梯底层结构平面图上剖切符号的剖切位置与剖视方向，想象剖切到的梯段、平台的位置与走向、未剖切到的可见的另一梯段的走向等。

楼梯结构剖面图上，除了要标注代号说明各构件的竖向布置外，还要标注梯段、平台梁等构件的结构高度及平台面、平台梁底的结构标高（所谓结构高度和结构标高是指不包括面层厚度的构件裸高度和裸标高）。平台梁底注有结构标高，有时在平台板底也注标高，这是为施工方便而采取的标注方式。现浇钢筋混凝土构件的底标高主要供模板工定位模板用，而装配式钢筋混凝土构件的底标高则是供砌砖工在吊装构件前砌筑构件底座砌体或梁垫、圈梁等定位用。

(3) 楼梯构件详图

在楼梯结构剖面图中，由于比例较小，构件连接处钢筋重影，无法详细表示各构件配筋时，可以用较大的比例画出每个构件的配筋图，即构件详图。一般来说，现浇钢筋混凝土楼梯的配筋图，外形尺寸详细，可兼作模板图，故又称为楼梯构件详图。楼梯构件详图的表示方法与钢筋混凝土梁、板详图的表示方法基本相同，主要是表示构件内的钢筋配置情况。

4.1.2　建筑工程图示要求

(1) 楼梯结构平面图的主要内容

① 楼梯结构平面图常用比例为1：50，根据需要也可用1：40、1：30等。

② 楼梯结构平面图应表示出楼梯板和楼梯梁的平面布置、构件代号、尺寸及结构标高。多层房屋应画出底层结构平面图、中间层结构平面图和顶层结构平面图。

③ 楼梯结构平面图中的轴线编号应与建筑施工图对应一致。剖切符号一般只在底层结构平面图中标出。楼梯平面图中的不可见轮廓线画细虚线，可见轮廓线画细实线，剖到的砖墙轮廓线用中粗实线表示。

(2) 楼梯结构剖面图的主要内容

① 楼梯结构剖面图常用比例为1：50，根据需要也可用1：40，1：30，1：25，1：20等。

② 楼梯结构剖面图表示楼梯承重构件的竖向布置、构造和连接情况。一般构件包括踏步板、楼梯梁、楼梯平台的预制板和过梁等。

③ 在楼梯结构剖面图中，应注出楼层高度和楼梯平台结构标高以及梁底结构标高。

(3) 现浇混凝土板式楼梯平面整体表示方法

板式楼梯平法施工图（以下简称楼梯平法施工图）系在楼梯平面布置图上采用平面注写方式表达。楼梯平面布置图，应按照楼梯标准层，采用适当比例集中绘制，或按标准层与相应标准层的梁平法施工图一起绘制在同一张图上。楼梯的平面注写方式，即是在楼梯平面布置图上注写截面尺寸和配筋具体数值的方式来表达楼梯平法施工图。

平面注写内容，包括集中标注和外围标注。集中标注表达梯板的类型代号及序号、梯板的竖向几何尺寸和配筋；外围标注表达梯板的平面几何尺寸以及楼梯间的平面尺寸。其平面注写内容根据楼梯的类型不同也略有不同，这里只介绍两种楼梯类型AT和BT的平法表示，其它的类型可以参考相关书籍。

AT型楼梯为两梯梁之间的一跑矩形梯板全部由踏步段构成，即踏步段两端均以梯梁为支座；BT型楼梯为两梯梁之间的一跑矩形梯板由低端平板和踏步段构成，两部分的一端各自以梯梁为支座。

AT型楼梯平面注写方式：集中注写的内容有4项，第1项为梯板类型代号与序号，第2项为梯板厚度，第3项为踏步段总高度 $H_s=h_s\times(m+1)$，式中 h_s 为踏步高，$m+1$ 为踏步数目，第4项为梯板配筋；梯板的分布钢筋注写在图名的下方。外围标注表达梯板的平面几何尺寸以及楼梯间的平面尺寸。

BT型楼梯平面注写方式与AT型基本相同，唯一的区别是BT型楼梯两端各有一平台板，在楼梯平面图中要将楼层、层间平台板进行平法表示，其平面注写方式如下。

在板中部注写的内容有4项：①平台板代号与序号PTBXX；②平台板厚度 h；③平台板下部短跨方向配筋（S配筋）；④平台板下部长跨方向配筋（L配筋），S配筋与L配筋用斜线分隔。

在板内四周原位注写的内容为构造配筋与伸入板内的长度。平台板的分布钢筋继楼梯板分布钢筋之后注写在图名的下方。

4.2　实训练习

4.2.1　填空题

(1) 楼梯结构平面图为________，是表明____________________图样。

(2) 楼梯结构剖面图是________________________________的图样。

(3) 楼梯构件详图是____________________________________的配筋图。

(4) 一般来说，现浇钢筋混凝土楼梯的________图，外形尺寸详细，可兼作模板图，故又称为楼梯构件详图。

(5) 楼梯构件详图的表示方法主要是表示____________________。

4.2.2　问答题

(1) 简述楼梯结构平面图的主要内容。

(2) 简述楼梯结构剖面图的主要内容。

(3) 楼梯平面注写内容中集中标注和外围标注各自的表示方法如何?

4.2.3 综合题

阅读下面的楼梯结构施工图回答问题。

(1) 由标准层楼梯平面图可以读出，楼梯段水平投影长度为________mm，宽度为________mm，楼梯井宽度为________mm，休息平台的宽度为________mm，该楼梯类型为________。

(2) 楼梯的支承形式为________，按照楼梯平法表示其楼梯类型为____________。

(3) 标准层楼梯休息平台的配筋情况为：长度方向为____________钢筋，间距为________mm；宽度方向为________钢筋，间距为________mm；平台板四边的负弯矩钢筋为________________钢筋，间距为________mm；平台板厚________mm。

(4) 地下室楼梯段踏步高________mm，步级数为________阶，梯板的厚度为________mm；梯板的分布钢筋为____________，间距为________mm；支承楼梯间的TZ的断面尺寸为长________mm，宽为________mm，受力钢筋为________，箍筋为________。

(5) 楼梯间雨篷板的配筋：纵向受力钢筋为____________，间距________mm，横向受力钢筋为____________，间距________mm；板支座钢筋为________，间距________mm。板的厚度为________mm，板顶面标高为________m。

(6) L4的钢筋配置情况：梁的断面尺寸为____mm×____mm，梁的顶面标高为____m；上部通长钢筋为________，下部通长钢筋为________；箍筋为________，间距________mm，为___肢箍。

(7) 楼梯AT2的楼梯板厚____mm，踏步段总高度为____mm，梯板的受力钢筋为________，间距为____mm，支座负筋为________，间距为____mm。

(8) 试根据楼梯构件详图画出BT楼梯板钢筋构造详图（参考图集03G101-2）。

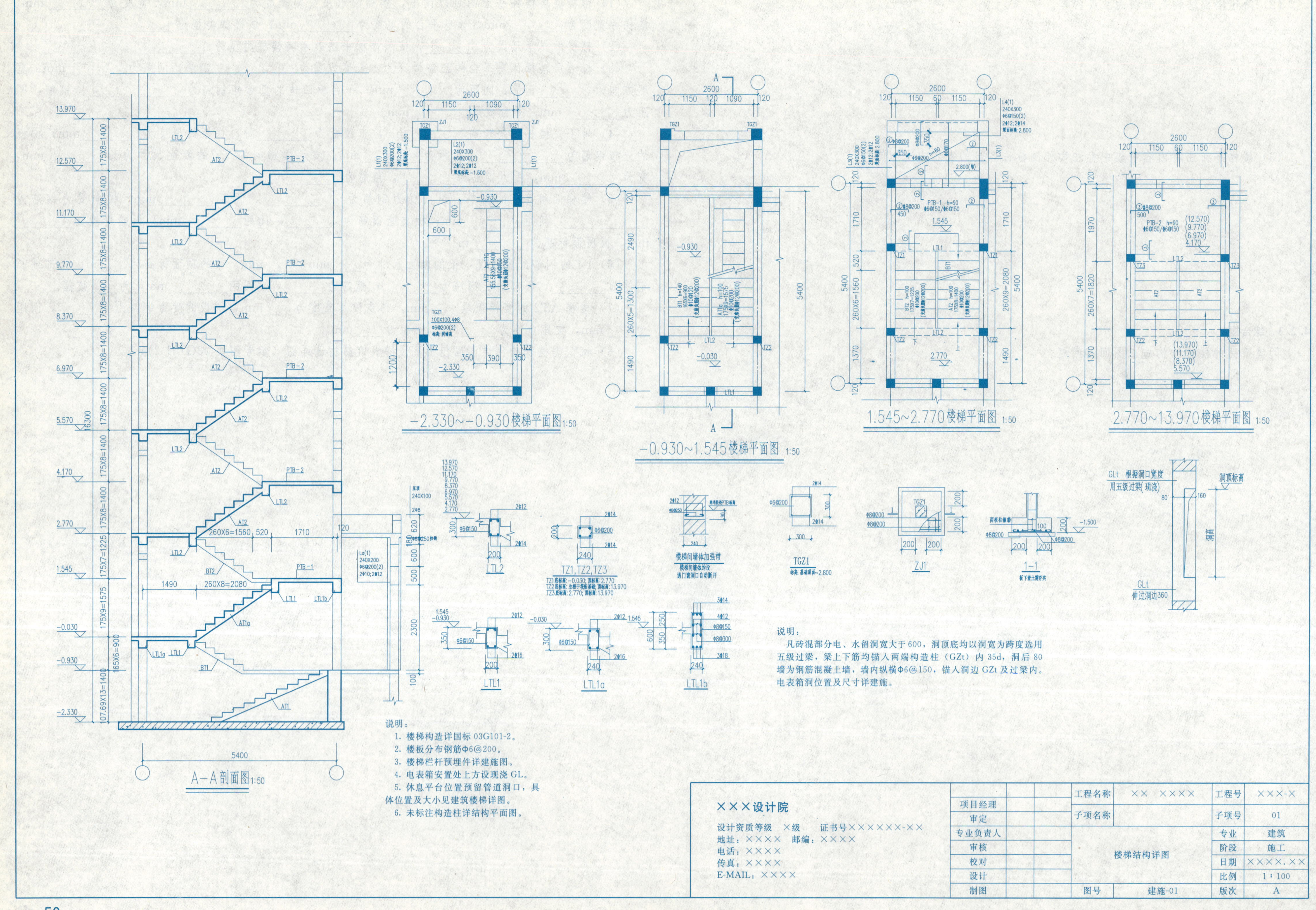
A-A剖面图1:50
-2.330~-0.930楼梯平面图1:50
-0.930~1.545楼梯平面图1:50
1.545~2.770楼梯平面图1:50
2.770~13.970楼梯平面图1:50
LTL2
TZ1,TZ2,TZ3
楼梯间墙体加强带
TGZ1
ZJ1
1-1
LTL1
LTL1a
LTL1b
说明：
1. 楼梯构造详国标 03G101-2。
2. 楼板分布钢筋Φ6@200。
3. 楼梯栏杆预埋件详建施图。
4. 电表箱安置处上方设现浇 GL。
5. 休息平台位置预留管道洞口，具体位置及大小见建筑楼梯详图。
6. 未标注构造柱详结构平面图。
说明：
凡砖混部分电、水留洞宽大于 600，洞顶底均以洞宽为跨度选用五级过梁，梁上下筋均锚入两端构造柱（GZt）内 35d，洞后 80 墙为钢筋混凝土墙，墙内纵横Φ6@150，锚入洞边 GZt 及过梁内。
电表箱洞位置及尺寸详建施。
×××设计院
设计资质等级 ×级 证书号××××××-××
地址：×××× 邮编：××××
电话：××××
传真：××××
E-MAIL：××××
项目经理
审定
专业负责人
审核
校对
设计
制图
工程名称 ×× ××××
子项名称
楼梯结构详图
图号 建施-01
工程号 ×××-×
子项号 01
专业 建筑
阶段 施工
日期 ××××.××
比例 1：100
版次 A

单层工业厂房施工图实训

由于生产工艺条件的不同，工业厂房按层数分为单层厂房、多层厂房与混合式厂房。这里主要讲述单层工业厂房施工图的识读。单层工业厂房是目前采用比较多的建筑类型。

单层工业厂房（排架结构）的主要构造组成一般分为承重构件与围护构件两部分。承重构件即重要的结构构件，一般包括基础、排架柱、屋架（屋面梁）、基础梁、吊车梁、连系梁等；围护构件即非承重构件，一般包括外墙（外墙板）、抗风柱、屋面板、门窗、天窗等。

单层工业厂房全套施工图的组成，一般包括总图、建筑施工图、结构施工图、设备施工图、工艺流程设计图及有关文字说明。建筑施工图包括平面图、立面图、剖面图和详图；结构施工图主要包括基础结构图、结构布置图、屋面结构图和节点构件详图等；设备施工图包括水、暖、电、工艺设备等施工图。这里只介绍建筑施工图与结构施工图。

单层工业厂房建筑施工图内容主要包括平面图、立面图、剖面图、详图及设计说明等。

课题1　单层工业厂房建筑施工图

1.1　应知应会部分

1.1.1　制图标准要求

(1) 单层厂房平面图图示内容及识图要点

工业厂房建筑施工图与民用建筑施工图在图示原理和图示方法上基本相同，但由于工业建筑与民用建筑在构造上有较大的差异，图样形式上也有一些不同，单层工业厂房施工图的图示内容和识读方法也不同。

单层工业厂房平面图主要表达厂房的平面形状、平面位置及有关尺寸。其主要图示内容及识图要点如下。

① 了解图名、比例。比例常采用 1∶100、1∶200 或 1∶150。

② 理解厂房的类型，平面形状、布置，吊车出入口，坡道等。

③ 掌握图线规定，如吊车梁用点划线等。

④ 掌握定位轴线，相关尺寸的标注。

⑤ 了解详图索引、剖切符号、指北针及有关说明等。

(2) 单层厂房立面图图示内容及识图要点

单层厂房建筑立面图主要是表达厂房外形、外部构件竖向布置及其相关尺寸等。

其主要图示内容及识图要点如下。

① 了解图名、比例。比例常采用 1∶100、1∶200 或 1∶150。

② 其外形简洁，了解外墙装饰做法、门窗、坡道、雨水管、爬梯等。

③ 掌握图线规定（同民用建筑）。

④ 掌握尺寸及各主要部位标高标注。

⑤ 两端定位轴线、详图索引等。

⑥ 识读时要对应平面图核对相关内容。

(3) 单层厂房剖面图图示内容及识图要点

单层厂房建筑剖面图主要是表达厂房结构形式、内部构造构件竖向布置及其相关尺寸等。

其主要图示内容及识图要点如下。

① 了解图名、比例。比例常采用 1∶100、1∶150 或 1∶200。

② 理解厂房内部构造构件竖向布置情况及其相互关系。

③ 掌握图线规定（同民用建筑）。

④ 掌握尺寸及各主要部位标高标注。

⑤ 了解定位轴线、详图索引等。

⑥ 剖面图的识读要对应平、立面图核对相关内容。

(4) 厂房详图

工业建筑的详图一般包括檐口、屋面节点详图，墙、柱节点详图等。从这些图样上可以详细地看到它们所在的位置及其构造情况，其读图方法同一般民用建筑，此处不再赘述。

1.1.2　建筑工程图示要求

(1) 平面图

① 由于厂房的功能不同，厂房结构可能是高低跨度不同的，平面图不能反映结构形式应该结合剖面图（或立面图）表示出来。

② 平面图的纵向轴线间距一般是屋架的跨度，屋架多为标准结构形式，其跨度一般符合建筑模数3m的要求。横向轴线是柱的中心线，其位置一般是柱的中心线，但在山墙两侧一般是柱子外侧边线。

③ 平面图中根据厂方的功能，可以一部分用民用建筑平面图表示辅助用房，另外一部分用厂房平面图表示工业建筑部分。

④ 车间内常设置桥式吊车，在平面图中用图例表示，注明吊车起重量和轨距。

⑤ 尺寸标注和民用建筑平面图一样，沿长宽两个方向分别标注三道尺寸：最里一道尺寸表示外墙上门窗洞口大小和定位尺寸，属细部尺寸；中间一道尺寸表示定位轴线尺寸，属定位尺寸；最外道尺寸表示厂房的总长或总宽尺寸，属总尺寸。

⑥ 除此之外，对于细部构造还需用索引符号表示详图位置，用指北针表明建筑方向，剖切符号表示剖面图的剖切位置和剖视方向等。

(2) 立面图

厂房立面图和民用建筑立面图基本相同，同样包括正立面图、背立面图、侧立面图等，反映了厂房的整个外貌形状和屋顶、门窗、雨篷、台阶和雨水管等细部的形状和位置。特别值得注意的是对于厂房结构立面的天窗和外墙中悬窗的位置和型式以及外墙一侧的钢楼梯的构造。

(3) 剖面图和详图

① 厂房剖面图分为横剖面图和纵剖面图，但在单层厂房建筑设计中，一般不画纵剖面图。

② 剖面图重点表示厂房内部的柱、吊车梁断面及屋架、天窗架、屋面板及墙门窗等构配件的相互关系。

③ 尺寸标注需标注各部位（天窗、柱子、门窗洞口等）竖向尺寸；标高需要注明屋顶、柱顶、门窗顶、室外地坪等的标高，特别是屋架下弦底面（或柱顶）和吊车轨顶标高，这些尺寸是确定生产设备位置、操作和检修所需空间以及起重机高度的重要参考。

④ 对于剖面图表达不清楚的地方，需要用索引符号索引详图位置，其分类、画法、表示的含意与民用建筑一样。

⑤ 单层厂房一般都要绘制墙身剖面详图（构造简单的可以不画），用来表示墙体各部位的详细构

造、尺寸标高以及室内外装修；除此之外，对于有室内检修钢梯的厂房结构，需要利用详图表示钢梯的位置、构造做法和主要尺寸等。

1.2 实训练习

1.2.1 填空题

(1) 单层工业厂房（排架结构）的主要承重构件即重要的结构构件，一般包括________、________、________、________、________、________等。

(2) 单层工业厂房全套施工图的组成，一般包括________、________、________、________、________及________。

(3) 单层工业厂房建筑施工图内容主要包括________、________、________、________及________等。

(4) 单层工业厂房建筑平面图主要表达________、________及________等；建筑立面图主要是表达________、________及________等。建剖面图主要是表达________、________及________等。

(5) 工业建筑的详图一般包括________、________，________等。

(6) 单层厂房建筑平面图的纵向轴线间距一般表示________，横向轴线是柱的中心线，一般表示________。

(7) 单层厂房建筑平面图的尺寸标注沿长宽两个方向分别标注三道尺寸：最里一道尺寸表示________；中间一道尺寸表示____________；最外道尺寸表示____________。

(8) 厂房剖面图分为____________，但在单层厂房建筑设计中，一般不画____________。

1.2.2 问答题

(1) 单层工业厂房平面图的主要图示内容及识图要点是什么？

(2) 单层厂房立面图图示内容及识图要点是什么？

(3) 单层厂房剖面图图示内容及识图要点是什么？

(4) 单层厂房建筑详图一般都有哪些？

1.2.3 综合题

识读下面的厂房建筑施工图，回答问题。

(1) 该厂房结构的形式是____________________，承重结构主要材料是____________，建筑高度是________m。

(2) 从平面图可知，该厂房的总长为________m，总宽为________m；厂房的纵向定位轴线为________，横向定位轴线为________，柱距为________m，跨度为________m。抗风柱的柱距为________m和________m两种。

(3) 平面图中，门的种类共有________种，窗的种类有________种。在东侧山墙的抗风柱之间的门符号表示______________意思。

(4) 厂房内设有桥式起重机，其中B-C轴线之间的一台桥式起重机最大起重吨位为________t，轨道间距为________m，轨顶标高为________m。

(5) 厂房西侧室外标高为________m，在房间室内地面的坡度为________，室内地面四周设有地沟，其沟底的坡度为________。房屋室外设有散水，宽度为________，每隔________设置伸缩缝一道。

(6) 由立面图，可以看到立面装修的做法分别为________、________、________三种，其中外墙面具体的做法是________________________________。

(7) 从南立面图可知，窗C12615表示______________，其中悬窗的顶面和地面标高分别为________和________，窗C6040按开关方式属于____________种类。

(8) 从西立面图可知，进出口大门门洞顶和雨篷底的标高分别为________m和________m。室外地坪标高为________，檐口标高________，门口坡道的坡度为________。

(9) 厂房剖面图的识读，1—1剖面剖切位置在____________________，从图中可以看出，中部桥式起重机梁支座顶面标高为________m，跨度为________m，厂房中柱之间设有________连接结构。

(10) 外檐沟做法符号表示____________________意思，厂房屋面采用________材料，屋面的支撑结构形式____________，其屋顶的排水形式属于____________。

建筑设计总说明

一、设计依据

1.1　依据甲、乙双方签定的设计合同（2008）工设（六）38号，甲方所提供的设计资料，设计任务书及已认可的设计方案。

1.2　依据现行国家有关规范、规定及标准。

《建筑设计防火规范》(GB 50016—2006)

《工业企业设计卫生标准》(GBZ1—2002)

《建筑物防雷设计规范》(GB 50057—95)

《机械工厂建筑设计规范》(机械计［1996］583号)

《工程建设标准强制性条文》

1.3　各有关专业提供的资料。

二、项目概况

2.1　建筑名称　新建安装车间

2.2　建筑地点　×××市×××路×××号

2.3　建设单位　××××××集团有限责任公司

2.4　车间总建筑面积 9769.33m²。

2.5　建筑分类：该工程为单层戊类厂房；耐火等级：二级；屋面防水等级：Ⅱ级；工程等级：一级。

2.6　建筑檐口高度为14.6m。

2.7　建筑功能：装配车间。

2.8　建筑主要结构形式：钢结构。

2.9　设计使用年限：50年，抗震设防烈度：7度。

三、尺寸及位置

3.1　本工程的总平面位置及本工程室内地面标高±0.000所相对的绝对标高详见总平面位置图。

3.2　本工程标高以m为单位，其它尺寸以mm为单位。

四、墙体工程

4.1　图中凡钢柱，尺寸及定位详见结构施工图，图中所有砖墙标号及砂浆标号详结施。墙身预留洞口，见建筑及各专业施工图。

4.2　图中除注明者外，轴线居柱中，墙居中或平柱内外皮。

4.3　±0.000以下基础部分墙体材料见结构施工图。

4.4　主厂房车间部分1.2m以下为240混凝土多孔砖砖墙，1.2m以上为双层压型彩板外墙面。压型彩板墙外层板采用0.53mm厚镀铝锌YX35-125-750型压型钢板，内板采用0.4厚YX28-205-820型乳白色镀锌压型钢板。

4.5　砖墙墙身防潮层：在室内地坪下约60mm处做20mm厚1∶2水泥砂浆内加3%～5%防水剂的墙身防潮层（在此标高为钢筋混凝土构造，或下为砌石构造时可不做），当室内地坪变化处防潮层应重叠，并在高低差埋土一侧墙身做20mm厚1∶2水泥砂浆防潮层，如埋土侧为室外，还应刷15厚聚氨酯防水涂料（或其它防潮材料）。

五、屋面工程

5.1　车间的屋面为双层彩钢板＋保温层（75mm厚玻璃丝棉），屋面防水等级为Ⅱ级。

5.2　压型钢板屋面及墙体未详之处见01J925-1《压型钢板、夹芯板屋面及墙体建筑构造》及06J925-2《压型钢板、夹芯板屋面及墙体建筑构造二》。

5.3　屋面排水组织见屋顶平面图。外排雨水斗、雨水管采用UPVC管材，雨水管的直径均为*DN*100mm。

5.4　其余未注明做法见《装修构造表》。

六、门窗

6.1　门窗大样所注尺寸为洞口尺寸，门窗加工及安装单位对实际门窗洞口尺寸及数量须对照门窗表到现场核验、校准无误后，方可下料制作及安装。

6.2　除注明外，所有外门立樘于墙外皮，内门立樘与开启方向墙内皮平齐，所有窗立樘均居墙中。(厂房大门里外均设防撞柱)。

6.3　门窗预埋在墙或柱内的木、铁构件，应做防腐、防锈处理，连接时需在与铝材接触处加设塑料或橡胶垫片。

6.4　变压器室外窗内衬不大于10mm×10mm网格的钢丝网。

6.5　各种混凝土的预留预埋均应在土建施工中预留预埋。

6.6　厂房所有窗户均采用铝合金窗，铝合金外窗采用透明浮法中空玻璃（5mm＋10mm＋5mm）。

6.7　外窗性能指标　气密性4级；空气渗透量≤1.5m³/(m·h)；中性能窗，一等品。所有订制的门窗要求严格进行抗风压计算，满足安全使用要求。

6.8　所有五金选用优质材料，均按其相应标准图配套选用，门锁及把手安装前应由甲方根据实际情况确定式样及规格。

6.9　所有内窗台粉刷材料等同于砖墙墙身涂料，内窗台面须高出外窗台面20mm。

6.10　所有多孔砖外墙窗台，均应设混凝土现浇压顶，压顶厚度为80mm厚，压顶配筋3Φ6mm通长，箍筋Φ6@200，C25混凝土浇筑。

七、室内外装饰工程

7.1　内外装修材料的选用及工程做法详见装修构造做法表，外墙装修材料使用部位详见立面图。

7.2　内外装修材料须提供产品样品和制作施工样板由设计单位及业主共同选定。

7.3　所有混凝土面做粉刷前均须先刷含胶水泥浆一道，混凝土面油渍严重者应用碱液清洗。

7.4　砖墙面层喷涂或油漆须待粉刷基层干燥后进行。

7.5　所有管道及施工洞待设备安装完毕后均应以不燃材料堵实。

7.6　所有金属外露管道均做油漆，颜色按各专业要求。

7.7　所有露明吊挂、支撑钢杆件、预埋铁等铁件均需镀锌或刷防锈漆两道。

7.8　所有木构件均先打腻子，刷S52-41米黄色聚氨酯面漆两度，埋入木料均满涂防腐臭油。凡靠墙木构件、木门樘等材料均应事先涂刷防腐剂或氟化钠两道。

八、防水防潮工程

8.1　本套设计文件防水工程设计采用《国家建筑标准设计图集》，施工中必须严格按照各分项中设计要点的要求。

×××建筑设计院				工程名称	×××安装车间	
审　定		方　案		建筑设计说明	设计号	××××
总工程师		设　计			图　别	建施
注册师		制　图			图　号	1
审　核		校　对			专业张数	4
项目负责人		专业负责人		第1张　共4张	日　期	××××

建筑设计总说明

8.2 车间屋面防水等级为Ⅱ级。

8.3 屋面墙体防水施工时详细节点做法：

彩板屋面外檐沟及女儿墙泛水做法见06J925-2页27节点4和页40节点15。

8.4 所有防水涂料涂层应在涂层完全固化成膜后，经质检人员检查防水层质量合格，方可进行下一道工序施工。

九、建筑配件做法

9.1 钢梯栏杆及扶手做法选用02J401 41页。

十、室外工程

10.1 室外散水的做法见05YJ9-1页51节点3，散水尺寸详见平面图。

10.2 坡道做法见05YJ9-1页53节点10，坡道尺寸详见平面图。

十一、彩色复合压型钢板的其他说明

11.1 彩色复合压型钢板参见国标01J925-1及06J925-2进行施工。

11.2 由于压型钢板的节点详图因各生产厂家的板型不同而异，因此本工程有关彩色复合压型钢板的节点详图，必须在生产厂家认可后方可施工，生产厂家必须保证施工后不漏水，如果生产厂家对有关彩色复合压型钢板的节点详图有异议，应由生产厂家对节点图进行修改，由甲方设计单位认可后方可施工，且生产厂家保证施工后不漏水。

11.3 彩色复合压型钢板的铺设要注意常年风向，横向搭接方向宜与常年风向一致。

11.4 彩色复合压型钢板的板肋搭接处，在两肋之间要加设密封胶条。

11.5 彩色复合压型钢板安装上所需密封胶均为不腐蚀金属构件的单组分聚氨酯密封胶，注意不允许含有硅、硒成分。

十二、其它

12.1 设计中选用的标准图，不论采用局部节点，还是全部详图，均应全面配合该标准图施工。

12.2 所有内外装修材料大面积施工前，须做出样板，经建设、设计人员同意后方可施工。

12.3 本工程所用所有原材料，成品，半成品均应为合格产品，并应符合国家规定的环保要求。

12.4 施工时必须与结构、水、电、暖、通风专业配合。凡预留洞穿墙，板，梁及预埋件位置等须对照结构，设备施工图确定准确无误后，方可施工。

12.5 如施工中发现材料做法厚度与材料做法表或通用图集中做法不一致，可在设计方认可的条件下，对其中垫层或混凝土找坡层厚度作适当增减。

12.6 本设计除特别注明者外，尺寸均以毫米为单位，标高以米为单位除特别标明处外，所有尺寸注到轴线或结构表面。

12.7 防水材料应选用国家建设部推荐产品，除图纸明确选用的材料外，如若改变应由甲乙双方共同协商调研后，根据防水性能择优选用。

12.8 设计中不详之处应及时和设计单位协商，解决后方可施工。

装修构造表

序号	名称	选用标准图及材料	适用部位
屋面	屋1	06J925-2 屋4A(360°直立缝锁边连接)	主厂房
地面	地1	50mm厚C30细石混凝土，做耐磨地坪，6m×6m切割缝 150mm厚C20混凝土(在有地轨处和组装区) 300mm厚3∶7灰土 素土夯实	所有地面
外墙	外墙1	06J925-2 墙3A(保温层50厚玻璃丝棉)	1.2m以上墙面
	外墙2	05YJ1 外墙25	1.2m以下墙面
踢脚	踢脚1	05YJ1 踢1 (水泥砂浆踢脚)	所有踢脚
漆	漆1	木基层清理、除污、打磨等 刮腻子、磨光 底油一遍 调和漆二遍(米黄色)	所有木制品
	漆2	清理金属面除锈 防锈漆或红丹一遍 刮腻子、磨光 调和漆二遍(白色)	所有金属栏杆

门窗表

类型	设计编号	洞口尺寸/mm	数量	图集名称	备注
门	M1521	1500×2100	2	参05YJ4-1 89页 1PM-1521	平开门
	TLM8060	8000×6000	4	参03J611-4 18页 -7878	推拉门
	TLM9060	9000×6000	2	参03J611-4 18页 -9078	推拉门
窗	C6040	6000×4000	32	详见建施4	铝合金推拉组合窗

×××建筑设计院				工程名称		×××安装车间	
审定		方案		建筑设计说明		设计号	××××
总工程师		设计				图别	建施
注册师		制图				图号	1
审核		校对				专业张数	4
项目负责人		专业负责人		第1张	共4张	日期	××××

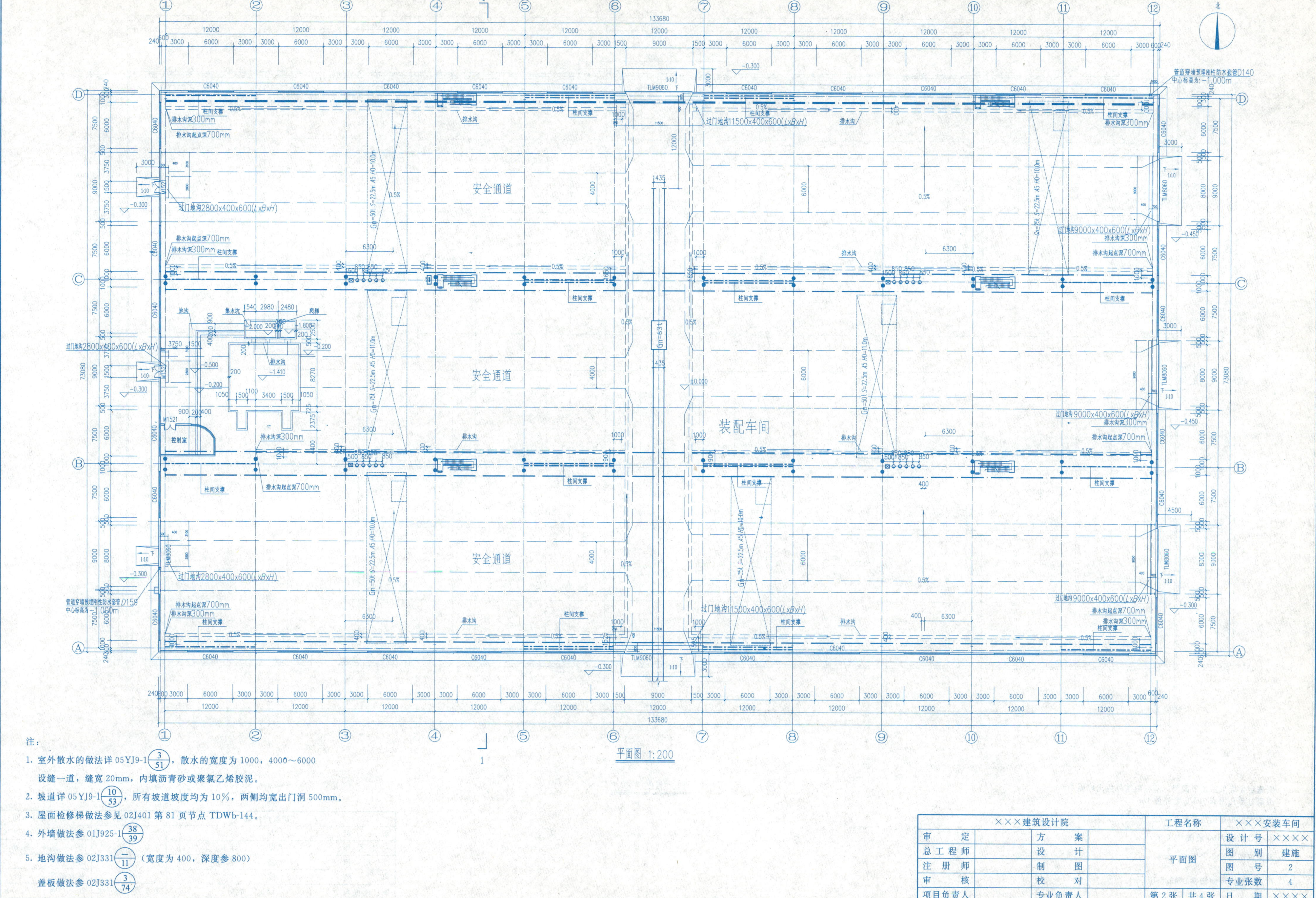

平面图 1:200

注：

1. 室外散水的做法详 05YJ9-1 (3/51)，散水的宽度为 1000，4000～6000 设缝一道，缝宽 20mm，内填沥青砂或聚氯乙烯胶泥。
2. 坡道详 05YJ9-1 (10/53)，所有坡道坡度均为 10%，两侧均宽出门洞 500mm。
3. 屋面检修梯做法参见 02J401 第 81 页节点 TDWb-144。
4. 外墙做法参 01J925-1 (38/39)
5. 地沟做法参 02J331 (—/11)（宽度为 400，深度参 800）

   盖板做法参 02J331 (3/74)

×××建筑设计院				工程名称		×××安装车间	
审　　定		方　　案		平面图		设 计 号	××××
总工程师		设　　计				图　　别	建施
注 册 师		制　　图				图　　号	2
审　　核		校　　对				专业张数	4
项目负责人		专业负责人		第 2 张	共 4 张	日　　期	××××

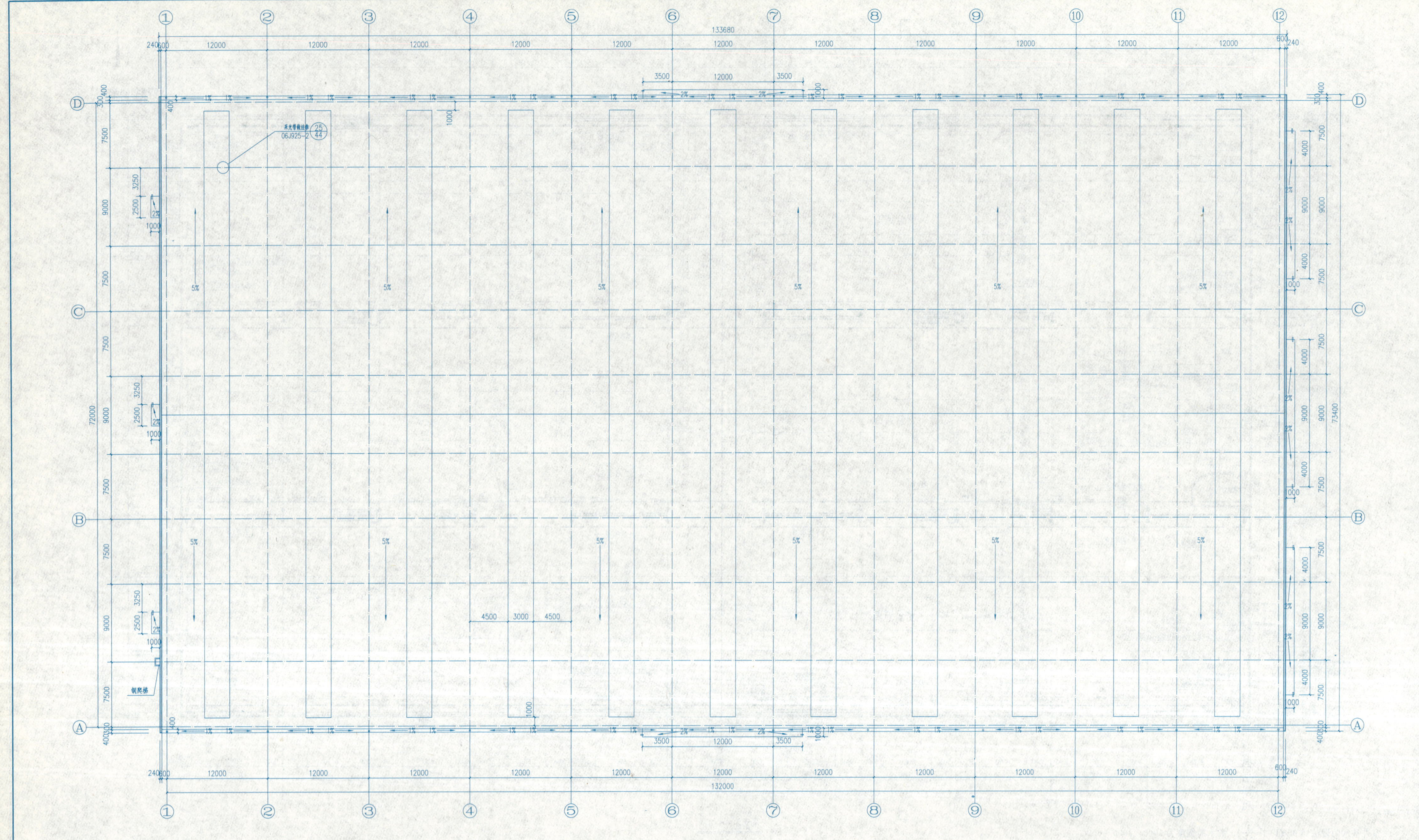

屋顶平面图 1:200

注：

1. 雨篷定位详见屋顶平面图，所有雨篷外挑出墙面 1000
   雨篷过水孔用 ϕ50PVC 管外伸 100
   压型钢板雨篷做法参照 01J925-1 (一/42)
2. 雨水管选用 ϕ100 硬质 PVC 管
3. 外檐沟做法参 06J925-2 (5/27)
4. 雨水管穿雨篷做法参 06J925-1 (一/37)

×××建筑设计院				工程名称	×××安装车间	
审定		方案		屋顶平面图	设计号	××××
总工程师		设计			图别	建施
注册师		制图			图号	3
审核		校对			专业张数	4
项目负责人		专业负责人		第 3 张　共 4 张	日期	××××

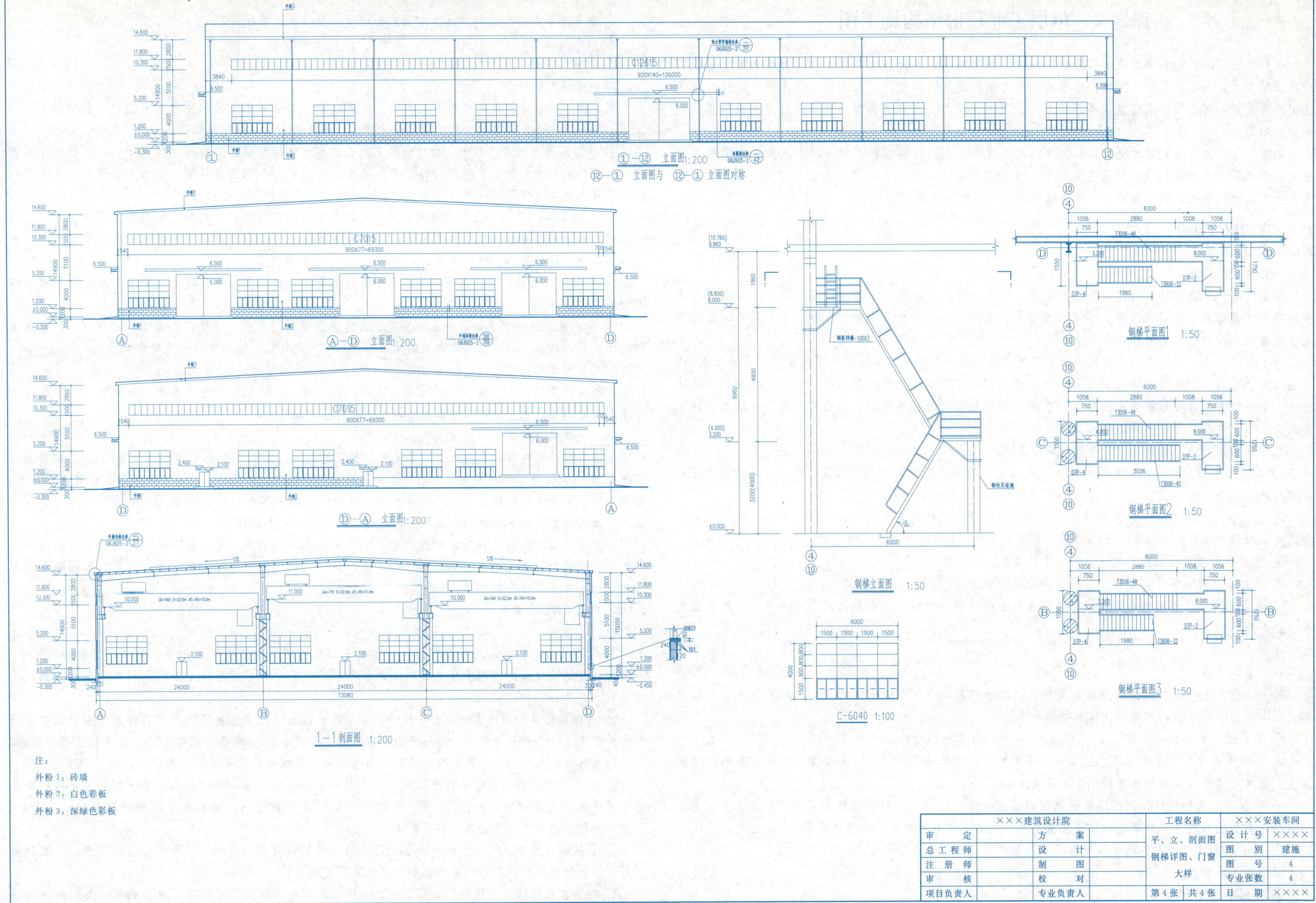

①—⑫ 立面图 1:200
⑫—① 立面图与 ⑫—① 立面图对称
Ⓐ—Ⓓ 立面图 1:200
Ⓓ—Ⓐ 立面图 1:200
1—1 剖面图 1:200
钢梯立面图 1:50
钢梯平面图1 1:50
钢梯平面图2 1:50
钢梯平面图3 1:50
C-6040 1:100
注：
外粉 1：砖墙
外粉 2：白色彩板
外粉 3：深绿色彩板
×××建筑设计院
审 定
总工程师
注册师
审 核
项目负责人
方 案
设 计
制 图
校 对
专业负责人
工程名称
平、立、剖面图
钢梯详图、门窗
大样
第 4 张 共 4 张
×××安装车间
设计号 ××××
图 别 建施
图 号 4
专业张数 4
日 期 ××××

课题2　单层工业厂房结构施工图

单层工业厂房的结构形式通常采用钢筋混凝土排架结构，即由屋架、柱子和基础组成若干个横向的平面排架，再由屋面板、吊车梁、连系梁等纵向构件连成空间整体。为了保证厂房空间结构的整体稳定性和荷载的可靠传递，根据需要厂房中还设置柱间支撑、屋盖支撑等，使单层厂房构成完整的空间结构体系。

单层工业厂房大多是通过安装预制构件形成厂房的骨架，墙体仅起围护作用。厂房的主要构件中很多构件详图都可通过标准图集来选用，所以它的图纸数量一般不大。单层工业厂房结构施工图内容主要包括基础结构图、结构布置图、屋面结构图和节点构件详图等。

2.1　应知应会部分

2.1.1　制图标准要求

(1) 基础结构图

单层工业厂房基础结构图包括基础平面图、基础详图和文字说明三部分。基础平面图反映基础的平面布局、基础和基础梁的布置、编号和尺寸等。基础详图表示出了基础的形状、全部尺寸、配筋情况及基础之间或基础与其他构件的连接情况。

由于单层工业厂房的竖向承重构件采用钢筋混凝土柱子，因此柱下通常采用钢筋混凝土独立基础，一般为杯形基础。厂房的外墙大多是自承重围护墙，一般不单独设置条形基础，而且将墙砌筑在基础梁上，基础梁搁置在杯形基础的杯口上。基础平面图主要反映杯形基础、基础梁或墙下条形基础的平面位置，以及它们与定位轴线之间的相对关系。

基础平面图的图示特点、主要内容及识图方法。

① 在基础平面图中，只画出其轮廓线，独立基础的底面外形是可见轮廓线，用中实线。至于基础的细部轮廓线可省略不画，这些细部的形状，将具体反映在基础详图中。

② 看纵横定位轴线编号。通过纵横向定位轴线，可知道有多少基础，基础间的定位轴线尺寸是多少。定位轴线的编号要与建筑平面图对照，看是否一致，如有矛盾应立即修改达到统一。

③ 看基础平面形状、大小尺寸及与轴线的关系。

④ 看基础位置和代号，根据代号可以查看基础详图。

⑤ 看基础平面图中的剖切位置线。可以了解基础断面图的种类、数量及其分布位置，以便与基础详图相对照阅读。

⑥ 看图中的施工说明。

(2) 基础详图

基础详图是柱下独立基础做垫层、支模板、绑扎钢筋、浇筑混凝土施工用的。一般情况下基础详图包括平面图和剖面图，其图示内容和特点如下。

① 平面图、剖面图比例常用1∶20，1∶30，1∶50等比例绘制。

② 平面图表示基础的外形尺寸、每一阶的尺寸、杯口和柱子的尺寸。剖面图主要表示基础的埋置深度、高度尺寸以及每阶的高度和杯口的深度。

③ 平面图中常利用局部剖视图表示基础钢筋的平面布置情况，包括纵横向钢筋的数量型号、直径和间距。剖面图则表示基础钢筋的立面布置情况以及柱子和基础的节点连接方式等。

④ 图中常出现详图索引符号和剖面符号，用以表示其局部详细构造。

基础详图识读方法如下。

① 看图名、比例。

② 看基础断面图中轴线及其编号。

③ 看基础断面各部分详细尺寸和室内外地面、基础底面的标高。

④ 看基础配筋。

⑤ 看施工说明。

(3) 结构布置图

梁、板、柱等结构构件布局图表示厂房屋盖以下，基础以上全部构件的布置情况，包括柱、柱间支撑、吊车梁、连系梁等构件的布置。通常将这些构件画在同一结构布置图上。

① 柱。厂房中的各个柱子，由于生产工艺要求和承受的荷载以及所布置位置不同，在构件布置图中采用不同的编号来加以区别。虽然厂房中某些柱子的截面、配筋都相同，但由于柱子所处的位置和与之连接的其他构件不同，所以柱子上设置的预埋件的数量和位置也不同。

② 柱间支撑。单层工业厂房设置柱间支撑的主要目的是提高厂房的纵向刚度和稳定性在水平方向传递吊车的水平推力和山墙传来的风荷载。由于牛腿柱分为以牛腿表面为分界面的上柱和下柱，柱间支撑亦分为上柱柱间和下柱柱间支撑。

③ 吊车梁。单层工业厂房设有桥式吊车的起重设备，需要在柱子牛腿上设有吊车梁。吊车梁沿纵向柱列布置。

④ 连系梁。连系梁是沿厂房纵向柱列设置的用以增强厂房纵向刚度，并传递风荷载和承担部分围护墙体荷载的构体。对于有些中小型的单层工业厂房，还可以用圈梁兼作连系梁和窗过梁。

(4) 屋面结构图

屋面结构图主要表明屋架、屋盖支撑系统、屋面板、天窗结构构件等的平面布置情况。一般屋架用粗单点长划线表示。各种构件都要在其上注明代号和编号。

(5) 节点构件详图

工业厂房建筑构件，目前已有国家通用标准图集选用。如钢筋混凝土梯形屋架95G314，该图集有15m跨度和18m跨度两种屋架详图，除总说明屋架的模板图、配筋图、配筋节点详图、预制腹杆详图、预埋件详图、屋架钢材明细表、屋架构造及檩口钢筋明细表等外，还有屋架上弦支撑平面布置图、上弦水平支撑详图、钢系杆详图、竖向支撑详图等，需要时可查找相应的标准图。这里不再过多介绍。

在识读工业厂房施工图时，和民用建筑施工图识读方法大同小异，要坚持“先文后图、先图外后图内，先次要后主要、先地物后地貌、先整体后局部”的原则，由外向里，由大到小，由粗到细逐步细化识读，直至读懂全部内容。

2.1.2　建筑工程图示要求

(1) 基础图

① 单层工业厂房的基础多为现浇钢筋混凝土杯形基础，用结构构件代号J-×（×是基础的编号）来表示；其辅助建筑的基础多为毛石砌筑的条形基础，图中只需画出墙身轮廓线和基坑开挖边线，无需编号。

② 当房屋底层平面中有较大的门洞时，为了防止在地基反力作用下引起室内地面开裂，通常在门洞处的条形基础上设置基础梁。基础平面图中基础梁的代号JL（或称为地梁DL）。除了设置基础梁外，如果地基条件较差，为了协调基础之间的不均匀沉降，根据设计需要设置地圈梁，代号为JQL。

③ 钢筋混凝土独立基础结构详图中可以采用一部分绘独立基础外形轮廓，另一部分绘出内部钢筋的配置情况。基础内钢筋形状、直径、间距和级别等在图中注明。基础钢筋的保护层厚度示意表示，另表示出垫层的厚度，不必画材料图例线。

④ 在基础详图中，尺寸标注要齐全，需注明定位轴线到基础边缘的尺寸，基础的长度、宽度及高度尺寸。此外还应标注基础顶面的标高和基础底面的标高。

⑤ 独立基础详图中的线型，立面图中用中粗线表示外轮廓线，用粗实线表示钢筋。剖切到的钢筋

用黑圆点表示。平面图中则用中粗线表示可见轮廓线，用粗实线表示钢筋。

（2）结构布置图

① 厂房结构一般采用排架结构或框架结构，结构平面布置图采用平法表示柱子的位置、型号和钢筋配置情况；对于设置有吊车梁的结构，结构图中用代号 DL 表示吊车梁，有时还需在代号表示其荷载等级和位置，如 DL-5B，其中 5 表示荷载等级，B 表示用于边跨。

② 为了增强结构的稳定性和刚度，当厂房跨度大于 18m，柱高大于 8m 时，应在厂房中设置上、下柱间支撑，柱间支撑的代号为 ZC，其详细结构和尺寸利用详图表示出。

③ 单层厂房结构的屋顶常采用钢结构，当采用标准钢屋架时，可以利用标准图来表示，如采用现场制作的钢屋架结构，其屋架详图要表示钢屋架的形式、大小、型钢规格、杆件组合以及连接方法的图样，作为金属结构厂或施工单位制作的依据，一般包括屋架简图（又称为屋架示意图）、屋架详图（包括立面图和节点图）、杆件详图、连接板详图、预埋件详图、钢材用量表、说明。

2.2 实训练习

2.2.1 填空题

（1）单层工业厂房结构施工图内容主要包括________、________、________和________。

（2）基础平面图主要反映____________________________等内容，包括________、________和________三部分。

（3）基础详图的用途是__________________________________。一般情况下基础详图包括________和________。

（4）结构布置图表示____________________________。一般包括________、________和________。

（5）屋面结构图主要表明____情况。

（6）基础平面图中基础梁的代号为________，代号 DL 表示________、JQL 表示________。

（7）独立基础详图中的线型，立面图中外轮廓线用________表示，钢筋用________表示。剖切到的钢筋用________表示。

（8）结构图中用代号 DL-5B 表示__________________。

2.2.2 问答题

（1）简述排架结构单层工业厂房的结构组成。

（2）什么是定位轴线？它和构件尺寸有何关系？

（3）单层厂房钢屋架详图包括什么内容？

（4）简述基础平面图的图示特点、主要内容及识图方法。

（5）简述识读工业厂房结构施工图的方法。

2.2.3 综合题

识读下面的厂房结构施工图，并回答下列问题。

（1）该厂房的基础结构型式是__________，Ja-1 基础的尺寸为________ mm×________ mm，其中为了保持基础的整体性，基础之间设置 JL，JL 的断面尺寸为________ mm×________ mm。

（2）JB-1 基础的长为________ mm，宽为________ mm，柱子的尺寸为________ mm×________ mm。基础长度方向钢筋配置________筋，长度________ mm，直径为________ mm，间距为________ mm，宽度方向配置________筋，长度________ mm，直径为________ mm，间距为________ mm。杯形基础的高度为________ mm，杯口的深度分别为________ mm，杯口标高为______，基础下面铺设________材料垫层，每边宽出基础底面________ mm。

（3）该厂房结构设置的支撑杆件系统包括________、________、________、________、________和________。其中 SC，HJ，XZC 分别表示____________________________________。

（4）该厂房屋面结构型式属于__________屋面，其主要构件包括________、________、________、________、________。其屋面檩条采用____实腹式檩条，檩间拉条采用直径为____ mm 的圆钢。

（5）参观当地的一个单层工业厂房，并对照实物查看其施工图图纸，写出参观日志。

（6）识读并绘制所参观的单层工业厂房的建筑施工图与结构施工图。

结构施工图设计总说明

1. 一般说明：

1.1　本建筑物±0.00对应的绝对标高值及建筑物平面位置见总平面布置图。

1.2　本图中所注尺寸除标高采用米（m）为单位外，其余均以毫米（mm）为单位。

1.3　本工程结构类型为单层门式钢架钢结构，三连续跨厂房。

1.4　本建筑物抗震设防烈度为7（0.15g）度，设计地震第一组，抗震设防类别为丙类。

1.5　本建筑物建筑结构安全等级为二级、主体结构设计使用年限为50年。

1.6　本建筑物建筑结构耐火等级为二级，建筑防火类别为戊类，根据《建筑设计防火规范》第3.2.4条，梁、柱可采用无防火保护的金属结构。

1.7　设计采用国家现行建筑结构规范，结构计算采用PKPM工程系列STS、JCCAD软件进行刚架、基础分析计算（2007年8月版）。

1.8　本图为钢结构设计图，应由具有钢结构专项设计资质的加工制作单位完成钢结构施工详图并经设计单位审核同意后方可施工。

1.9　本图须经施工图审查通过后方可用于施工，未经技术鉴定或设计许可，不得擅自改变结构的用途和使用环境。

2. 设计依据：

2.1　二〇〇八年八月二十八日××××研究院提供的《××××集团有限责任公司新建安装车间场地岩土工程勘察报告》。

2.2　主要规范、规程、标准：

(1)《建筑结构可靠度设计统一标准》(GB 50068—2001)

(2)《建筑结构荷载规范》(GB 50009—2001)(2006年版)

(3)《建筑工程抗震设防分类标准》(GB 50223—2008)

(4)《建筑抗震设计规范》(GB 50011—2001)

(5)《混凝土结构设计规范》(GB 50010—2002)

(6)《建筑地基基础设计规范》(GB 50007—2002)

(7)《钢管混凝土结构设计与施工规程》(CECS28：90)

(8)《钢结构设计规范》(GB 50017—2003)

(9)《冷弯薄壁型钢结构技术规范》(GB 50018—2002)

(10)《钢结构工程施工质量验收规范》(GB 50205—2001)

3. 荷载取值（活荷载标准值）：

3.1　基本风压0.45kN/m² B类地面粗糙度；基本雪压40kN/m²

3.2　车间不上人屋面0.5kN/m²。

3.3　其他按《建筑结构荷载规范（2006年版）》(GB 50009—2001)执行。

3.4　吊车荷载

本工程是依据××××重型机械股份有限公司的吊车资料设计，具体资料见下表。

吊车资料一览表

序号	整机最大起重量(t)	吊车跨度(m)	吊车台数	吊车简图	吊车总重(t)	小车重(t)	最大轮压(kN)	工作级别	轨道型号
1	75	22.5	1台75t+ 1台50t	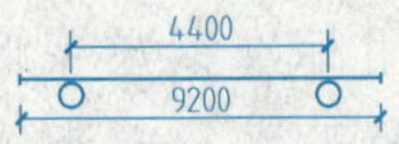 4400 9200	76.565	27.688	309	A5	QU100
2	50	22.5	1台50t+ 1台25t	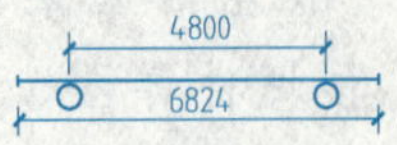 4800 6824	50.082	15.425	404	A5	QU80
3	25	22.5		 4100 5944	31.386	7.185	222	A5	

吊车选用若与设计数据不符时，应及时通知设计人员，复核无误后方可施工。

4. 地基与基础部分设计

4.1　本建筑物基础设计等级为乙级。建筑场地类别为Ⅱ类，场地特征周期为0.35s，属一般场地。

4.2　本场地地基第①层土（新近沉积黄土状粉土）属Ⅰ级轻微非自重湿陷土层。

4.3　本场地地基地下水位较深（埋深约21m），基础设计和施工可不考虑地下水的影响。

4.4　本设计地基采用天然地基，独立基础，基底坐落在第2层（粉土）土层上，并进入该层土不小于200mm，地基承载力特征值fak=190kPa。

4.5　基础两侧应同时进行回填，以防止施工中损坏基础，每层虚铺厚度不应大于250mm，基坑回填土应分层夯实，压实系数不小于0.94。基础作用范围内土层压实系数不小于0.97。

5. 结构材料：

5.1　混凝土：独立基础、基础梁均为C30，垫层C10。圈梁等其他构件均为C25。±0.00标高以下的混凝土要求：最小水泥用量275kg/m³，最大水灰比0.55，最大氯离子含量0.2%，最大碱含量3.0kg/m³。

5.2　钢筋：HPB235（Φ），HRB335（Φ）级，HRB400（Φ）级。钢筋的强度标准值应具有不小于95%的保证率。受力预埋件的锚筋严禁采用冷加工钢筋。

5.3　预埋件：受力预埋件的锚板或型钢，采用Q235B钢，锚筋采用HPB235级或HRB335级钢筋，不得采用冷加工筋。

5.4　焊条：HPB235级钢用E43，HRB335级钢用E50。

5.5　砌体填充材料：

±0.00以下用240mmMU10蒸压砖，M5.0水泥砂浆。

±0.00以上至1.20m高度用混凝土多孔砖，M5.0混合砂浆。

6. 钢结构部分

6.1　材料要求

×××建筑设计院				工程名称		×××安装车间	
审　定		方　案		结构设计说明		设计号	××××
总工程师		设　计				图　别	结施
注册师		制　图				图　号	1
审　核		校　对				专业张数	15
项目负责人		专业负责人		第1张	共15张	日　期	××××

6.1.1 图中主框架梁、柱、抗风柱材质为Q345B，吊车梁材质为Q345B其力学性能和化学成分应符合《低合金结构钢》(GB/T 1591—94) 的规定。隅撑，拉条材质为Q235（图中注明者除外）；其力学性能和化学成分应符合《普通碳素结构钢》。(GB/T 700—88) 的钢材材料还应符合下列要求：

a. 钢材的抗拉强度实测值与屈服强度实测值的比值不应大于1.2；

b. 钢材应有明显的屈服台阶，且伸长率应大于20%；

c. 钢材应有良好的可焊性和合格的冲击韧性；

6.1.2 檩条采用Q345镀锌冷弯薄壁型钢，质量标准应符合《通用冷弯开口型钢》(GB 6723—86) 的规定。

6.1.3 焊接材料

6.1.3.1 手工焊时，若主体金属为Q235钢采用E43XX型焊条，其性能应符合《碳钢焊条》(GB/T 5117—1995) 的规定。

6.1.3.2 手工焊时，若主体金属为Q345 (16Mn) 钢时，采用E50XX型焊条，其性能应符合《低合金焊条》(GB/T 5118—1995) 的规定。

6.1.3.3 当Q235钢与Q345钢焊接时，采用E43XX型焊条。

6.1.3.4 自动焊或半自动焊时采用能符合《焊接用钢丝》(GB/T 14957—94) 规定的焊丝，若主体金属为Q235钢时采用H08A、H08E焊丝，配合中锰型或高锰型焊剂；若主体金属为Q345 (16Mn) 钢时采用H08A、H08E焊丝配合高锰型焊剂。

6.1.3.5 工字形断面当翼缘或腹板因板长不够而需对接拼接时，翼缘与腹板的对接焊缝间的相对位置应错开200mm以上，拼接焊缝为二级焊缝。

6.1.4 螺栓材料。

6.1.4.1 未注明的普通螺栓均为C级，螺栓、螺母和垫圈采用《GB/T 700—88》规定的Q235钢制作，其热处理、制作和技术要求应分别符合《GB/T 5780—2000》、《GB/T 41—2000》、《GB/T 95—85》的规定。

6.1.4.2 性能为10.9级的摩擦型高强螺栓，宜采用符合国家标准《合金结构钢技术条件》(GB/T 3077—1999) 规定的20MnTiB钢或40号钢制成或采用符合国家标准《钢结构用高强度大六角头螺栓，大六角头螺母与垫圈技术条件》(GB/T 1231—91) 规定的35VB制成。

6.1.4.3 在高强度螺栓连接范围内，构件的接触面抗滑移系数 $u \geqslant 0.45$，不得污损或刷油漆。

6.2 结构构造、制造与安装

6.2.1 柱子系统

(1) 组合截面柱采用自动焊接，焊缝等级应符合二级焊缝质量标准。

① 组合构件焊缝设计尺寸见附表一。

② 加劲肋焊缝设计尺寸见附表二。

③ 组合构件端板焊缝设计尺寸见附表三。

(2) 对焊接工字形钢截面柱、梁翼缘和腹板的拼接，应采用加引弧板（其厚度和坡口与母材相同）的对接焊缝，并保证焊透。翼缘板与腹板的对接焊缝相互错开200mm以上，焊缝质量等级应符合二级焊缝质量标准。焊接钢管焊缝质量等级应符合二级焊缝质量标准。

(3) 构件在运输和安装过程中，应防止碰伤、变形或捆绑钢绳时勒伤，如有损伤、变形应及时修补校正。

(4) 所有构件的制作与安装均应符合GB 50205—2001以及《钢管混凝土结构设计与施工规程》的有关规定。

(5) 制作中应力求构件尺寸及安装位置的准确性，以利于现场安装及焊接。

(6) 为安装方便，柱子上部应设计安装用圆钢踏步。

(7) 柱子上浇灌混凝土的孔，孔径约150mm，可在工厂开孔，但不宜将孔板割掉，以免杂物掉进管内。待管内混凝土被振捣密实并达到50%强度以后，方可焊接孔板。

(8) 钢柱中的混凝土由下端（柱脚之上）开孔浇入时，须在柱上端肩梁翼缘板上开两个排气孔（孔径 d=25），具体位置见钢柱详图。

(9) 钢管混凝土双肢柱腹杆两端与柱肢管连接部位详细尺寸须在加工前按足尺寸放样后决定。腹杆不穿入柱肢，二者直接相焊，焊缝构造如图一所示（腹杆内不灌混凝土）：

(10) 钢管混凝土柱肢管中浇灌混凝土时加入适量的膨胀剂，使混凝土达到设计强度时不产生收缩，以保证肩梁上翼缘与混凝土紧密结合（或压力补灌）。

钢管混凝土施工应避免冬季施工，混凝土严格控制水灰比和坍落度，确保施工质量。

钢管运输及吊装时应将其上口封闭，防止异物落入管内。

钢管吊装定位后，须严格控制其偏差，并符合有关规范要求。

钢管内混凝土的浇灌采用有效手段，确保混凝土的密实。

钢管内混凝土的浇灌应按分节要求连续进行，一次浇满。

钢管混凝土的浇灌质量可用敲击钢管的方法进行初步检查，如有异常，则应用超声波检测，对不密实部位，应采用钻孔压浆法进行补强，然后将钻孔补强补焊封固。

6.2.2 吊车梁系统

吊车梁系统必须参照图集05G514-3制造、安装。

6.2.3 屋面系统

(1) 屋面梁等结构，当跨度等于或大于24m时，要求起拱，起拱度为 $L/1000$，L 为梁的跨度。

(2) 屋面梁或托梁翼缘和腹板的对接拼接应与杆件截面等强度。

(3) 焊缝外观检查应符合二级质量标准。

(4) 受拉杆件的对接焊缝，其外观检查和无损检验均应符合二级质量标准。

(5) 组合工字形或T形截面宜采用自动焊焊接。

(6) 为避免屋面梁吊装时产生侧向变形，在吊装时应采用加强措施，当屋面梁就位后，应随即连以支撑。

(7) 采用螺栓连接的部位，待构件安装就位校正后，必须将螺栓丝口打毛或与螺母焊接以防松动。

6.2.4 高强度螺栓的施工要求如下：

(1) 为了使构件紧密地贴合，达到设计要求的摩擦力，贴合面上，严禁有电焊、气割溅点、毛刺飞边、尘土及油漆等不洁物质。

(2) 在螺栓的上、下接触面处如有1/20以上的斜度时，应采用垫圈垫平。

(3) 摩擦面宽度120mm范围内不得涂刷底漆，贴合面采用喷砂处理。

(4) 高强度螺栓的孔必须是钻成的。高强螺栓终拧完毕后应及时用油漆封闭。在连接的板缝、螺栓头、螺母、垫圈周围涂防腐腻子封闭。

(5) 除特别注明者外在下列部位应采用10.9级高强螺栓连接：框架结构的梁—柱相连接，梁—梁连接。

(6) 以下部位采用普通螺栓连接：檩条、隅撑。

×××建筑设计院				工程名称	×××安装车间	
审　　定		方　　案		结构设计说明	设计号	××××
总工程师		设　　计			图　别	结施
注册师		制　　图			图　号	1
审　　核		校　　对			专业张数	15
项目负责人		专业负责人		第1张 共15张	日　期	××××

（7）高强螺栓在连接范围内与构件的接触表面不得涂刷油漆或污损。高强螺栓贴面上严禁有电焊、气割、毛刺等不洁物。高强螺栓终拧前严禁雨淋。

6.2.5　钢结构的安装：

（1）钢结构的安装与验收应按照 GB 50205—2001 进行。

（2）单个构件制作完毕后，应立即编号分类放置。

（3）结构安装前应对构件进行全面检查，如构件数量、长度、垂直度、平整度等是否符合设计要求和规范要求。

（4）结构吊装时应采取适当措施以防止产生过大的扭转变形。

（5）主刚架安装时须及时安装临时风缆绳等可靠措施，以保证结构的稳定性，待建筑的支撑体系包括所有纵向系杆均安装就位后方可拆除。

（6）所有上部结构的安装必须在下部结构调整就位，并固定好后进行。

6.2.6　钢结构涂装

（1）钢结构油漆和涂层要求见下表：

		涂层结构			
		底漆	中间漆	面漆	修补漆
涂层名称及型号		C53-31 醇酸红丹防锈漆	C53-34 云铁醇酸防锈漆	C04-42 醇酸磁漆	同左各层
涂层厚度/(微米/层数)	室内	25/1	50/2	50/2	同左各层
	室外	30/1	60/2	75/3	

（2）钢结构表面处理按照《涂装前钢材表面锈蚀等级和除锈等级》(GB 8923—88) 标准规定，梁柱系统、吊车梁系统等主要构件需采取喷砂处理，表面需达到 Sa2.5 除锈等级，如所使用钢材为新轧制钢材，钢材全面地覆盖着氧化皮而几乎没有铁锈，可采用手工除锈方法，表面需达到 St3 除锈等级。梯子、栏杆、走台板等次要构件可采用手工除锈，表面均需达到 St2 除锈等级。

（3）现场焊缝两侧各 50mm 在构件安装前暂不涂漆，待现场安装完毕后，再按上述要求补漆。

（4）面漆颜色见建筑图。

6.2.7　其他要求

（1）钢结构的制作、安装和验收等除本说明要求外，并应符合《钢结构工程施工质量验收规范》(GB 50205—2001) 的规定，还要满足业主提出的有关附加的技术要求。

（2）厂房四角及沿外墙每隔 36m，在柱子上相对室外地面 0.5m 处设沉降观测点。

（3）钢结构在使用过程中应定期进行油漆，维护。

（4）钢构件表面防护油漆按要求施工。

（5）位于±0.000 以下的钢结构表面涂刷掺水泥重量 2% 的 $NaNO_2$ 水泥砂浆，再用 C15 细石混凝土包至室内地面以上 150mm 处，包脚混凝土厚度为 100。

（6）所有钢构件均应足尺放样，待构件尺寸及螺栓孔直径、位置核对无误后，方可下料施工。

（7）焊接工作应由取得考试合格证明书的焊工担任。

7. 在施工过程中必须采取确保施工安全及结构稳定的施工措施。

8. 施工时应严格遵守国家现行有关施工验收规范、规程及地方有关技术规定。

附表一　H 型组合构件焊缝设计尺寸　　单位：mm

腹板厚度	翼板厚度			
	5～6	8～10	12～16	≥18
4	4	4	5	/
5	4	5	6	/
6	/	5	6	8
8	/	5	6	8
10	/	/	6	8
12	/	/	6	8

附表一说明：

1. 腹板厚度 8mm 以上者，均采用双面角焊缝。
2. 对于吊车梁一律采用双面角焊缝，特殊者由设计定。

附表二　加劲肋焊缝设计尺寸　　单位：mm

加劲肋厚度	H 型构件厚度			
	5～6	6～8	10～16	≥16
6	4	5	6	6
8	5	6	6	8
10～12	5	6	8	10
14～18	/	8	10	12

附表二说明：

加劲肋与翼缘采用双面角焊缝，加劲肋与腹板的焊缝，当加劲肋兼作支撑连接板时采用双面角焊缝。

附表三　H 型构件端板焊缝设计尺寸　　单位：mm

端板厚度	腹板厚度			翼板厚度		
	4～5	6～8	10～12	5～6	8～10	≥12
12	5	7	10	6	10	坡口焊
16	6	8	10	6	10	坡口焊
20～22	6	8	10	6	10	坡口焊
24～26	/	8	10	/	10	坡口焊
28～30	/	8	10	/	10	坡口焊

附表三说明：

对于 H 形构件端板焊缝，当翼板厚度为 12mm 以上时，均采用坡口焊缝。其补强角焊缝不宜小于翼板厚度的 1/4。

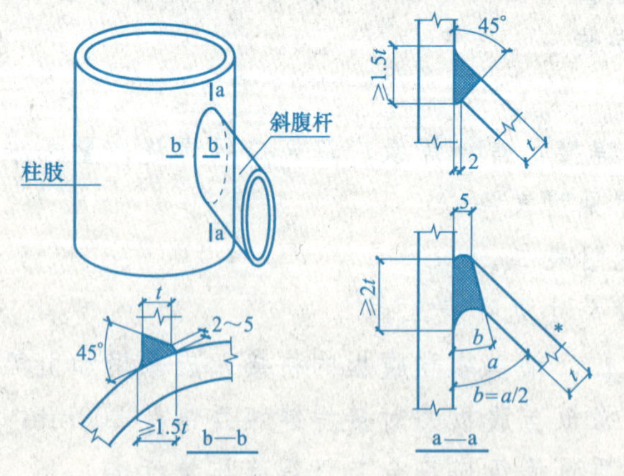

图一

×××建筑设计院				工程名称		×××安装车间	
审　定		方　案		结构设计说明		设计号	××××
总工程师		设　计				图　别	结施
注册师		制　图				图　号	1
审　核		校　对				专业张数	15
项目负责人		专业负责人		第 1 张	共 15 张	日　期	××××

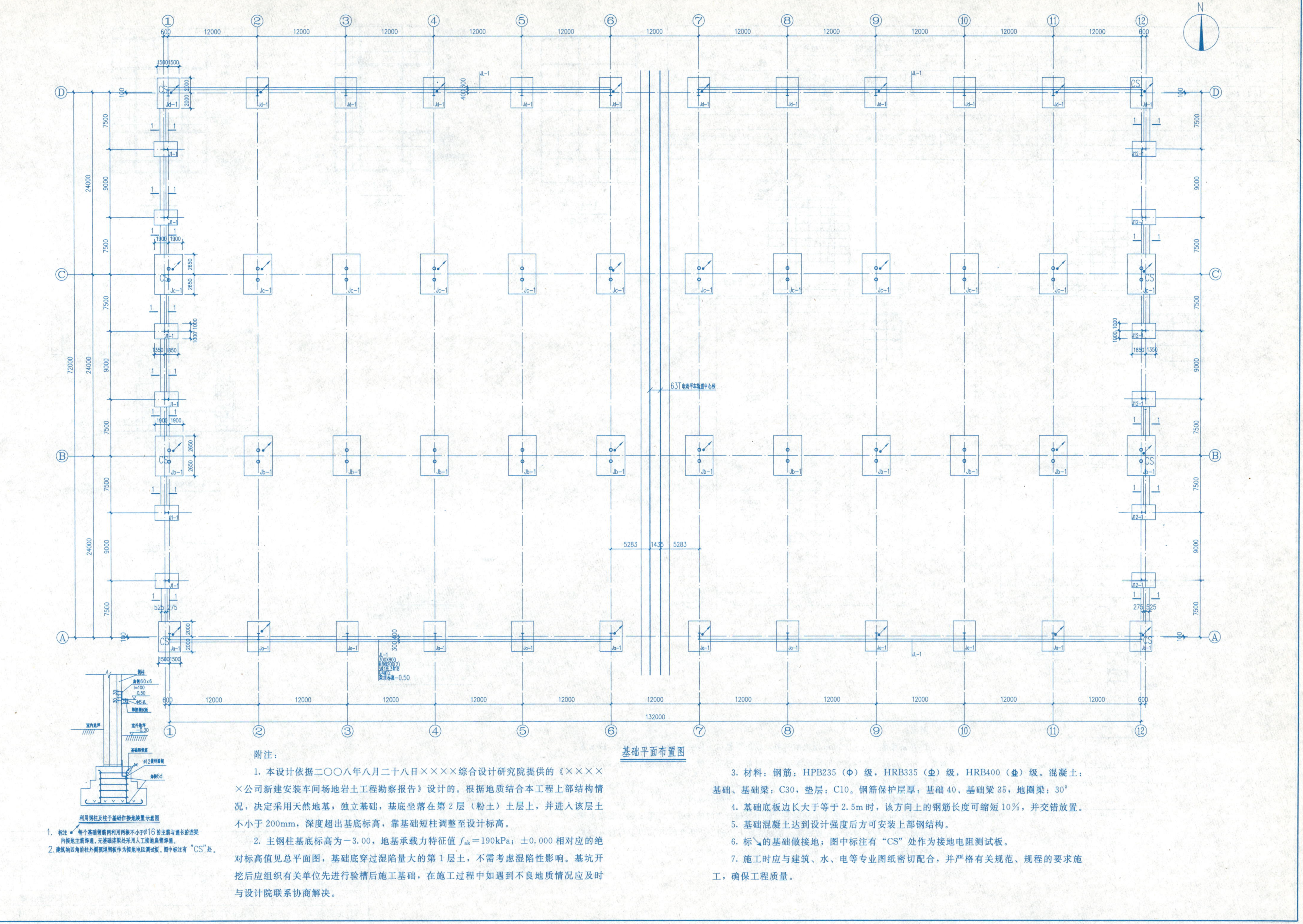

N
1 2 3 4 5 6 7 8 9 10 11 12
A B C D
600 12000 12000 12000 12000 12000 12000 12000 12000 12000 12000 12000 600
132000
72000
24000
7500 9000 7500
CS
Ja-1
Jb-1
Jc-1
Jd-1
JL-1
63T电动平车轨道中心线
5283 1435 5283
钢柱
扁钢60x6
l=100
0.50
Φ6孔
焊接测试板
室内地坪
室外地坪
-0.30
基础梁钢筋
ø12镀锌圆钢
焊接6d
利用钢柱及柱子基础作接地装置示意图
1. 标注 每个基础钢筋网利用两根不小于ø16的主筋与通长的连梁内接地主筋焊通，无基础连梁处采用人工接地扁钢焊通。
2. 建筑物四角的柱外侧预埋钢板作为接地电阻测试板，图中标注有"CS"处。
基础平面布置图
附注：
1. 本设计依据二〇〇八年八月二十八日××××综合设计研究院提供的《×××××公司新建安装车间场地岩土工程勘察报告》设计的。根据地质结合本工程上部结构情况，决定采用天然地基，独立基础，基底坐落在第2层（粉土）土层上，并进入该层土不小于200mm，深度超出基底标高，靠基础短柱调整至设计标高。
2. 主钢柱基底标高为－3.00，地基承载力特征值 f_{ak}＝190kPa；±0.000相对应的绝对标高值见总平面图，基础底穿过湿陷量大的第1层土，不需考虑湿陷性影响。基坑开挖后应组织有关单位先进行验槽后施工基础，在施工过程中如遇到不良地质情况应及时与设计院联系协商解决。
3. 材料：钢筋：HPB235（Φ）级，HRB335（Φ）级，HRB400（Φ）级。混凝土：基础、基础梁：C30，垫层：C10。钢筋保护层厚：基础40、基础梁35，地圈梁：30°
4. 基础底板边长大于等于2.5m时，该方向上的钢筋长度可缩短10%，并交错放置。
5. 基础混凝土达到设计强度后方可安装上部钢结构。
6. 标↘的基础做接地；图中标注有"CS"处作为接地电阻测试板。
7. 施工时应与建筑、水、电等专业图纸密切配合，并严格有关规范、规程的要求施工，确保工程质量。

基础配筋一览表

基础编号	基础尺寸												基底配筋		短柱配筋	基础类型	备注
	B	B_1	B_2	L	L_1	L_2	C	d	e	h_1	h_2	h_3	①	②	③		
Ja-1,Jd-1	3000			4000			950	550		300	400	1000	Φ14@125	Φ12@125	Φ16@200	①	B边平行于轴线Ⓐ
Jb-1,Jc-1	3800			5300			660	660	1500	350	450	1300	Φ16@150	Φ14@150	Φ16@150	②	B边平行于轴线Ⓐ
J1-1,J12-1	2000			3200			650	400		250	350	850	Φ12@125	Φ12@150	Φ16@250	①	L边平行于轴线Ⓐ

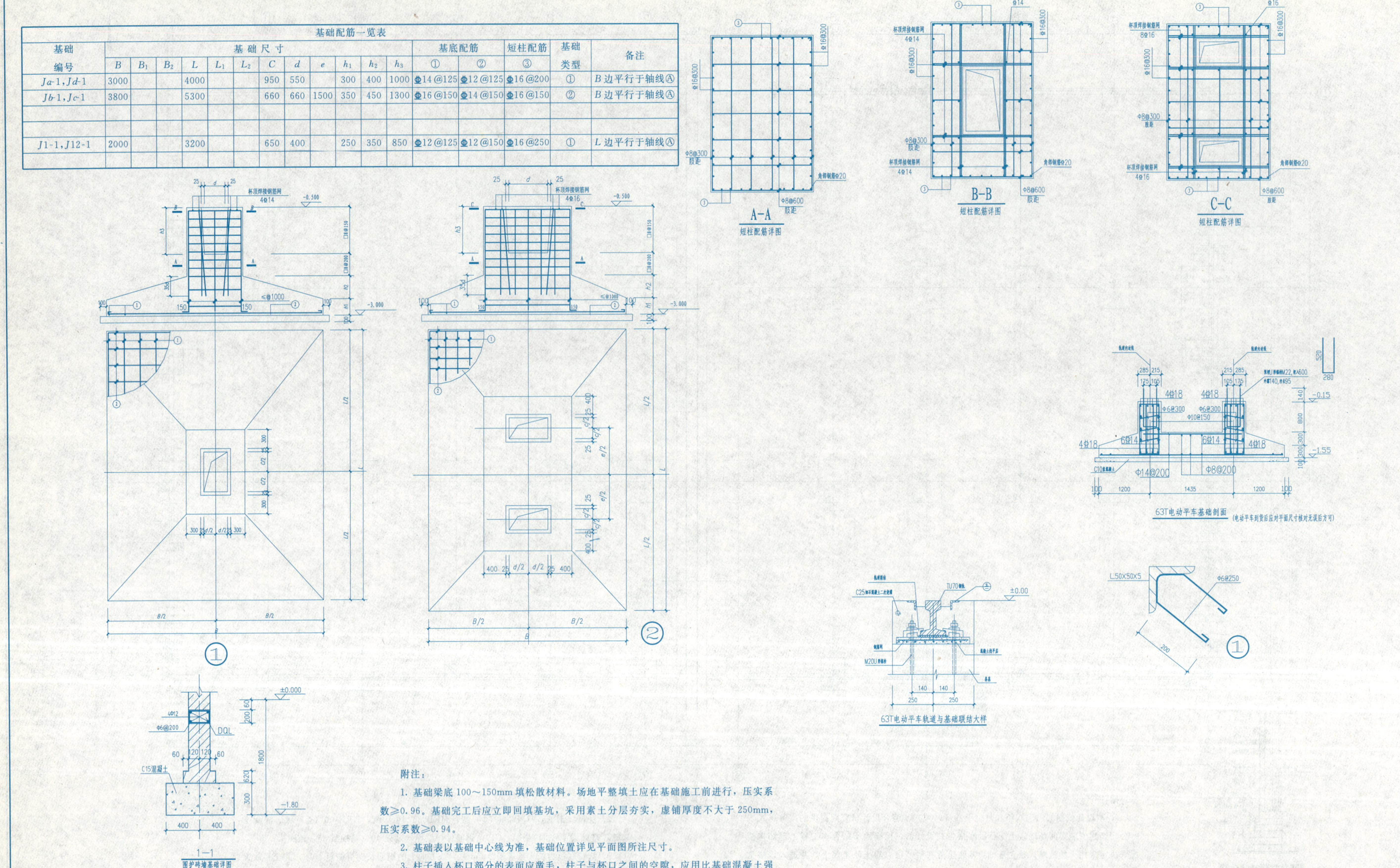

附注：

1. 基础梁底100～150mm填松散材料。场地平整填土应在基础施工前进行，压实系数≥0.96。基础完工后应立即回填基坑，采用素土分层夯实，虚铺厚度不大于250mm，压实系数≥0.94。

2. 基础表以基础中心线为准，基础位置详见平面图所注尺寸。

3. 柱子插入杯口部分的表面应凿毛，柱子与杯口之间的空隙，应用比基础混凝土强度等级高一级的细石混凝土充填密实。基础混凝土达到设计强度的70%以上后方可安装上部钢结构。

×××建筑设计院				工程名称	×××安装车间	
审定		方案		基础详图	设计号	××××
总工程师		设计			图别	结施
注册师		制图			图号	3
审核		校对			专业张数	15
项目负责人		专业负责人		第3张 共15张	日期	××××

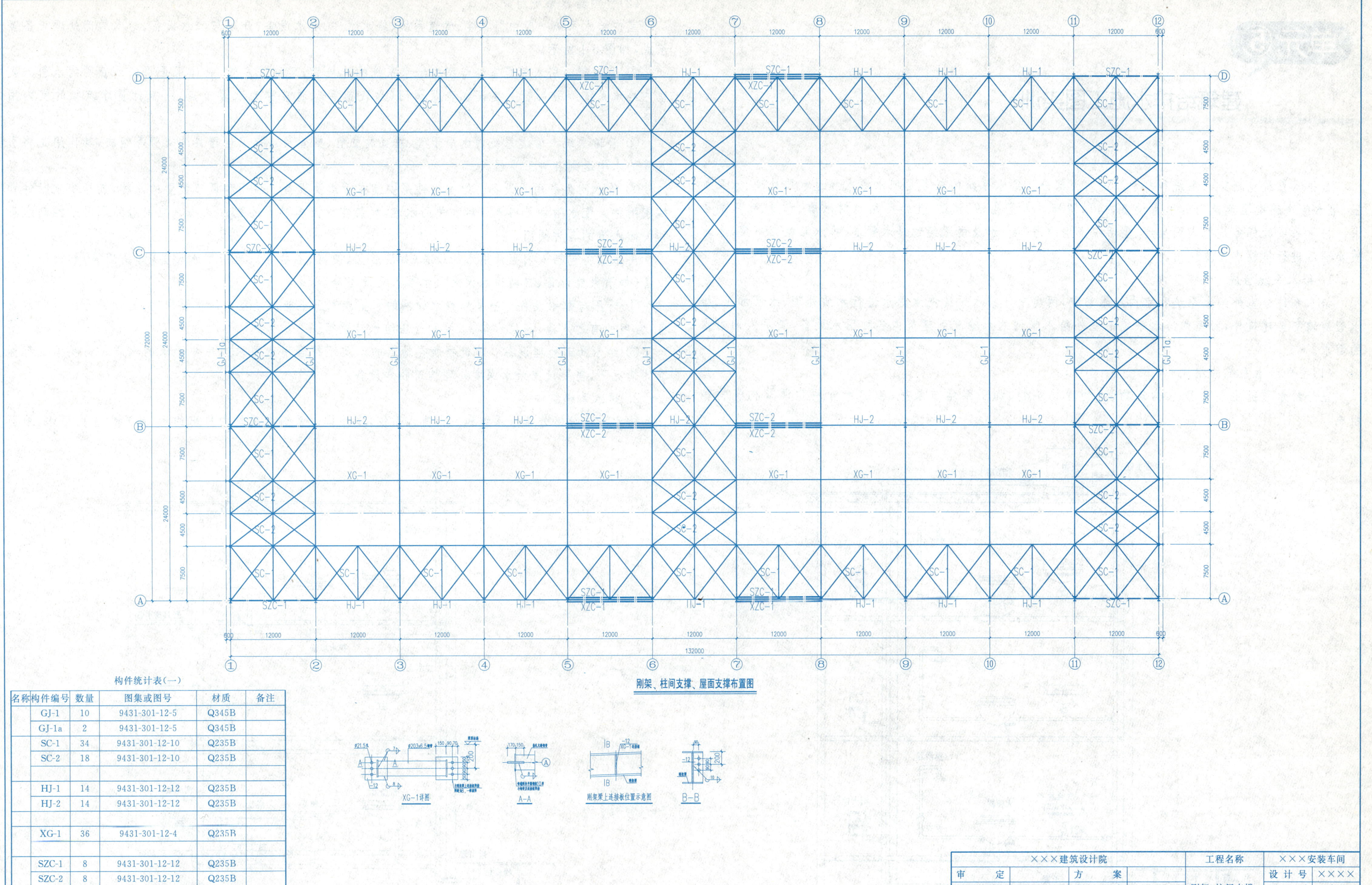

刚架、柱间支撑、屋面支撑布置图

构件统计表(一)

名称	构件编号	数量	图集或图号	材质	备注
	GJ-1	10	9431-301-12-5	Q345B	
	GJ-1a	2	9431-301-12-5	Q345B	
	SC-1	34	9431-301-12-10	Q235B	
	SC-2	18	9431-301-12-10	Q235B	
	HJ-1	14	9431-301-12-12	Q235B	
	HJ-2	14	9431-301-12-12	Q235B	
	XG-1	36	9431-301-12-4	Q235B	
	SZC-1	8	9431-301-12-12	Q235B	
	SZC-2	8	9431-301-12-12	Q235B	
	XZG-1	4	9431-301-12-10	Q235B	
	XZG-2	4	9431-301-12-11	Q235B	

×××建筑设计院				工程名称		×××安装车间	
审定		方案		刚架、柱间支撑、屋面支撑布置图		设计号	××××
总工程师		设计				图别	建施
注册师		制图				图号	4
审核		校对				专业张数	15
项目负责人		专业负责人		第4张	共15张	日期	××××

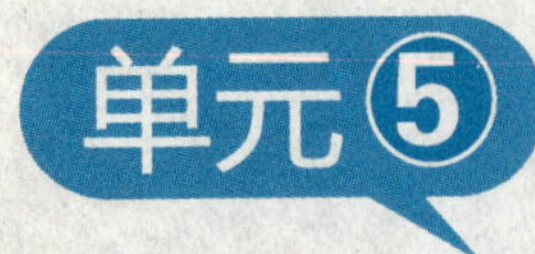

建筑给排水施工图实训

给排水系统包括给水系统和排水系统两大部分。给水系统的任务是把水源水经过水质处理、水泵加压、给水管道输配至建筑内的用水设备内，以便满足人们生活、消防、生产等用水对水质、水量、水压的要求。排水系统的任务是把人们生产、生活中产生的污(废)水及雨水经过排水管道、排水泵站、污(废)水水质处理后进行排放或重复使用。

1. 给水系统组成

给水系统分室外给水系统和室内给水系统，两类室外给水系统把水源水进行水质处理、水泵加压、给水管道输配至建筑外，而室内给水系统把室外给水管网的水输配到建筑内各种用水设备，满足人们对水的需求。

(1)室外给水系统的组成

室外给水系统主要由取水构筑物、水处理构筑物、加压泵站与泵房、输配水管网和调节构筑物等组成。

(2)室内给水系统组成

室内给水系统一般由引入管、管道系统、给水附件、用水设备、升压与贮水设备、给水局部处理设备等组成，如图5-1所示。

① 引入管　引入管是室外与室内给水系统的连接管，又称进户管，其作用是将室外管网的水引入到室内给水系统。引入管上装设水表及阀门(水表前后)，通常称为水表节点，用来计量建筑物的室内用水量。

② 管道系统　管道系统由水平干管、垂直的立管、横管及连接卫生器具的支管等组成，其作用是将引入管的水输送到各种卫生器具。

③ 给水附件和用水设备　给水附件是安装在管道及设备上启闭和调节装置的总称，包括配水附件和控制附件。配水附件是用来开启和关闭水流，如装在卫生器具上的配水龙头。控制附件是用来控制水量和关闭水流的各种阀门。

用水设备包括人们生活用水的设备(如洗脸盆、便器、浴盆等)、生产用水设备(如锅炉等)和消防用水设备(如消火栓设备、自动喷水灭火及水幕灭火设备等)。

④ 升压与贮水设备　当室外给水管网的水量或水压不能满足室内用水要求时，应设置升压与贮水设备，常用的有贮水池、高位水箱、水泵和气压给水装置等。

⑤ 给水局部处理设备　建筑物所在地点的水质不符合用水要求或用户要求的水质超出我国现行标准的情况下，需要设置给水深度处理构筑物和设备。

2. 排水系统组成

排水系统分室外排水系统和室内排水系统，室外排水系统把建筑内排出的污(废)水、屋面雨水、地面

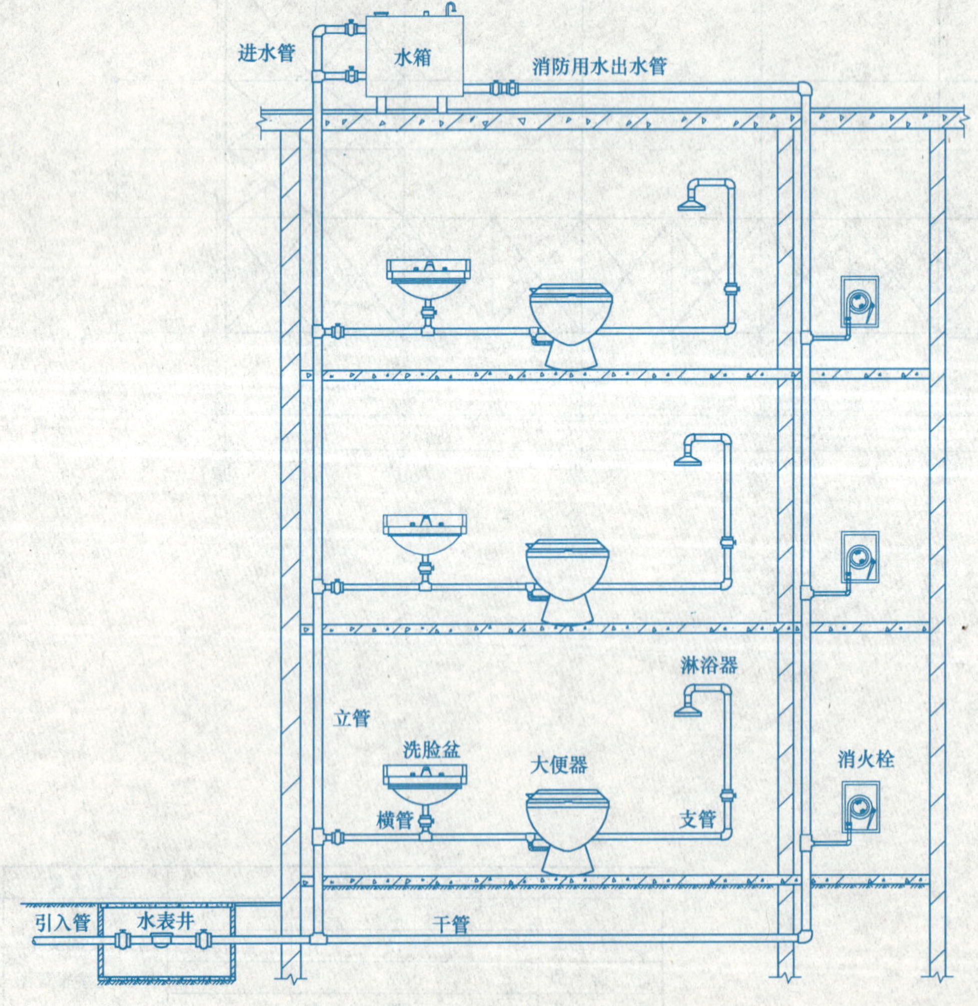

图5-1　室内给水系统的组成示意

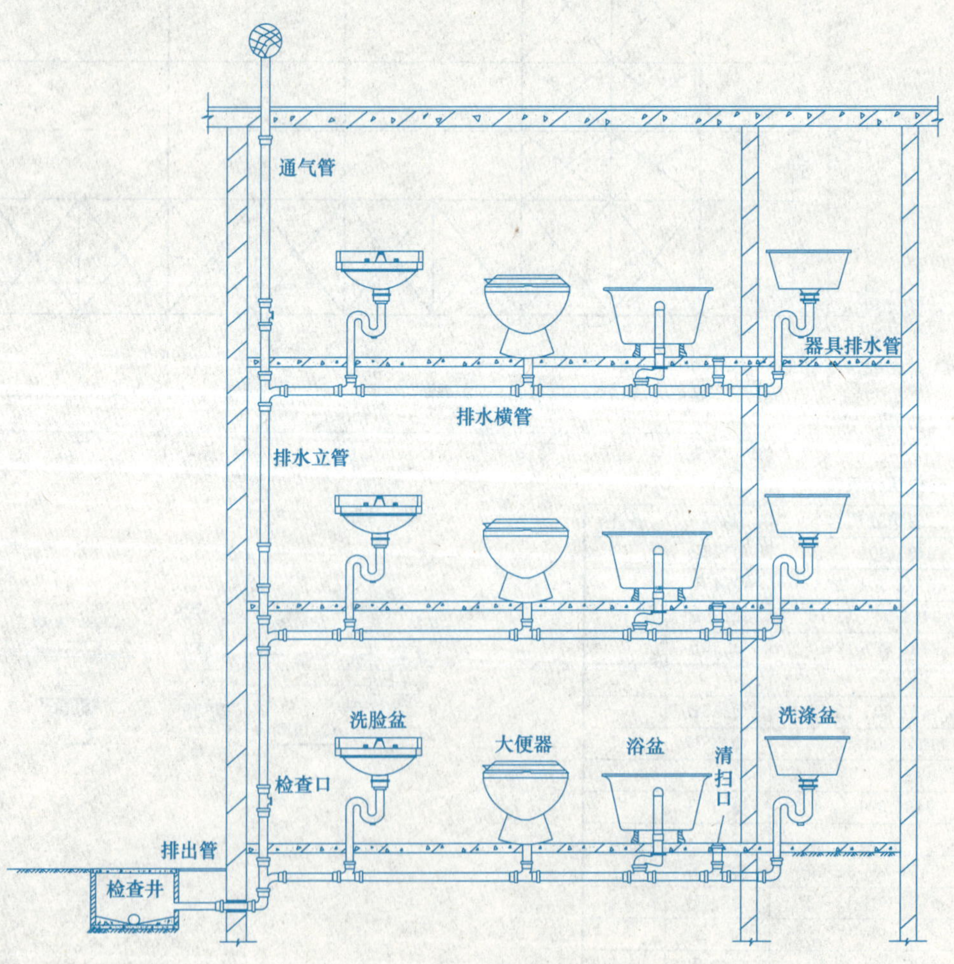

图5-2　室内排水系统组成示意图

雨水汇集至室外排水管道内，按重力流或压力流（设排水泵）输送至污水处理厂进行水质处理，使其达到所要求的水质进行排放或循环回用，而室内排水系统采用排水管道收集和排除各卫生设备产生的污（废）水并最终排至室外排水管道内。

（1）室外排水系统的组成

室外排水系统主要由室外排水管道、排水泵站与泵房、污水处理厂、排放口等组成。

（2）室内排水系统的组成

室内排水系统的组成示意图如图 5-2 所示。

① 受水器　是室内排水系统的起端，用来收集和排除污（废）水的设备，主要指各种卫生器具、收集和排除工业废水的设备和雨水斗等。

② 排水管道　包括器具排水管、排水横管、排水立管、排水干管和排出管。

③ 通气管　是指与大气相通，用于排气而无水流通过的管道。其作用是将管道中的有害气体及臭气排到大气中，以免影响室内环境卫生；防止因气压波动造成水封的破坏；使新鲜空气补入排水管换气，减轻对金属管道的腐蚀；提高排水系统的排水能力。

④ 清通设备　污水中含有杂质，容易堵塞管道，为了清通建筑内排水管道，需在排水管道中设置清通设备。常用的清通设备有检查口、清扫口及室内检查井等。

a. 检查口　通常设置在排水立管上及较长的水平管段上，在建筑物的底层和设有卫生器具的二层以上建筑的最高层排水立管上必须设置，其他各层可每隔两层设置一个。

b. 清扫口　通常设置在排水横管上。

c. 室内检查井　对于不散发有害气体或大量蒸汽的工业废水排水管道，在管道转弯、变径、坡度改变和连接支管处，可在建筑物内设检查井。

⑤ 提升设备　民用建筑的地下室、人防建筑及工业建筑内部标高低于室外地坪的用水设备排放的污（废）水，多数情况下不能以重力流排至室外，必须设置提升设备，以保证顺利地排除污（废）水。

⑥ 局部处理构筑物　常用的局部处理构筑物有化粪池、隔油井、降温池等。实际工程中应针对污水的性质，采用相应的局部处理构筑物。

课题 1　多层单元住宅室内管网平面布置图

1.1　应知应会部分

1.1.1　制图标准要求

给水排水施工图是直接为施工服务的图样，是表达室外给水、室外排水及室内给排水工程设施的结构形状、大小、位置、材料以及有关技术要求的图样，是给水排水工程施工的依据，是设备安装、编制预算及施工组织计划的重要依据。

给水排水施工图一般是由基本图和详图组成，基本图包括管道设计平面布置图、剖面图、系统轴测图以及原理图、说明等；详图表明各局部的详细尺寸及施工要求。

给水排水工程图与其他专业图一样，除了要符合投影原理和《房屋建筑制图统一标准》（GB/T 50001—2001）的规定外，还应遵守《给水排水制图标准》（GB/T 50106—2001）的规定，以及国家规定的有关标准、规范。

由于管道一般细而长，断面尺寸比其长度尺寸小得多，因此，施工图中的管道常用单粗线条表示。管道上的配件常用图例表示。

按《给水排水制图标准》的规定，给水排水专业图的粗线线宽 b 宜为 0.7mm 或 1mm。

给水排水施工图中的管道及附件、管道的连接、阀门、卫生器具及水池、设备、仪表等，采用统一的图例表示。表 5-1 摘录了《给水排水制图标准》（GB/T 50106—2001）中的部分图例。标准中尚未列出的图例，可自行设置，但需在图纸上专门列出，并加以说明。

表 5-1　给水排水工程图常用图例

名　称	图　例	备　注	名　称	图　例	备　注
给水管	—— J ——		三通连接		
废水管	—— F ——	可与中水源水管合用	四通连接		
污水管	—— W ——		管道交叉		
雨水管	—— Y ——		室内消火栓	平面　系统	白色为开启面
多孔管			存水弯		
管道立管	XL-1 平面　XL-1 系统	X：管道类别 L：立管 1：编号	闸阀		
套管伸缩器			角阀		
方形伸缩器			截止阀	DN≥50　DN<50	
波纹管			止回阀		
立管检查口			浮球阀	平面　系统	
清扫口	平面　系统		浴盆		
通气帽	成品　铅丝球		立式洗脸盆		
地漏		通用。如无水封，地漏应加存水弯	放水龙头		
坐式大便器			淋浴喷头		左侧为平面 右侧为系统
水表			水泵接合器		

在对建筑物进行建筑设计绘制出建筑施工图后，还需进行给水排水设计。给水排水设计时，要根据建筑用水需求选择给水排水方式及系统类别，对管道进行合理布置，再经过水力学计算确定各管道直径及相关参数。凡建筑物内，给水排水管道、设备及卫生器具安装等内容均由给水排水施工图标明。并按国家制图标准绘制成图样，该图样即称为给水排水施工图。

给水排水施工图的基本内容通常包括：设计说明及图例、给水排水轴测图（亦称系统图），管道配件及安装详图（亦称大样图）等内容，排水设备及构筑物详图。

（1）管道平面布置图和管道轴测图

管道平面布置图、管道轴测图复杂工程还应绘出各种给水、排水管道平面布置图所画的范围可大可小，大到一个城市，小到一个房间。为说明一个较大范围的给水排水管道的布置情况就需在该范围的总平面图上，画出各种管道的位置和相关的关系，即平面布置，这种图称为该区的管网总平面布置图，亦称平面图。有时为了表示管道的敷设深度和位置，还配以管道的纵、横剖面图及其他施工图。

在一幢建筑物内的所有用水房间（例如：厨房、卫生间、盥洗室等），均需要安装用水设备并布置给水排水等管道。在房屋平面图上画出卫生设备、盥洗器具等的位置、大小与及给水、排水、热水等管道的平面布置的图样。这种图样称为室内给水排水平面图。

当给水排水管道的进出口数多于一个时，应对进出口系统进行编号。编号按图 5-3 的方法表示：细实线圆（直径为 10mm）和一水平直径，可直接画在管道进出口的端部或用引出线与引入管或排出管相连。管道类别代号用汉语拼音字母大写表示，如：给水用“J”、排水管用“P”、废水管用“F”、污水管用“W”等；管道进出口的编号，宜用阿拉伯数字顺序编号。

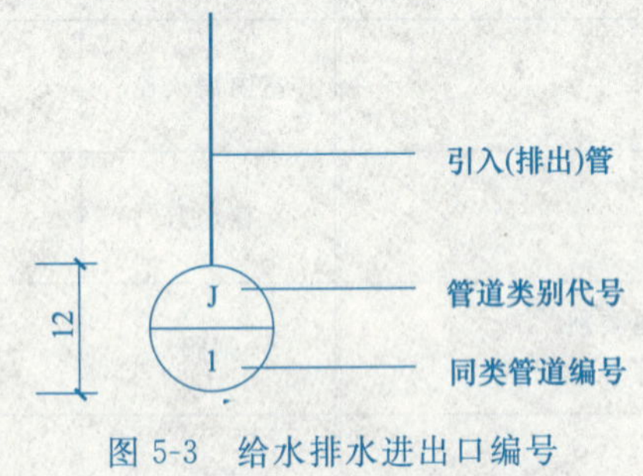

图 5-3 给水排水进出口编号

给水排水立管是指穿过一层或多层的竖向给水排水管道，在平面图上用空心细实线小圆表示，并用引出线注明管道类别代号，例如：JL-1、FL-1、WL-2 等，其中，第一个字母“J、F、W”表示管道类别，“L”表示立管，“1”表示立管编号，如图 5-4 所示。

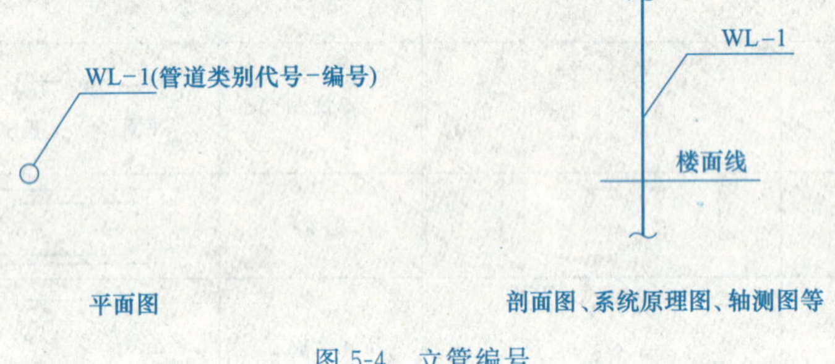

图 5-4 立管编号

（2）管道配件及安装详图

给水排水工程图一般比例比较小，图中细部往往表示不详细。例如管道上的阀门井、水表井、管道穿墙处、排水管道的交汇处及检查井等。需要绘制比例较大的构造详图，称为详图。在管道配件及设备安装施工中，对定型产品和标准设计，有相应的标准图指导安装施工，不必另外绘制图样。

（3）给排水设备图

在给水排水工程施工图中，根据工艺要求需要设置蓄水池、泵房及水处理设施等。因此，要绘制出相应构筑物的施工图和设备安装图。

给水管道由于所表示的内容不同有三种画法：用投影的方法表示，如图 5-5（a）所示；省去管道壁厚用两根线条表示管道称为双线绘制法，如图 5-5（b）所示；用单根粗线来表示管道称为单线绘制法，如图 5-5（c）所示。在平面图和系统图中使用单线绘制法，在详图中用后两种绘制方法，标准图使用双线绘制法。

1.1.2 建筑工程图示要求

（1）室内给排水管道施工图布置

布置室内给排水管网，应根据建筑工程的要求考虑下列几点原则。

① 管系选择应使管路最短，并且便于安装和检修。

② 给水立管尽可能靠近用水量大的房间和用水点。

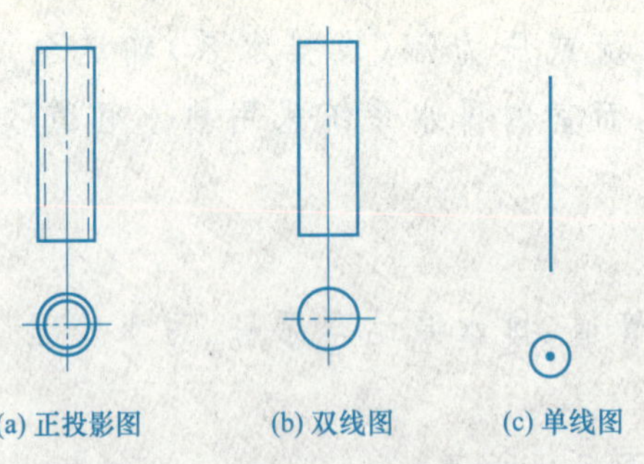

图 5-5 管道的三种表示法

③ 根据室外供水情况（水量和水压）和用水对象，以及消防对给水的要求，室内管网可以布置成环形和树枝形两种。环形供水系统是供水干管成环形，可以设置两处引入管，一般用于用水量大、要求较高的建筑。而树枝形供水系统只有一个引入管，支管布置形状像树枝，用于一般民用建筑。

④ 排水立管应尽量设置在污物、杂质多的卫生设备附近，横管设有坡度、斜向立管。

⑤ 排出管应选最短路径与室外管道连接，连接处应设检查井。

（2）室内给排水施工图的识读

建筑给水排水图的识读过程中，应注意将平面图、系统图与详图相互对照，分清系统分别识读，才能全面掌握设计意图。

① 平面图 如前所述，平面图主要表明各种卫生器具与给排水管道的平面布置情况。内容包括给水排水、消防给水管道的平面布置，卫生设备及其他用水设备的位置、房间名称、主要轴线号和尺寸线；给水、排水、消防立管位置及编号；底层平面图中还包括引入管、排出管、室内给水排水施工图、建筑给水排水图的内容、泵接合器等与建筑物的定位尺寸、穿建筑物外墙及基础的标高。

首先应阅读设计说明、连接方式、安装要求等。熟悉图例、符号，明确整个工程给水排水概况、管道材质、连接方式、安装要求等。

然后按供水方向分系统并分层识读。

a. 对照图例、编号、设备材料表明确供水设备的类型、规格数量，明确其在各层安装的平面定位尺寸，同时查清选用标准图号。

b. 明确引入管的入口位置，与入口设备水池、水泵的平面连接位置。

c. 明确给水干管在各层的走向、管道敷设方式、管道的安装坡度、管道的支撑与固定方式。

d. 明确给水立管的位置、立管的类型及编号情况，各立管与干管的平面连接关系。

e. 明确横支管与用水设备的平面连接关系，明确敷设方式。

排水平面图识读方法同给水平面图，识读时应明确排水设备的平面定位尺寸，明确排出管、立管、横管、器具支管、通气管、地面清扫口的平面定位尺寸，各管道、排水设备的平面连接关系。

② 系统图 系统图主要表明管道与卫生设备的空间位置关系，通常也称为给水排水管道系统轴测图。给水与排水系统图宜分别绘制。内容包括建筑楼层标高、层数、室内外建筑平面高差；管道走向、管径、仪表及阀门、控制点标高和管道坡度，各系统编号，立管编号，各楼层卫生设备和工艺用水设备的连接点位置；排水立管上检查口、通气帽的位置及标高。

给水系统图的识读从入口处的引入管开始，沿干管、最远立管、最远横支管和用水设备识读，再按立管编号顺序依次识读各分支系统。如引入管的标高，引入管与入口设备的连接高度；干管的走向、安装标高、坡度、管道标高变化；各条立管上连接横支管的安装标高、支管与用水设备的连接高度；明确阀门、调压装置、报警装置、压力表、水表等的类型、规格及安装标高。

排水系统图识读时应明确各类管道的管径，干管及横管的安装坡度与标高；管道与排水设备的连接方法，排水立管上检查口的位置；通气管伸出屋面的高度及通气管口的封闭要求；管道的防腐、涂色要求。

③ 详图　对于给排水设备及管道较多处，如泵房、水池、水箱间、卫生间、报警阀门、饮水间等，在平面图中因比例关系不能表述清楚时，采用绘制局部放大平面图，通常称为大样图。内容包括设备及管道的平面位置、设备与管道的连接方式、管道走向、管道坡度、管径、仪表及阀门、控制点标高等。常用的卫生器具及设备施工详图可直接套用有关给水排水标准图集。

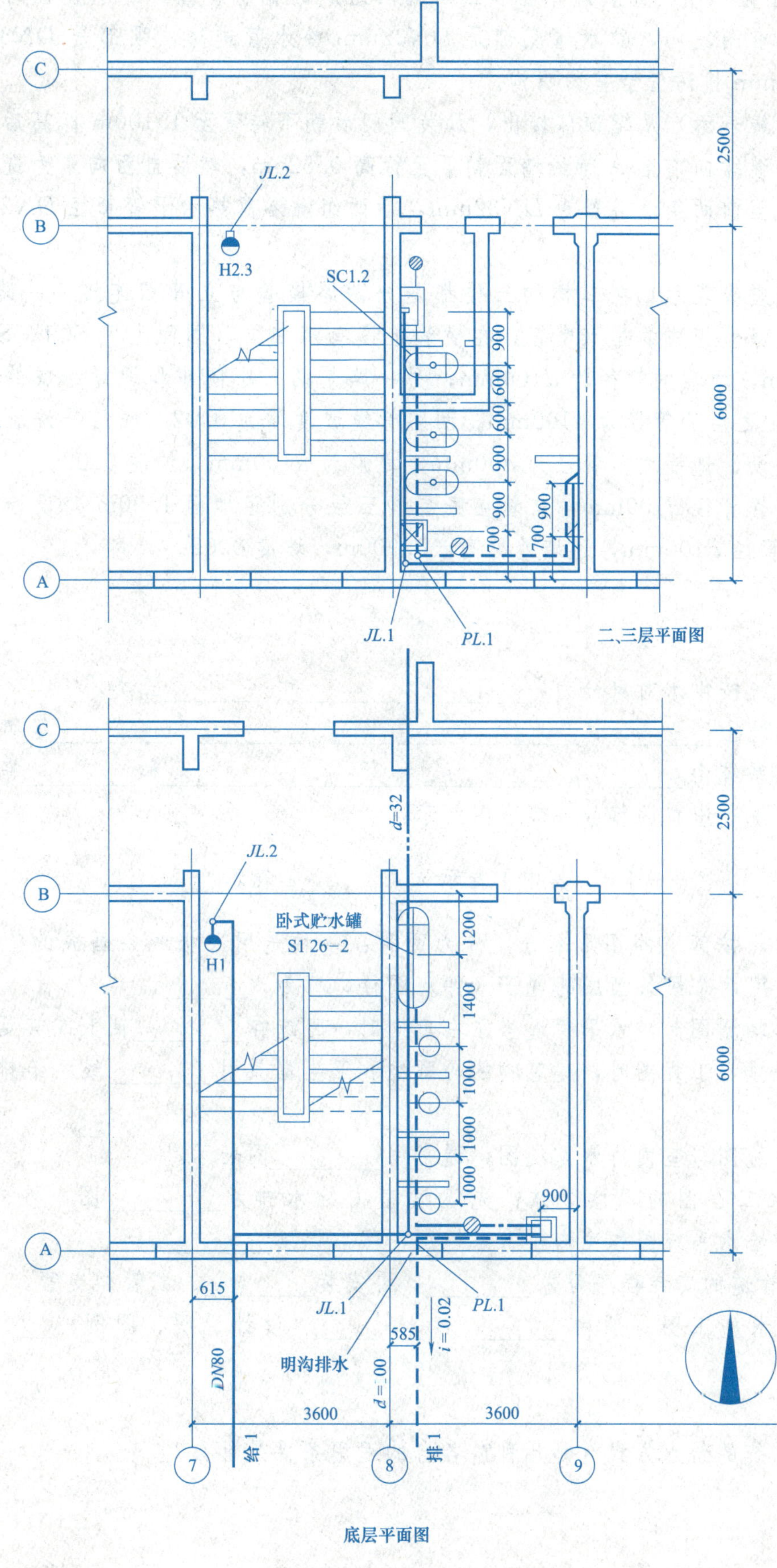

图 5-6　给水排水平面图

详图识读时可参照以上有关平面图、系统图识读方法进行，但应注意将详图内容与平面图及系统图中的相关内容相互对照建立系统整体形象。

下面以图 5-6、图 5-7、图 5-8 为例来介绍管道工程图的识读。

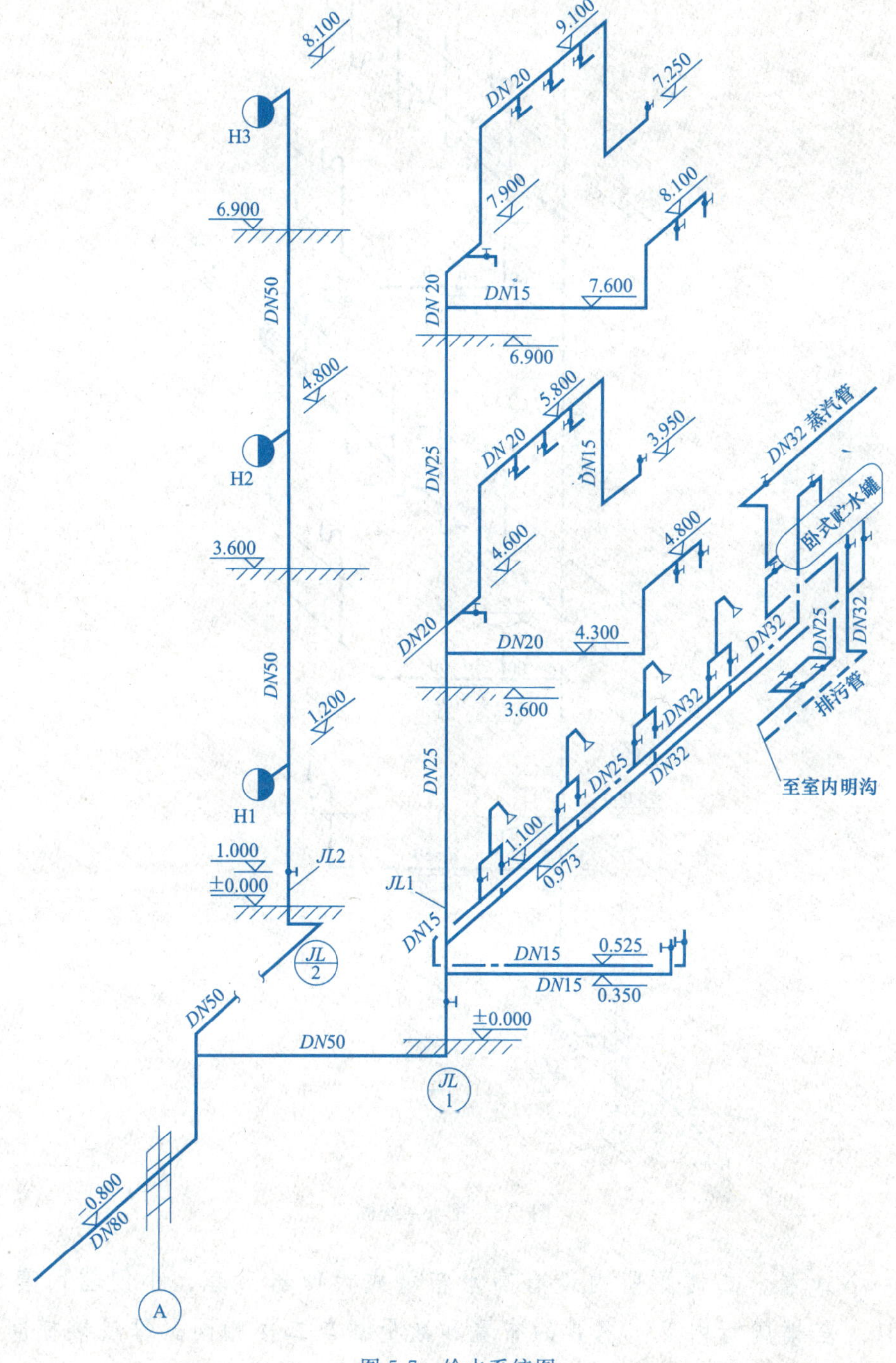

图 5-7　给水系统图

阅读管道施工图一般应遵循从整体到局部，从大到小，从粗到细的原则。对于一套图纸，看图的顺序是先看图纸目录，了解建设工程的性质、设计单位、管道种类、搞清楚这套图纸有多少张，有几类图纸，以及图纸编号；其次是看施工图说明、材料表等一系列文字说明；然后把平面图、系统图、详图等交叉阅读。对于一张图纸而言，首先是看标题栏，了解图纸名称、比例、图号、图别等，最后对照图例和文字说明进行细读。

图 5-6、图 5-7、图 5-8 是一栋三层结构的小型办公楼给排水施工图，从平面图中可以了解建筑物的朝向、基本构造、有关尺寸，掌握各条管线的编号、平面位置、管子和管路附件的规格、型号、种类、数量等；从系统图中可以看清管路系统的空间走向、标高、坡度和坡向、管路出入口的组成等。

通过对管道平面图的识读可知底层有淋浴间，二层和三层有厕所间。淋浴间内设有四组淋浴器，

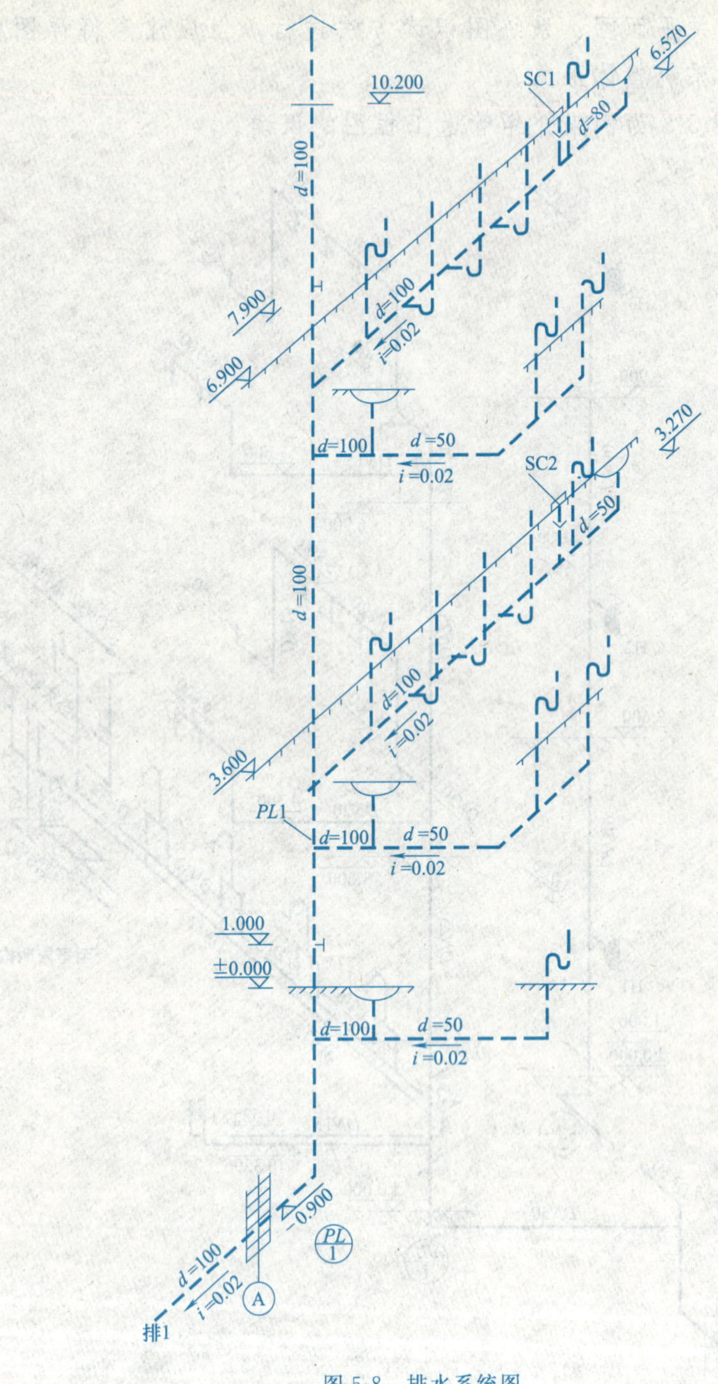

图 5-8 排水系统图

一只洗脸盆，还有一个地漏。二楼厕所内设有高水箱蹲式大便器三套、小便器两套、洗脸盆一只、洗涤盆一只、地漏两只。三楼厕所内卫生器具的布置和数量都与二楼相同。每层楼梯间均设一组消火栓。

给水系统（用粗实线表示）是生活与消防共用下分式系统。给水引入管在 7 号轴线东面 615mm 处，由南向北进屋，管道埋深－0.8m，进屋后分成两路，一路由西向东进入淋浴室，它的立管编号为 JL1，在平面图上是个小圆圈；另一路进屋继续向北，作为消防用水，它的立管编号是 JL2，在平面图上也是一个小圆圈。

JL1 设在 A 号轴线和 8 号轴线的墙角，自底层至标高 7.900m。该立管在底层分两路供水，一路由南向北沿 8 号轴线墙壁敷设，标高为 0.900m，管径 *DN*32mm，经过四组淋浴器进入卧式贮水罐；另一路由西向东沿 A 轴线墙壁敷设，标高为 0.350m，管径 *DN*15mm，送入洗脸盆。在二层楼内也分两路供水，一路由南向北，标高 4.600m，管径 *DN*20mm，接龙头为洗涤盆供水，然后登高至标高 5.800m，管径 *DN*20mm，为蹲式大便器高水箱供水，再返低至标高 3.950m，管径 *DN*15mm，为洗脸盆供水；另一路由西向东，标高 4.300m，至 9 号轴线登高到标高 4.800m 转弯向北，管径 *DN*15mm，为小便斗供水。三楼管路走向、管径、设置高度均与二楼相同。

JL2 设在 B 号轴线和 7 号轴线的楼梯间内，在标高 1.000m 处设闸门，消火栓编号为 H1、H2、H3，分别设于一、二、三层距地面 1.20m 处。

在卧式贮水罐 S126-2 上，有五路管线同它连接：罐端部的上口是 *DN*32mm 蒸汽管进罐，下口是 *DN*25mm 凝结水管出罐（附一组内疏水器和三只阀门组成的疏水装置，疏水装置的安装尺寸与要求详见《采暖通风国家标准图集》），贮水罐底部是 *DN*32mm 冷水管进罐，顶部是 *DN*32mm 热水管出罐，底部还有一路 *DN*32mm 排污管至室内明沟。

热水管（用点划线表示）从罐顶部接出，加装阀门后朝下转弯至 1.100m 标高后由北向南，为四组淋浴器供应热水，并继续向前至 A 轴线墙面朝下至标高 0.525m，然后自西向东为洗脸盆提供热水。热水管管径从罐顶出来至前两组淋浴器为 *DN*32mm，后两组淋浴器热水干管管径 *DN*25mm，通洗脸盆一段管径为 *DN*15mm。

排水系统（用粗虚线表示）在二楼和三楼都是分两路横管与立管相连接：一路是地漏、洗脸盆、三只蹲式大便器和洗涤盆组成的排水横管，在横管上设有清扫口（图面上用 SC1、SC2 表示），清扫口之前的管径为 *d*50mm，之后的管径为 *d*100mm；另一路是两只小便斗和地漏组成的排水横管，地漏之前的管径为 *d*50mm，之后的管径为 *d*100mm。两路管线坡度均为 0.02。底层是洗脸盆和地漏所组成的排水横管，属埋地敷设，地漏之前管径为 *d*50mm，之后为 *d*100mm，坡度 0.02。

排水立管及通气管管径 *d*100mm，立管在底层和三层分别距地面 1.00m 处设检查口，通气管伸出屋面 0.7m。排出管管径 *d*100mm，过墙处标高－0.900m，坡度 0.02。

1.2 实训练习

1.2.1 填空题

(1) 室内给水系统按供水对象分为________、________和________三类。

(2) 室内给水系统由________、________、________、________和________等组成。

(3) 建筑内排水系统由________、________、________、________和________等组成。

(4) 室内排水系统进出口的编号一般下图所示：

(J/1) 其中 J 表示________，1 表示________。

(5) 管道工程图，按管道的图形来分，分为两种：一种是用一根线条画成的管子（件）图，称为________，另一种是用两个线条画成的管子（件）图样，称为________。

(6) 画管道斜等轴测图时，水平管道当左右走向时，可选在________轴上或其延长线上绘制管道。

(7) 绘制室内给排水工程图时，建筑物的轮廓线和卫生器具用________线、给排水管道用________线表示。

(8) 室内给水系统图与室内排水系统图，通常用________图表示。

(9) 室内给排水工程图的识读方法：先识读室内给水排水________图，再对照室内给水排水________图识读室内给水系统图和室内排水系统图，然后识读________。

(10) 室内给水管道的安装程序为先________，再安装________、立管和支管。

(11) 建筑给排水施工图一般由________、________、设计说明、图例、________、________和________等组成。

1.2.2 问答题

(1) 室内给水系统的给水方式有哪几种？各自的适用条件是什么？

(2) 生活与消防合用的高位水箱，为保证水质和消防用水量平时不被他用，应采取什么技术措施？

(3) 给水管道的敷设形式有哪两种？各具有哪些特点？

(4) 通气管有哪几种类型？

(5) 在什么条件下设置消防水池？

(6) 建筑内消火栓系统由哪些主要部分组成？建筑内消火栓系统供水方式有几种？

1.2.3 综合题

1.2.3.1 某建筑为七层住宅楼，层高为 3.0m，室内外高差为 0.3m。市政给水管中心标高为−1.4m，提供的供水压力为 200kPa。结合所学的知识，试选择合理的给水方式。

1.2.3.2 画示意图表示水箱的配管。

1.2.3.3 识读一幢三层楼房的给排水施工图（图 5-6～图 5-8)。

(1) 识读给排水管道平面图

① 这幢建筑物的朝向是________。

② 平面图上只画出________和________的两个部分，其余房间未画出。

③ 一层楼的卫生间内设有________、________和________一只。

④ 二、三层楼的卫生间分为男、女卫生间，其内分别设有：

男卫有________、________各两套，________一个和________一只。

女卫有________、________各一套和________一只。

⑤ 在平面图上指出给水引入管、给水立管、水平干管和支管的位置及管径。

⑥ 在平面图上指出器具排水管、排水横管、排水立管及排出管的位置及管径。

(2) 对照平面图识读给水系统轴测图

① 给水引入管的管径为________，相对标高为________m。

② 一、二、三层水平干管的相对标高各为________m、________m 和________m。它们各在该层楼面或地面之________。

③ 画图说明给水系统轴测图与给排水管道平面图定轴定向的对应关系。

④ 在给水系统轴测图上指出一、二、三层地（楼）面的位置。

⑤ 说明给水立管和水平干管的管径。

⑥ 在给水系统轴测图上，注写出每个支管所连接或供水的卫生器具的名称。

⑦ 说明连接洗脸盆、污水盆和浴盆支管的空间走向。

(3) 对照平面图识读排水系统轴测图

① 排出管的管径为________，相对标高为________m，坡度为________，坡向________。

② 一、二、三层地（楼）面相对标高分别为________m、________m 和________m。

③ 一、二、三层排水横管的坡度为________，坡向________，它们各在该层地（楼）面之________。

④ 排水立管的管径为________，通气管网罩处的相对标高为________m。

⑤ 画图说明排水系统轴测图与给排水管道平面图定轴定向的对应关系。

⑥ 在排水系统轴测图上，指出检查口和清扫口的位置。

⑦ 在排水系统轴测图上，注写出每个器具排水管所连接卫生器具的名称。

⑧ 说明排水横管的管径。

课题 2 多层单元住宅室外管网平面布置图

2.1 应知应会部分

2.1.1 制图标准要求

(1) 室外给水排水施工图

室外给水排水施工图主要表示一个小区范围内的各种室外给水排水管网布置的图样，与室内管道的引入管、排出管相连接，以及管道敷设的坡度、埋深和交接等情况。室外给水排水施工图包括给水排水平面图、管道纵断面图、附属设备的施工图等。在一般工程中，室外给水排水管道较为简单时，可不画出管道纵断面图。

图 5-9 是某单位一幢新建集体宿舍附近的一个小区的室外给水排水平面图，表示了新建集体宿舍附近的给水、污水、雨水管道的布置，及其与新建集体宿舍室内给水排水管道的连接。现结合图 5-9 介绍室外给水排水平面图的图示内容、表达方法。

① 比例 一般采用与建筑总平面图相同的比例，常用 1∶500、1∶200 等，图 5-26 室外给水排水平面图采用 1∶500 比例绘制。范围较大的厂区或小区给水排水平面图可采用 1∶ 2000、1∶1000 等比例绘图。

② 建筑物及道路、围墙等设施 由于在室外给水排水平面图中，主要反映某个区域范围管道的布置情况。所以在平面图中，应画出原有房屋以及道路、围墙等附属设施，按建筑总平面的图例，用细实线画出轮廓线，新建建筑物则用中实线画出其轮廓线。

③ 管道及附属设备 一般把各种管道，如给水管、排水管、化粪池等附属设备，都画在同一张图纸上。雨水管、水表（流量计）与水表井、检查井、新建的管道均用粗单线表示，如本例中新建给水管用粗实线表示，新建污水管用粗虚线表示，雨水管用粗单点长画线表示。水表井、检查井、化粪池等附属设备则按表 5-2 中的图例绘制。管径及坡度等参数都直接标注在相应管道的旁边：给水管一般采用铸铁管，用公称直径 DN 表示；雨水管、污水管一般采用钢筋混凝土管，则用内径 d 表示。对于范围和规模不大的小区的室外管道，不必另画排水干管纵剖面图。室外管道应标注绝对标高。

给水管道宜标注管中心标高，由于给水管是压力管且无坡度，往往沿地面敷设，如敷设时为统一埋深，可在说明中列出给水管中心标高。从图中可以看出：从该建筑西南角引入的 $DN70$mm 给水管，沿南墙 1m 处敷设，中间接一水表，分三根引入管接入屋内，沿管线都不注标高。

排水管道（包括雨水管和污水管）应注出起讫点、转角点、连接点、交叉点、变坡点的标高，排水管道宜注管内底标高。为简便起见，可在检查井处引一指引线，在指引线的水平线上面标注井底标高，水平线下面标注管道种类及编号组成的检查井编号，如 W 为污水管，Y 为雨水管，编号顺序按水流方向，从管上游编向下游。从图 5-9 中可以看出：污水干管在房屋中部离西墙 2m 处沿西墙敷设，污水自室内排出管排出室外，用支管分别接入标高为 3.18m、3.20m 的污水检查井中，检查井用污水干管（d150mm）连接，接入化粪池。化粪池采用《标准图集 02S70》中的标准设计，图中用图例表示。雨水干管沿北墙、南墙在离墙 2m 处敷设。自房屋的东端起有两根雨水和废水干管（雨水和废水用同一条排水管）；一根干管 d200mm 沿南墙敷设，雨水通过支管流入东端的检查井 Y6（标高 3.00m），经这条干管，流向检查井 Y7（标高 2.94m），在 Y7 上接入一支管；d200mm 干管继续向西，与检查井 Y8（标高 2.87m）连接，在 Y8 处再接入一支管。依次类推在 Y9 处此干管接入了一根废水管后经 Y10 流入区内干管上的检查井 Y11（标高 2.72m），另一根沿北墙敷设的雨水干管同样由 Y1 汇入区内干管上的检查井 Y5。由 Y5 至 Y12 的管段即为区内干管，管径增大为 d250mm，该干管向南延伸接至区外。

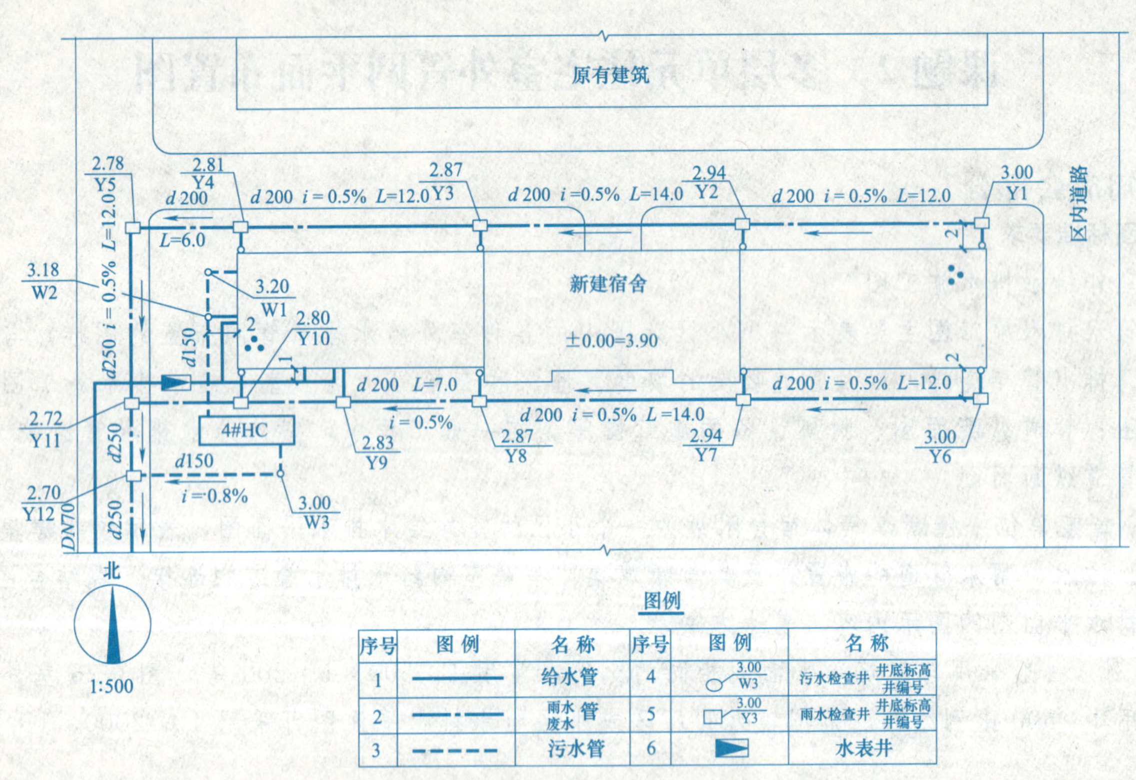

图 5-9 室外给水排水平面图

如图 5-10 所示，在室外给水排水平面图中，应画出指北针，标明图例，书写必要的说明，以便于读图和按图施工。

(2) 室外给水排水管道纵剖面图

在一个小区中，若管道种类繁多，布置复杂，则可按管道种类分别绘出每一条街道的沟管平面图（管道不太复杂时，可合并绘制在一张图纸中），还应绘制出管道纵剖面图，以显示路面起伏、管道敷设的埋深和管道交接等情况。图 5-12、图 5-13 是某一街道给水排水平面图和污水管道纵剖面图，现结合图 5-11、图 5-12，介绍室外给水排水管道纵剖面的图示内容和表达方法。

① 比例　由于管道的长度方向比直径方向大得多，为了说明地面起伏情况，在纵剖面中，通常竖

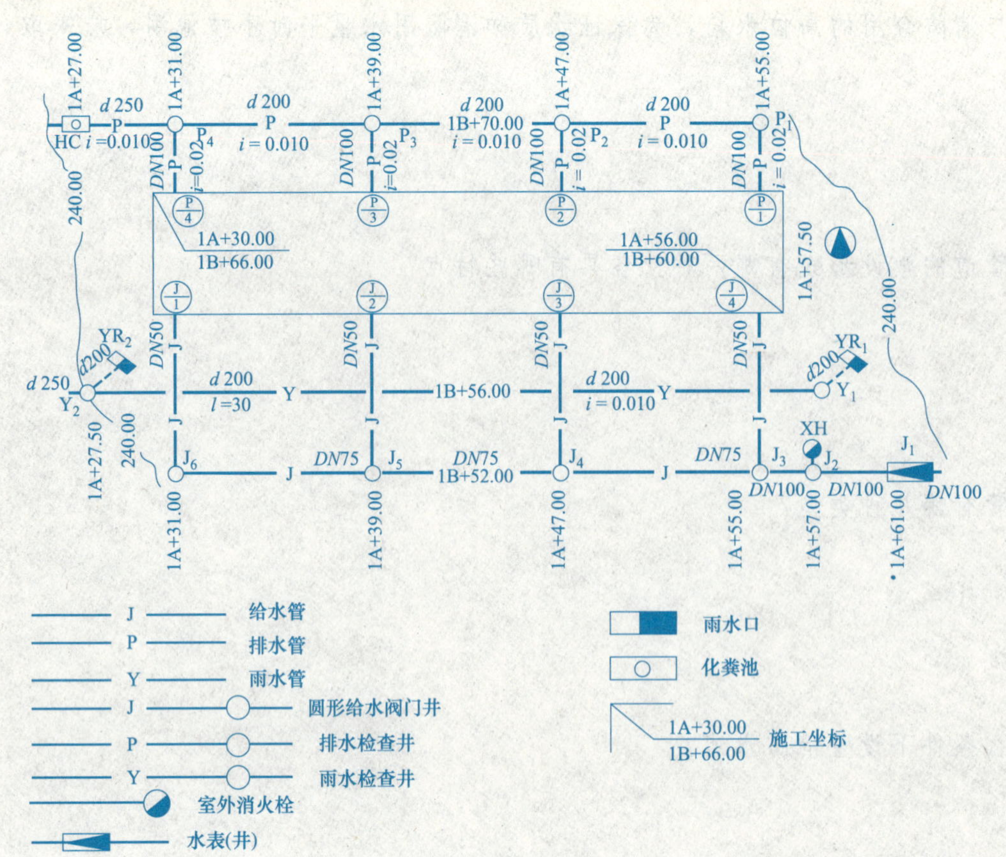

图 5-10 某室外给排水平面图及图例

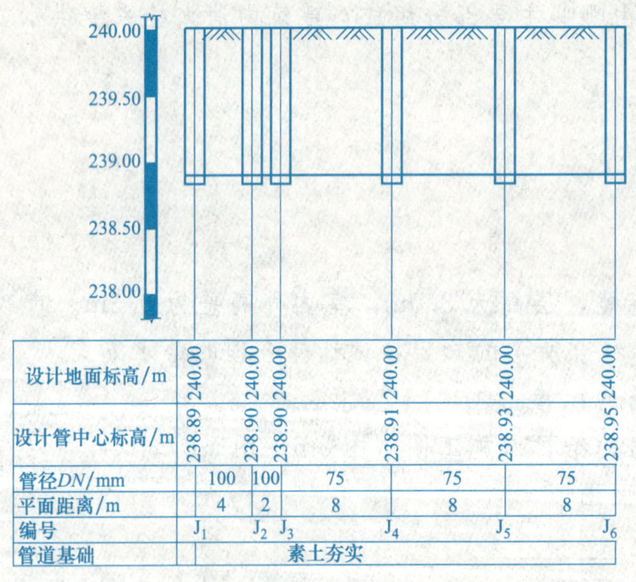

设计地面标高/m	240.00	240.00	240.00	240.00	240.00	240.00
设计管中心标高/m	238.89	238.90	238.90	238.91	238.93	238.95
管径DN/mm	100	100	75	75	75	
平面距离/m	4	2	8	8	8	
编号	J_1	J_2	J_3	J_4	J_5	J_6
管道基础	素土夯实					

图 5-11 给水管道纵剖面图

向、横向采用两种不同比例绘制，例如竖向比例常用 1∶200、1∶100，横向比例常用 1∶1000、1∶500 等。

② 剖面轮廓线的线型　管道纵剖面图是沿干管轴线铅垂剖切后画出的剖面图，一般压力管宜用单粗实线绘制，重力管道用双粗实线绘制；地面、检查井、其他管道的横断面（不按比例，用小圆圈表示）等，用中实线绘制。

③ 设计数据及相邻管道、设施和建筑物的布置情况　如图 5-10 所示，所表达的污水干管纵剖面、剖切到的检查井、地面以及其他管道的横断面，都用剖面图的形式表示，图中还在其他管道的横断面处，标注了管道类型的代号、定位尺寸和标高。在剖面图下方，用表格分项列出该干管的各项设计数

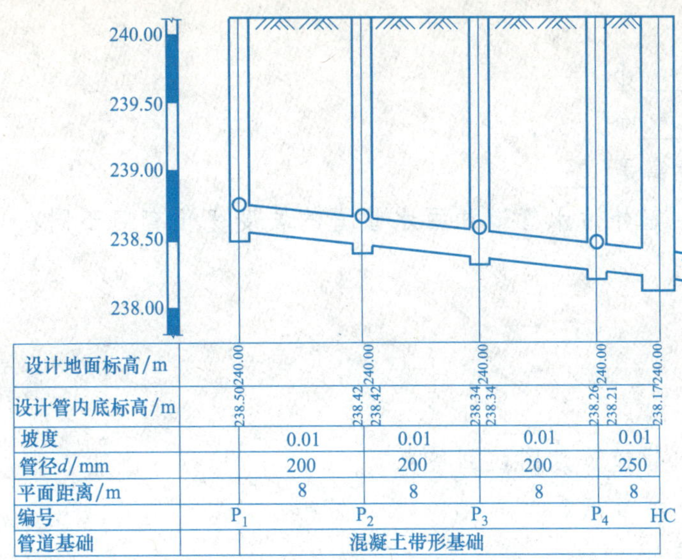

图 5-12　污水排水管道纵剖面图

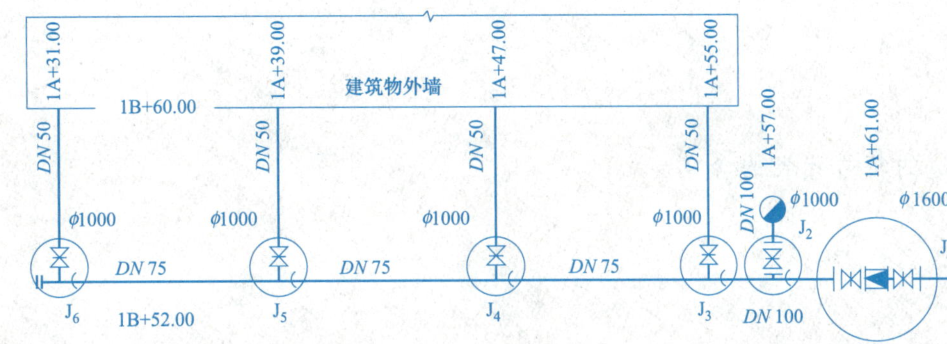

图 5-13　给水管道节点图

据，例如：设计地面标高、设计管内底标高（这里是指重力管）、管径、水平距离、编号、管道基础等内容。此外，还常在最下方画出管道的平面图，与管道纵剖面图对应，便可补充表达出该污水干管附近的管道、设施和建筑物等情况，除了画出在纵剖面中已表达的这根污水干管以及沿途的检查井外，图中还画出：这条街道下面的给水干管、雨水干管，并标注了这三根干管的管径，它们之间以及与街道的中心线，人行道之间的水平距离；各类管道的支管和检查井，以及街道两侧的雨水井；街道两侧的人行道，建筑物和支弄道口等。

2.1.2　建筑工程图示要求

（1）室外给排水施工图的内容

① 室外给水排水管道平面图　它表明给水管道、排水管道在地形图上的平面位置，与各建（构）筑物、其他管道的平面距离，标有管道走向、管道上的阀门井、检查井等的位置和型号以及管径、坡度坡向与标高等。

② 室外给水排水管道剖面图　室外给水排水管道剖面图有横剖面图、纵剖面图，它主要反映管道的埋设深度、坡度坡向及各构筑物的型式与标高等。

③ 管道节点详图　用节点详图反映各交叉点的管与管、管与管件的连接情况。

（2）室外给排水施工图的识读

① 室外给水排水管道平面图　它表示建筑小区内给水排水管道的平面布置情况。如图 5-16 所示为室外给水排水管道平面布置图。

a. 给水管道。通常先读干管，然后读给水支管。

b. 排水管道。识读排水管道时先干管、后支管，按排水检查井的编号顺序依次进行。

c. 雨水管道。先干管后支管，按雨水检查进口编号进行。

② 室外给水排水管道剖面图　室外给水排水管道剖面图分为给水排水管道纵剖面图和给水排水管道横剖面图两种，其中，常用给水排水管道纵剖面图。室外给水排水管道纵剖面图是室外给水排水工程图中的重要图样，它主要反映室外给水排水平面图中某条管道在沿线方向的标高变化、地面起伏、坡度、坡向和管径等情况。这里仅介绍室外给水排水管道纵剖面图的识读。

如图 5-11～图 5-13 所示为室外给水排水管道纵剖面图。

识读管道纵剖面图时，首先看是哪种管道的纵剖面图，根据纵剖面图中的节点（如阀门井、检查井）编号，对照相应的给水排水平面图，确定所识读的管道纵剖面图是平面图中的哪条管道，其平面位置和方向如何；然后再在该管道纵剖面图的数据表格内查找其管道纵断面图形中各节点的有关数据，配合相应的小区给水排水平面图进行识读。

③ 管道节点详图　在室外给水排水平面图中，对检查井、消火栓井和阀门井以及其内的附件、管件等均不作详细表示。为此，应绘制相应的节点图，以反映本节点的详细情况。

室外给水排水节点图分为给水管道节点图、污水排水管道节点图和雨水管道节点图三种图样。通常需要绘制给水管道节点图，而当污水排水管道、雨水管道的节点比较简单时，可不绘制其节点图。

室外给水管道节点图识读时可以将室外给水管道节点图与室外给水排水平面图中相应的给水管道图对照着看，或由第一个节点开始，顺次看至最后一个节点止。

2.2　实训练习

2.2.1　填空题

（1）室外给水排水施工图主要表示________的图样。

（2）室外给水排水施工图包括________、________、________等。

（3）给水排水管道平面图________、________、________、________等。

（4）室外给水排水管道平面图表明________、________在地形图上的平面位置，与各建（构）筑物、其他管道的________，标有管道走向、管道上的________、________等的位置和型号以及管径、坡度坡向与________等。

（5）室外给水排水管道剖面图有________、________两种，它主要反映管道的________、________及各构筑物的型式与标高等。

（6）室外给水排水管道纵剖面图是________的重要图样，它主要反映室外给水排水平面图中某条管道在沿线方向的________、________、________、________和管径等情况。

（7）室外给水排水平面图中的________、________和________以及其内的附件、管件等均不作详细表示。

（8）室外给水排水节点图分有________、________和________三种图样。

2.2.2　问答题

（1）室外排水管道（包括雨水管和污水管）应标出哪些部分的标高？为什么？

（2）一份完整的室外给排水图纸由几部分组成？各有何特点？

(3) 为什么室外给水排水管道需要表示出管道的剖面图？

(4) 室外给排水施工图要识读哪些内容？

(5) 简述室外给排水施工图的识读步骤。

(6) 简述室外给水排水管道平面图的识读方法。

(7) 怎样识读室外给排水管道的纵剖面图？

(8) 怎样识读室外给水管道节点详图？

2.2.3 综合题

(1) 从图 5-11 中判断回答给水管道和排水管道的标高标注有哪些不同和要求？

(2) 室外给水排水管道平面图表示方法与室内给水排水管道平面图的表示方法有什么不同？

(3) 仔细观察图 5-13，回答：

① 图中有____种管道。

② 圆形给水阀门井有____个。

③ 圆形污水检查井有____个。

④ 从 J3 至 J6 的水平距离是____。

⑤ 图中室外给水管道、室外污水管道和雨水管道的坡度变化有何不同？

(4) 根据图 5-13 的给水管道节点图，回答：

① 图中共表示出了____个节点。

② 各节点之间怎样连接？

③ 节点 J6 左边的符号代表的含义。

④ J1 节点代表什么？

⑤ 节点与节点间的管径是多少？有几种表示方法？指出来并说明为什么要用不同的管径表示？

(5) 识读某室外给排水管道平面图和排水管道纵剖视图（图 5-11～图 5-13）。

① 室外给水管网的水源，是从 3 层新建建筑________角的市政给水管接入。给水总管管径为________，它由________向________，又折向________，在新建建筑的________面，平行于外墙敷设。

② 给水进户管两根，按由西向东的顺序管径分别为________和________。

③ 生活污水管道在新建建筑________墙外，平行于外墙敷设。在管路上设有________个检查井，其编号为________。

④ 新建建筑有________个污水排出管，按由西向东的顺序，它们分别排放至________号检查井。

⑤ 新建建筑生活污水由________和________号检查井，排入化粪池后又排入________号检查井而与雨水管汇合。

⑥ 新建建筑室外雨水管网，在楼南面设________个检查井，其编号为________；在楼北面设________个检查井，其编号为________；在楼西面设________个检查井，其编号为________。雨水总管

在楼________面接入市政排水管。

⑦ 各检查井的绝对标高各为多少？用这些数值画图说明生活污水的排放路线。

⑧ 生活污水管网各检查井之间的各段管子的管径各是多少？

课题3 多层单元住宅给水排水常见详图

3.1 应知应会部分

3.1.1 制图标准要求

给水排水平面图和管道系统图表示了水池、卫生器具、地漏以及管道的布置等情况，而水池、卫生器具的安装，管道的连接，均需有施工详图作为依据。

凡平面布置图、系统图中局部构造因受图面比例限制而表达不完善或无法表达的，为使施工概预算及施工不出现失误，必须绘出施工详图。通用施工详图系列，如卫生器具安装、排水检查井、雨水检查井、阀门井、水表井、局部污水处理构筑物等，均有各种施工标准图，施工详图宜首先采用标准图。

绘制施工详图的比例以能清楚绘出构造为根据选用。施工详图应尽量详细注明尺寸，不应以比例代替尺寸。

室内给排水工程的详图包括节点图、大样图、标准图，主要是管道节点、水表、消火栓、水加热器、卫生器具、管道支架等的安装图及卫生间大样图等。

这些图都是根据实物用正投影法画出来的，图上都有详细尺寸，可供安装时直接使用。

常用的卫生设备安装详图，通常套用全国通用给水排水标准图集——《99S304卫生设备安装》中的图样，不必另行绘制，只要在施工说明中写明所套用的图集名称及其中的详图图号即可。

详图又称大样图，它表明某些给排水设备或管道节点的详细构造与安装要求。有些详图可直接查阅有关标准图集或室内给排水设计手册，如水表安装详图、卫生设备安装详图等。

安装详图采用的比例较大，一般选用1∶10、1∶20、1∶30，也可用1∶5、1∶40、1∶50等。安装详图必须按施工安装的需要表达得详尽、具体、明确，一般都用正投影的方法绘制，设备的外形可以简化画出，管道用双线表示，安装尺寸也应注写得完整和清晰，主要材料表和有关说明都要表达清楚。在本章所引用的这一幢集体宿舍中的盥洗槽，卫生间内的洗脸盆、蹲便器、淋浴器等安装详图，都套用《99S304卫生设备安装》中的标准图，从标准图中可知卫生器具安装的各种尺寸及参数。在设计和绘制给水排水平面图和管网系统图时，各种卫生器具的进出水管的平面位置和安装高度，必须与安装详图一致。

平面布置图中的管道，无论管径大小一律用宽度为b的粗实线表示。

系统图，一般按斜等轴测图的方法绘制，与坐标轴平行的管道在轴测图中反映实长。

当空间交叉的管道在系统轴测图中相交时，要判别前后、上下的关系，然后按给排水施工图中常用图例交叉管的画法画出，即在下方、后面的要断开。

系统轴测图中给水管道仍用粗实线表示，排水管道用粗虚线表示。

排水管应标出坡度，如在排水管图线上标注为$\xrightarrow{2\%}$，箭头表示坡降方向。

给水系统与排水系统轴测图的画图步骤相似，相同层高的管道尽可能布置在同一张图纸的同一水平线上。

3.1.2 建筑工程图示要求

在布置和安装卫生器具时，应注意在土建施工的同时要做好预留预埋的工作，根据《建筑给水排水及采暖工程施工质量验收规范》(GB 50242—2002) 和建筑设备标准图集《卫生设备安装》(99S304)，建筑工程对管道附件及卫生器具安装有以下要求。

(1) 分户水表和卫生器具的型号、规格、质量必须符合设计要求。

(2) 卫生器具应有合格证，器具表面应光滑、平整无裂缝等机械损伤。

(3) 水表前应设阀门，两边与管道连接应有活接头，平整牢固，表前后超过300mm时，应煨弯。

(4) 卫生器具的安装位置应正确，连接卫生器具的排水管管径和最小坡度应符合以上规范的规定，如设计无要求时，应符合规范规定。

(5) 为保证卫生器具安装位置精确，必须待土建在卫生间内部初步粉刷完后，再安装卫生器具下部的排水管。

(6) 所有与卫生器具相连接的管道应保证排水管和给水管无堵、无漏，管道与器具连接前已完成灌水试验、通球、试气、试压等试验，并已办好隐蔽检验手续。

(7) 土建已完成墙面和地面全部工作内容后，且室内装修基本完成后，卫生器具才能就位安装(除浴缸就位外)。

(8) 蹲式大便器应在其台阶砌筑前安装。

在识读建筑给排水图时，应了解各卫生设备及卫生设备给水配件安装高度，见有关设备安装图集。

除上所述外，还应细看卫生设备安装详图，坐便器安装详图如图5-14所示，洗脸盆安装详图如图5-15所示，浴盆安装详图如图5-16所示。

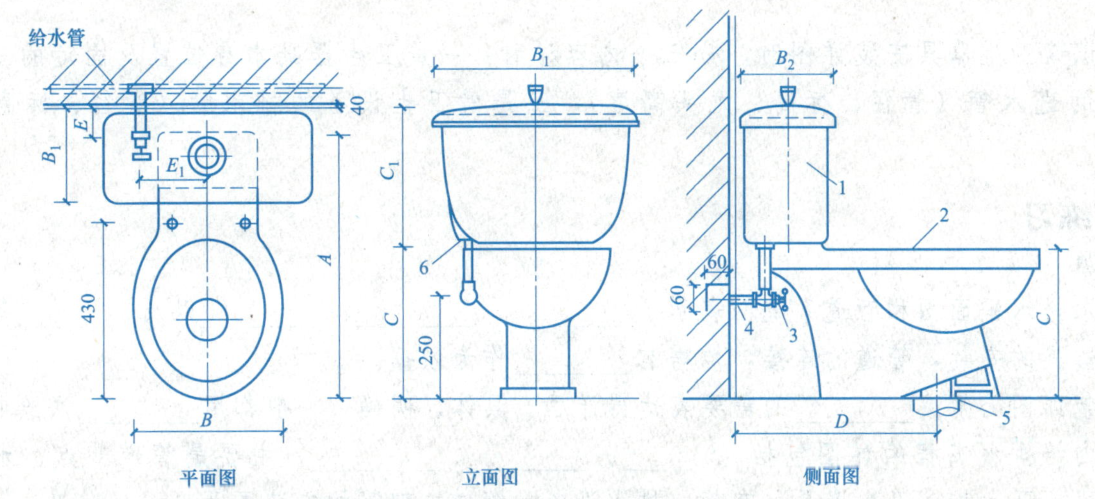

图5-14 坐便器安装详图

1—低水箱；2—坐便器盖；3—给水角阀；4—给水支管；5—排水器；6—低水箱进水管

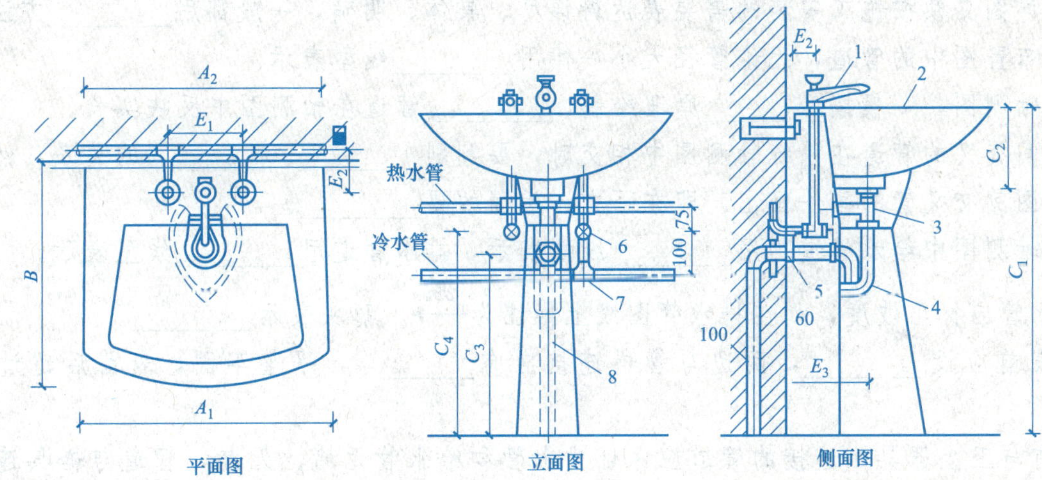

图5-15 洗脸盆安装

1—水龙头；2—洗脸盆；3—排水口；4—存水弯；5—支架；6—冷水阀；7—三通管；8—排水支管

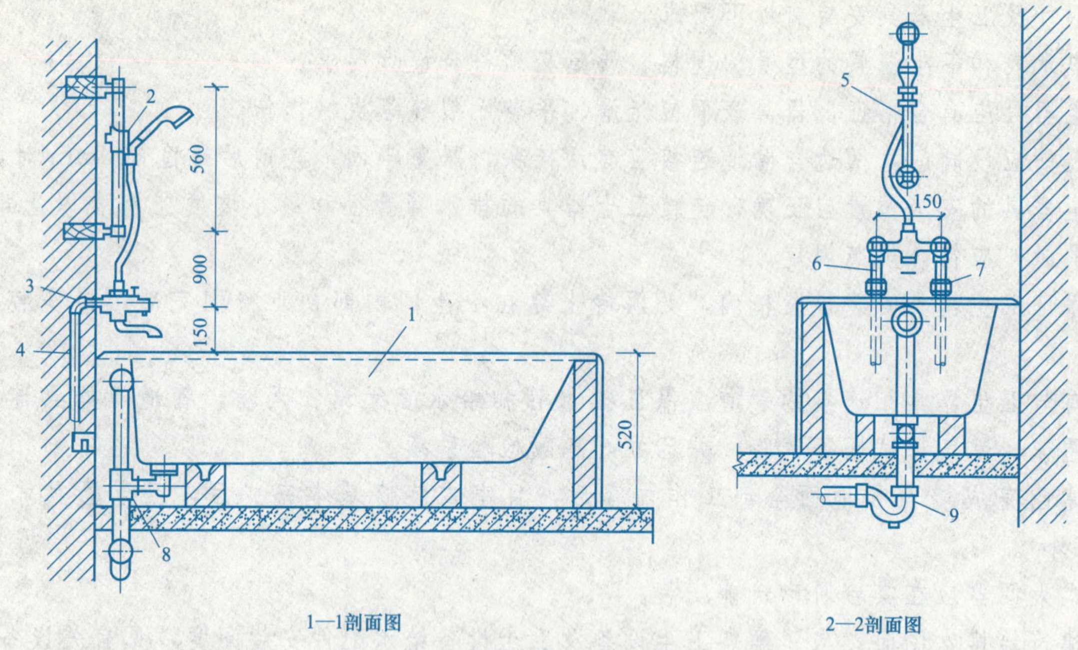

图 5-16 浴盆安装详图

1—浴盆；2—支架；3—给水弯管；4—给水管；5—淋浴器软管；6—热水进水管；7—冷水进水管；8—排水四通；9—存水弯管

总之，识读卫生器具安装详图时，分三个内容详看，一是卫生器具本身位置及固定的安装，二是看卫生设备的进水管（管径、标高、龙头高度），三是看卫生设备的排水管（管径、标高、坡度方向）等。

3.2 实训练习

3.2.1 填空题

（1）给水排水平面图和管道系统图表示了________、________、________以及________等情况，而水池、卫生器具的安装，管道的连接，均需有________作为依据。

（2）安装详图必须按________的需要表达得详尽、具体、明确，一般都用________法绘制。

（3）室内给排水工程的详图包括________、________、________，主要是管道节点、水表、消火栓、水加热器、开水炉、卫生器具、套管、排水设备、管道支架等的安装图及________等。

（4）安装详图采用的比例较大，可按需要选用________、________、________，也可用 1∶5、1∶40、1∶50 等。

（5）安装详图必须按施工安装的需要表达得详尽、具体、明确，一般都用________方法绘制。

（6）平面布置图中的管道，无论管径大小一律用________线型表示。

（7）系统轴测图，一般按________原理绘制，________管道在轴测图中反映实长。

（8）当空间交叉的管道在系统轴测图中相交时，要判别________、________的关系，然后按给排水施工图中常用图例交叉管的画法画出，即在下方、后面的要________。

（9）系统轴测图中给水管道仍用________线型表示，排水管道用________线型表示。

（10）排水管应标出坡度，如在排水管图线上标注为$\xrightarrow{2\%}$，箭头表示________。

（11）水表前应设________，两边与管道连接应有________，平整牢固，表前后超过 300mm 时，应________。

（12）所有与卫生器具相连接的管道应保证排水管和给水管无堵、无漏，管道与器具连接前已完成________试验、________、________、________等试验，并已办好________手续。

3.2.2 问答题

（1）建筑工程对管道附件及卫生器具安装有哪些要求？

（2）怎样阅读管道施工图？

（3）怎样识读卫生器具安装详图？

（4）建筑工程对管道卫生器具安装有何要求？

（5）简述卫生器具安装的工艺流程。

计算机绘图——AutoCAD 基础实训

多层建筑平面、立面、剖面施工图和详图。

通过本单元的学习，使学员能够运用 AutoCAD 命令，初步绘制民用建筑施工图。

利用 AutoCAD 软件绘制建筑施工图与手工在图纸上绘制顺序是相同的。遵循这样的手工操作步骤，再辅助以 AutoCAD 绘图命令，可以提高学生的绘图效率，也与毕业以后的工作环境接轨，即上岗即可工作。

课题 1　民用建筑平面施工图

1.1　命令要求

利用 AutoCAD 软件绘制建筑平面施工图时同样要先绘轴线，再画墙体，然后开门窗洞口，绘楼梯、散水台阶等，最后对平面图内符号类对象进行绘制，如标注尺寸、标高、文字、各种符号及详图索引等。通过绘制 1∶100 的某宿舍楼一层平面图，使大家学会相关的基本绘图命令和编辑命令，并掌握一些操作技巧。希望能通过反复训练，达到理解并熟练掌握 AutoCAD 基本命令的目的。

1.1.1　准备工作

1.1.1.1　创建图形文件

打开 AutoCAD2004，点击【文件】|【保存】命令，弹出【图形另存为】对话框，在【保存于】后面小三角下拉菜单中选择图形所要保存的位置，并将文件名后图名改为“宿舍楼一层平面图”，如图 6-1 所示。

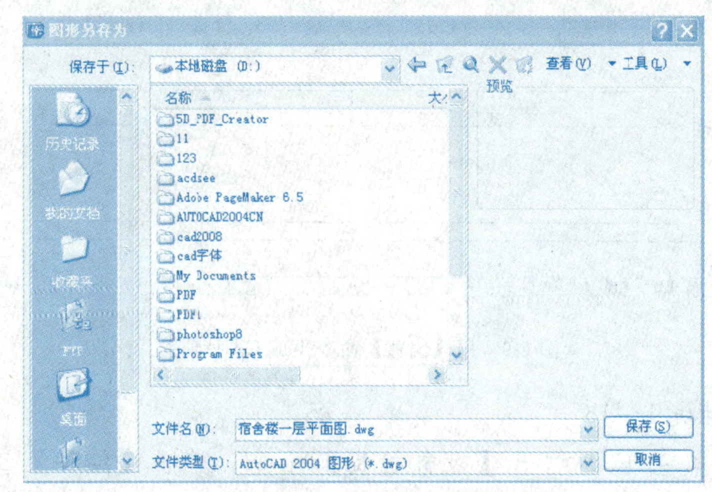

图 6-1　保存图形

1.1.1.2　创建图层

（1）打开【图层特性管理器】对话框　选择菜单栏中【格式】|【图层】命令，即可打开【图层特性管理器】对话框。对话框中自动生成的【0】层是 AutoCAD 固有的，不能改动或删除。

（2）创建新图层　单击【图层特性管理器】对话框中【新建（N)】按钮，【0】层下面生成一个“图层 1”的新层，将其名称改为“轴线”。再单击【新建（N)】按钮，将生成的新图层名称改为“墙线”。用同样方法依次建立【门窗】、【楼梯】、【柱子】、【室外】、【标注】、【文字】、【辅助】等图层（图 6-2)。

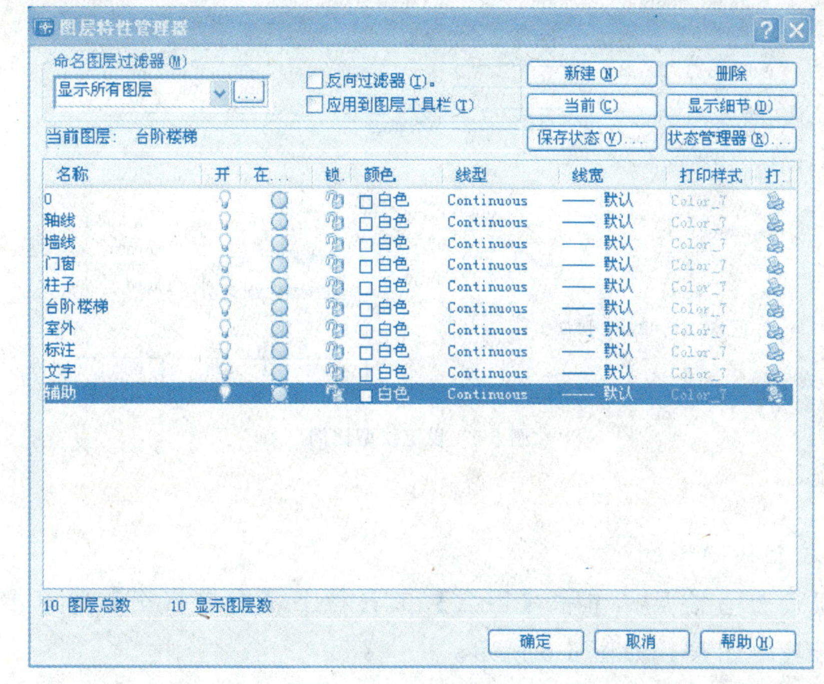

图 6-2　图层特性管理器

（3）修改各图层颜色　左键单击各图层中的“白色”字样，在弹出的【选择颜色】对话框中选择自己喜欢的颜色来作为该图层的颜色。可参考天正 7.5 专业绘图软件设定的主要图层颜色：轴线——红色、墙线——灰色（9)、门窗——青色、楼梯——黄色、文字——白色，如图 6-3 所示。

名称	开	在…	锁	颜色	线型	线宽	打印样式	打.
0				白色	Continuous	—— 默认	Color_7	
标注				绿色	Continuous	—— 默认	Color_3	
辅助				品红	Continuous	—— 默认	Color_6	
门窗				青色	Continuous	—— 默认	Color_4	
墙线				9	Continuous	—— 默认	Color_9	
室外				31	Continuous	—— 默认	Color_31	
台阶楼梯				黄色	Continuous	—— 默认	Color_2	
文字				白色	Continuous	—— 默认	Color_7	
轴线				红色	Continuous	—— 默认	Color_1	
柱子				白色	Continuous	—— 默认	Color_7	

图 6-3　设置图层颜色

（4）修改各图层线型　上面所建图层的默认线型均为 Continuous（实线)，但绘图中轴线应是中心线，需将 Continuous 线型换成 CENTER 线型。具体做法：左键单击 Continuous 字样，弹出【线型选择】对话框，点击最下面一行的【加载】按钮，弹出【加载或重载线型】对话框，在可用线型中找到 CENTER 线型选中后点击【确定】按钮。再在【线型选择】对话框中选中 CENTER 线型后点击【确定】按钮，对话框关闭后会发现【轴线】图层的线型更换为 CENTER 线型，如图 6-4。

图 6-4　将“轴线”图层线型加载为 CENTER

1.1.1.3 设置线型比例

选择菜单栏中的【格式】|【线型】命令，打开【线型管理器】对话框，将该对话框中的【全局比例因子】改为100，与出图比例1：100保持一致。如图6-5所示。

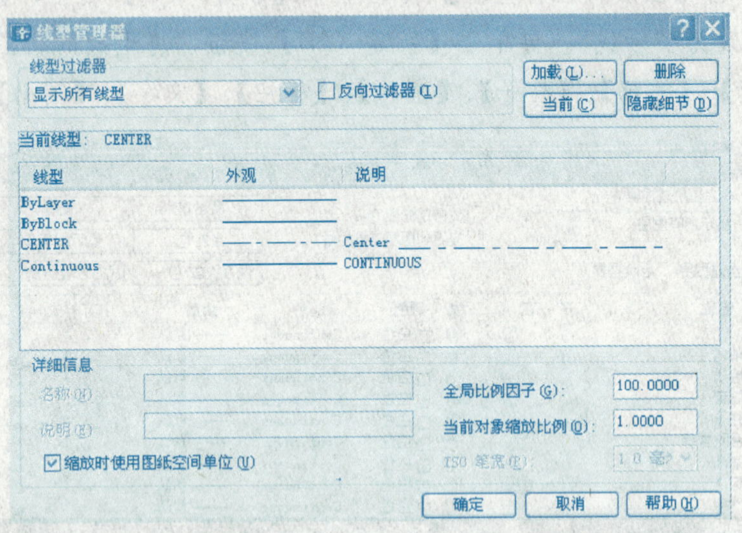

图6-5 设定线型比例

1.1.2 绘制轴网

1.1.2.1 绘制纵向定位轴线A～F

(1) 将“轴线”层设为当前层 单击【图层】工具栏上【图层控制】窗口旁边的小黑三角按钮，在下拉列表中选中“轴线”图层，如图6-6所示。

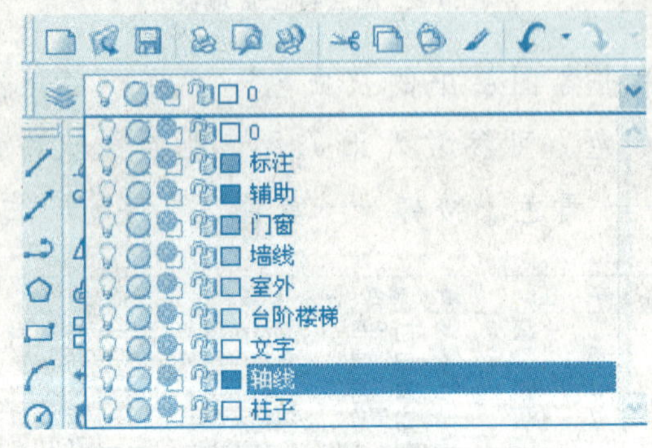

图6-6 设置“轴线”层为当前层

(2) 绘制A轴线 先点击F8，打开【正交】命令。单击【绘图】工具栏上的【直线】图标或在命令行中直接输入“L”后按Enter键，启动直线命令。在窗口左下角命令行提示下进行如下操作（以下加粗字体为命令行提示内容）。

命令：l LINE

指定第一点：在绘图区域左下角任意位置鼠标左键，将该端点作为A轴线的左端点。

指定下一点或［放弃(U)］：水平向右拖动光标，并在命令行中输入“54100”。

指定下一点或［放弃(U)］：按Enter键，结束直线命令。这样就画出一条长度为54100mm的水平线，即A轴线。如图6-7所示。

注：若A轴线右端点不可见，可在命令行输入“Z”后按Enter键，再输入“E”后按Enter键，执行【范围缩放】命令，在绘图区即可见完整的A轴线。以后出现图形在绘图区不能完全显示的时候均可使用此命令。在绘图过程中，若操作出错，可马上输入U来取消上次的操作。

(3) 生成B～F横向定位轴线

图6-7 绘制A轴线

① 单击【修改】工具栏上的【偏移】图标或在命令行输入“O”并按Enter键，启动【偏移】命令。具体操作步骤如下。

命令：o OFFSET

当前设置：删除源＝否 图层＝源 OFFSETGAPTYPE＝0

指定偏移距离或［通过(T)/删除(E)/图层(L)］<通过>：1200

选择要偏移的对象，或［退出(E)/放弃(U)］<退出>：单击鼠标左键选择A轴线。

指定要偏移的那一侧上的点，或［退出(E)/多个(M)/放弃(U)］<退出>：在A轴线上侧任意位置点击鼠标左键，即生成B轴线。如图6-8所示。

选择要偏移的对象，或［退出(E)/放弃(U)］<退出>：按Enter键结束该命令。

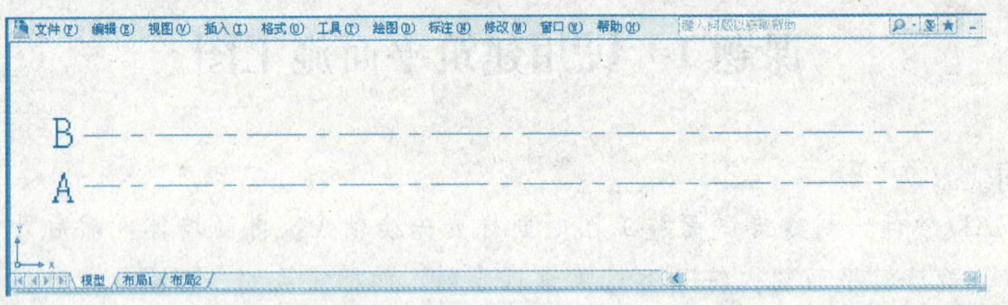

图6-8 用【偏移】命令生成B轴线

② 同样用【偏移】命令分别向上偏移6600mm、2400mm、6600mm、1200mm生成C～F轴线。如图6-9所示。

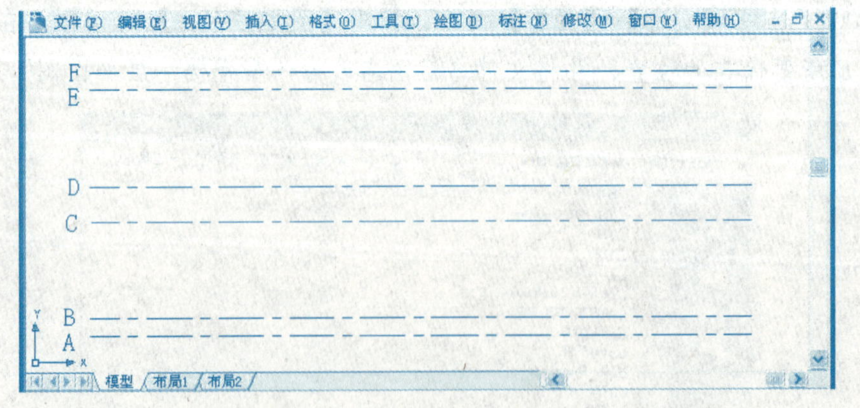

图6-9 用【偏移】命令生成C～F轴线

1.1.2.2 绘制横向定位轴线1～16

(1) 绘制1轴线 先点击F3，打开【对象捕捉】命令。单击【绘图】工具栏上的【直线】图标或在命令行中直接输入“L”后按Enter键，启动直线命令。具体操作步骤如下。

命令:l LINE

指定第一点:将十字光标放在 A 轴线左端点,并点击鼠标左键捕捉。

指定下一点或[放弃(U)]:将十字光标放在 F 轴线左端点,并点击鼠标左键捕捉,即生成 1 轴线。如图 6-10 所示。

指定下一点或[放弃(U)]:按 Enter 键,结束直线命令。

图 6-10 绘制 1 轴线

(2) 绘制 2 轴线

① 利用【偏移】命令,将 1 轴线向右偏移 3600mm,生成 2 轴线。

② 单击【修改】工具栏上的【阵列】图标或在命令行输入“Ar”并按 Enter 键,弹出【阵列】命令对话框。

设定【阵列】对话框,如图 6-11 所示。单击【阵列】对话框右上角的【选择对象】按钮,此时【阵列】对话框消失。然后选择 2 轴线后按 Enter 键,返回【阵列】对话框。单击【确定】按钮关闭对话框,出现 3~13 轴线。

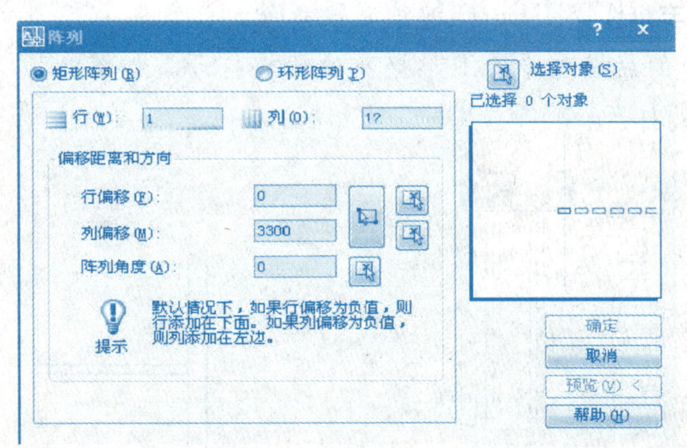

图 6-11 设置【阵列】对话框

③ 再利用【偏移】命令将 13 轴线向右依次偏移 3600mm、3300mm、3300mm 生成 14~16 轴线。如图 6-12 所示。

1.1.2.3 整理轴线

(1) 利用【偏移】命令,将 A 轴线向下偏移 3070mm,生成柱子的横向定位轴线。

(2) 单击【修改】工具栏上的【延伸】图标或在命令行输入“ex”并按 Enter 键,启动【延伸】命令。具体操作步骤如下。

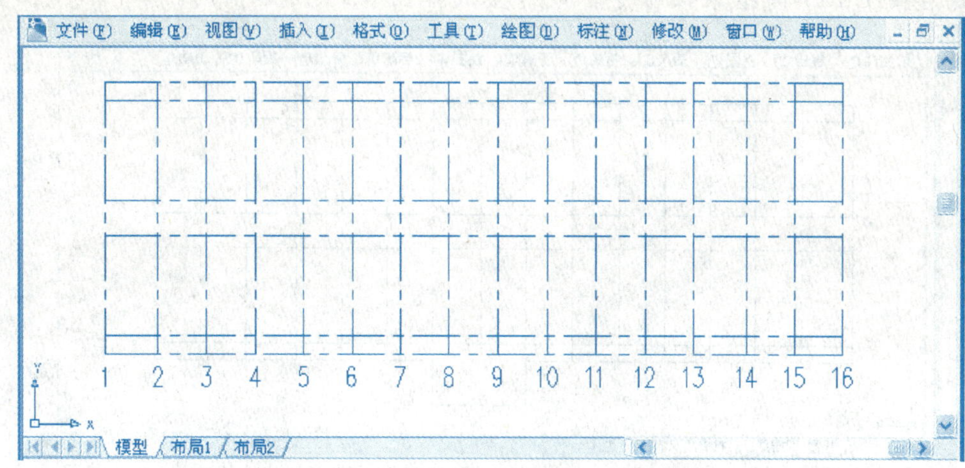

图 6-12 【偏移】命令生成 14~16 轴线

命令:ex EXTEND

当前设置:投影=UCS,边=无

选择边界的边…

选择对象:用鼠标左键单击上面生成的柱子的横向定位轴线。

选择要延伸的对象,或按住 Shift 键选择要修剪的对象,或[投影(P)/边(E)/放弃(U)]:

对象未与边相交:用鼠标左键单击 8 轴线。

选择要延伸的对象,或按住 Shift 键选择要修剪的对象,或[投影(P)/边(E)/放弃(U)]:

对象未与边相交:用鼠标左键单击 10 轴线。

选择要延伸的对象,或按住 Shift 键选择要修剪的对象,或[投影(P)/边(E)/放弃(U)]:

对象未与边相交:按 Enter 键结束该命令。生成如图 6-13 所示。

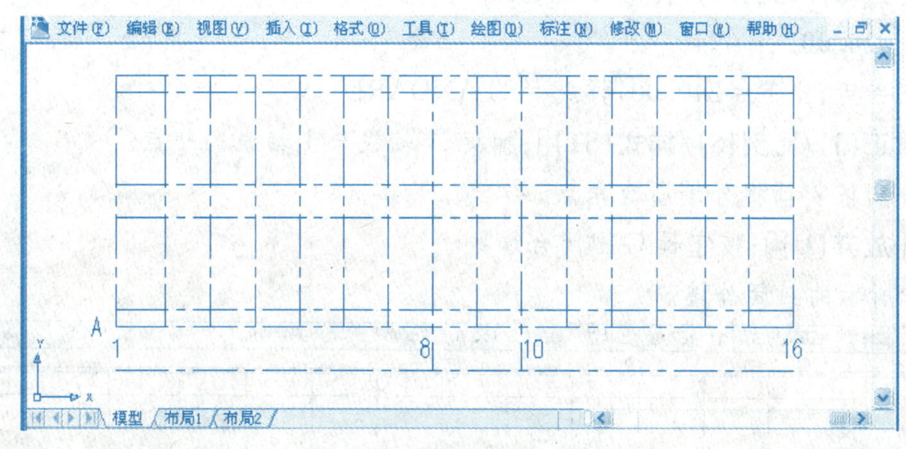

图 6-13 【延伸】命令延伸图形

(3) 单击【修改】工具栏上的【修剪】图标或在命令行输入“tr”并按 Enter 键,启动【修剪】命令。具体操作步骤如下。

命令:tr TRIM

当前设置:投影=UCS,边=无

选择剪切边…

选择对象:按 Enter 键。

选择要修剪的对象,或按住 Shift 键选择要延伸的对象,或[投影(P)/边(E)/放弃(U)]:单击所有需要修剪的轴线。完成后按 Enter 键结束该命令。最终生成如图 6-14 所示轴网。

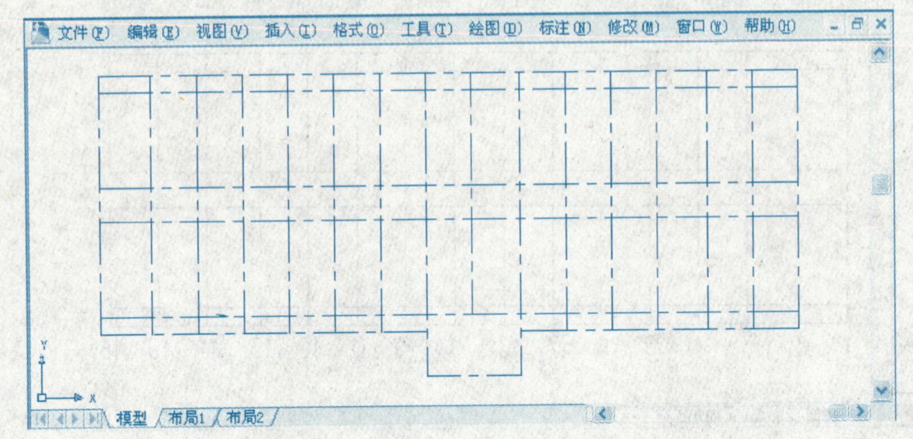

图 6-14　最终轴网

1.1.3　绘制墙体

1.1.3.1　设置：在图层中选中“墙线”，将其设为当前图层。

1.1.3.2　用多线命令绘制墙体

（1）单击菜单栏中的【绘图】|【多线】命令，或在命令行输入“ml”并按 Enter 键，启动【多线】命令。具体操作步骤如下。

命令:ml MLINE

当前设置:对正＝上，比例＝20.00，样式＝STANDARD

指定起点或[对正(J)/比例(S)/样式(ST)]:j

输入对正类型[上(T)/无(Z)/下(B)]<上>:z

当前设置:对正＝无，比例＝20.00，样式＝STANDARD

指定起点或[对正(J)/比例(S)/样式(ST)]:s

输入多线比例<20.00>:　240

当前设置:对正＝无，比例＝240.00，样式＝STANDARD

指定起点或[对正(J)/比例(S)/样式(ST)]:捕捉 A 轴线与 1 轴线的交点。

指定下一点:分别依次捕捉外墙所有角点。

指定下一点或[放弃(U)]:按字母 C 键闭合墙线。

出现如图 6-15 所示的封闭外墙。

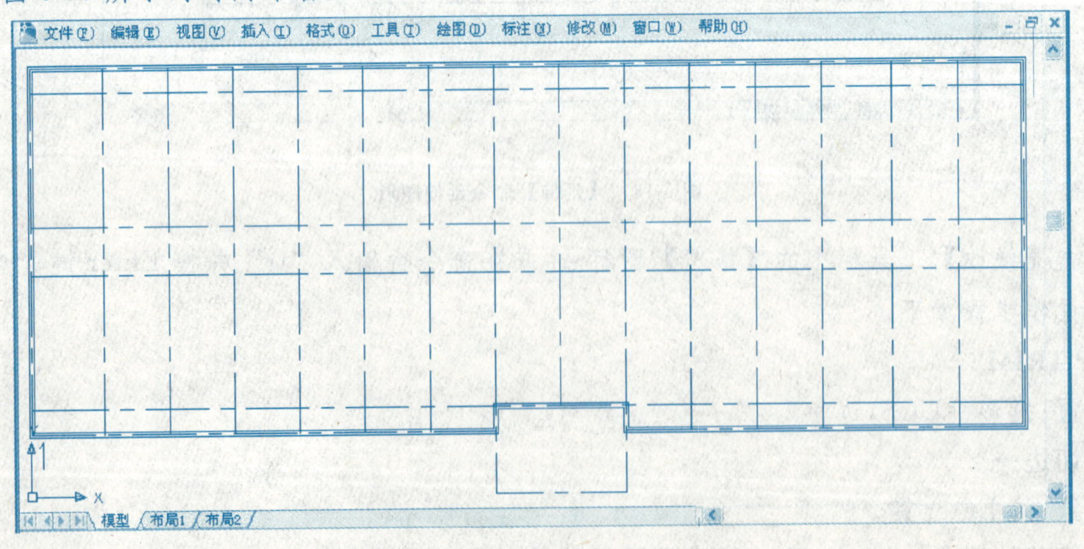

图 6-15　绘制封闭外墙

（2）按 Enter 键重复使用【多线】命令，在窗口左下角的命令行提示下，依次绘制出建筑内部的所有 240 墙体。

（3）绘制 120 墙体：单击菜单栏中的【绘图】|【多线】命令，或在命令行输入“ml”并按 Enter 键，启动【多线】命令。具体操作步骤如下。

命令:ml MLINE

当前设置:对正＝上，比例＝20.00，样式＝STANDARD

指定起点或[对正(J)/比例(S)/样式(ST)]:j

输入对正类型[上(T)/无(Z)/下(B)]<上>:t

当前设置:对正＝无，比例＝20.00，样式＝STANDARD

指定起点或[对正(J)/比例(S)/样式(ST)]:s

输入多线比例<20.00>:120

当前设置:对正＝上，比例＝120.00，样式＝STANDARD

指定起点或[对正(J)/比例(S)/样式(ST)]:捕捉 B 轴线与 2 轴线的交点。

指定下一点:捕捉 B 轴线与 7 轴线的交点。

指定下一点或[放弃(U)]:按 Enter 键结束该命令。

即完成 2 轴线与 7 轴线之间的 120 墙体。

（4）按 Enter 键重复使用【多线】命令，在窗口左下角的命令行提示下，依次绘制出建筑内部的所有 120 墙体。

1.1.3.3　整理墙线

（1）双击 B 轴线与 2 轴线相交处的横向多线，打开【多线编辑工具】对话框，单击【T 形打开】图标，如图 6-16，具体操作步骤如下。

命令:_.mledit

选择第一条多线:单击 B 轴线与 2 轴线相交处的横向墙线。

选择第二条多线:单击 B 轴线与 2 轴线相交处的纵向墙线。

选择第一条多线或[放弃(U)]:按 Enter 键结束该命令。

B 轴线与 2 轴线相交处的纵横向墙线 T 形接头处即被打开。如图 6-17 所示。重复【T 形打开】命令，将所有墙线 T 形接头处打开。

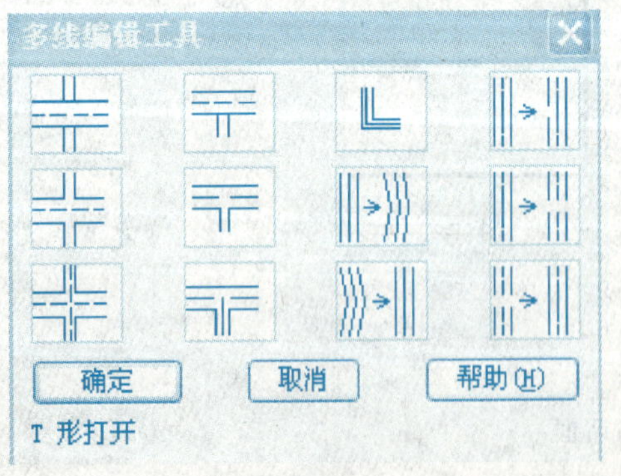

图 6-16　选择 T 形打开

图 6-17　打开多线的 T 形接头

（2）同（1）操作，打开【多线编辑工具】对话框，单击【十字打开】图标如图 6-18，将所有墙线的十字相交处打开。

1.1.4　绘制柱子

1.1.4.1　设置：在图层中选中“柱子”这一层，将其设为当前图层。

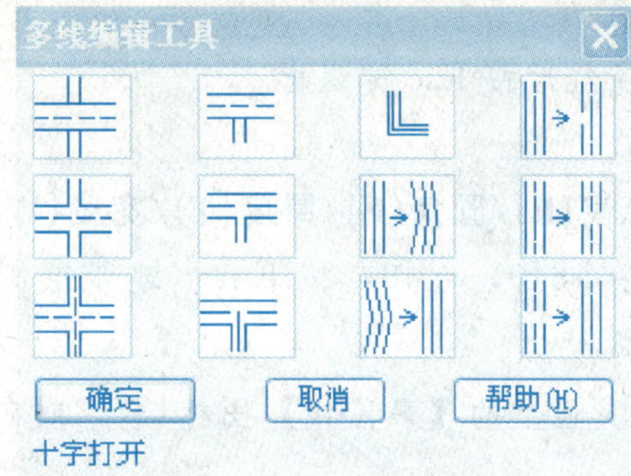

图 6-18　选择十字打开

1.1.4.2　绘制入口处柱子

单击菜单栏中的【绘图】|【矩形】命令，或在命令行输入“rec”并按 Enter 键，启动【矩形】命令。具体操作步骤如下。

点击 a 点，按 Esc 键退出。

命令：rec RECTANG

指定第一个角点或[倒角(C)/标高(E)/圆角(F)/厚度(T)/宽度(W)]：@－150，－150

指定另一个角点或[尺寸(D)]：@300，300，按 Enter 键即绘制出一个尺寸为 300mm×300mm 的柱子。

重复【矩形】命令，绘制第二个柱子，如图 6-19 所示。

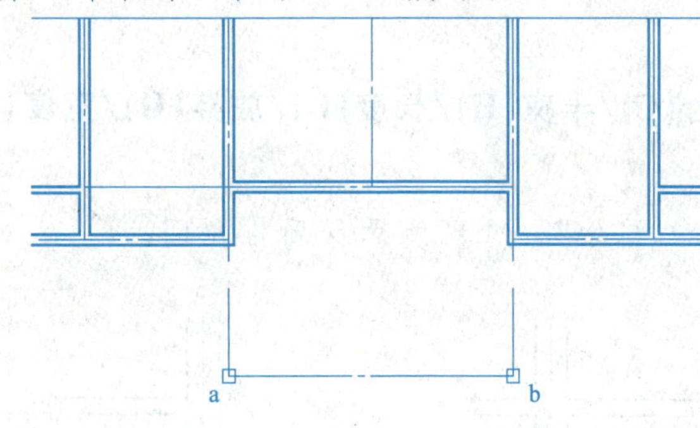

图 6-19　【矩形】命令绘制入口处柱子

1.1.5　绘制散水线

1.1.5.1　设置：在图层中选中“室外”这一层，将其设为当前图层。

1.1.5.2　绘制散水线

(1) 单击【绘图】工具栏上的【多段线】图标，或在命令行输入“pl”并按 Enter 键，启动【多段线】命令。依次捕捉所有的外墙角点，最终沿外墙生成一条闭合的多边形。

(2) 利用【偏移】命令，将刚完成的闭合多边形，向外偏移 1500mm，生成散水线。

(3) 利用直线命令，完成如图 6-20 所示坡面交界线。

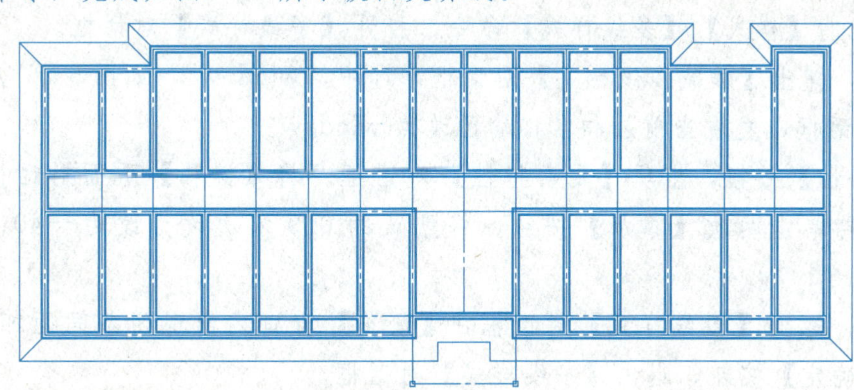
图 6-20　生成散水线和坡面交界线

(4) 单击【修改】工具栏上的【删除】图标或在命令行中直接输入“E”后按 Enter 键，启动删除命令具体操作步骤如下。

命令：_erase

选择对象：选中 (1) 中生成的闭合多边形。

选择对象：按 Enter 键结束该命令。

1.1.6　绘制平面门窗

1.1.6.1　绘制门窗洞口线，具体操作步骤如下。

(1) 将“墙线”图层设为当前层。

(2) 分解墙体

命令：x EXPLODE

选择对象：指定对角点：选中所有墙线。

选择对象：指定对角点：按 Enter 键结束该命令。

所有墙体即被分解为线段。

(3) 利用相对坐标，将 1 轴线与 A 轴线相交处的内墙交点设为相对坐标原点。具体操作：双击该内墙交点，再按 Esc 键退出。

(4)【直线】命令绘制①直线：

命令：l LINE 指定第一点：输入@930，0

指定下一点或[放弃(U)]：向下垂直拖动鼠标，输入 240。

指定下一点或[放弃(U)]：按 Enter 键结束该命令。生成①垂线。

(5) 执行【偏移】命令，将刚生成的直线向右偏移 1500mm，生成②垂线。

(6) 执行【修剪】命令，将①、②两垂线之间的墙线修剪掉。

出现图 6-21 所示窗洞口。

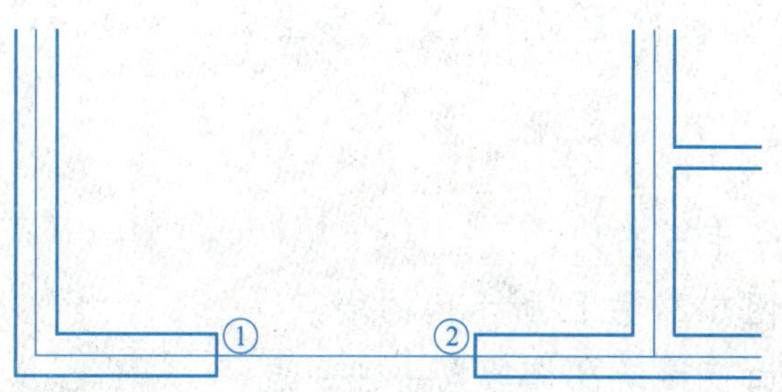

图 6-21　绘制窗洞口线①、②

(7) 按照 (3)～(6) 操作步骤和【阵列】命令生成其他的门窗洞口线。

1.1.6.2　绘制平面门，具体操作步骤如下。

(1) 将“门窗”图层设为当前层。

(2) 绘制单扇门：单击【绘图】工具栏上的【多段线】图标，或在命令行输入“pl”并按 Enter 键，启动【多段线】命令。具体操作步骤如下。

命令：pl PLINE

指定起点：捕捉左侧门洞口线的中点，如图 6-22 所示。

当前线宽为 0

指定下一个点或[圆弧(A)/半宽(H)/长度(L)/放弃(U)/宽度(W)]：w

指定起点宽度<0>：50

指定端点宽度<50>：50

指定下一个点或[圆弧(A)/半宽(H)/长度(L)/放弃(U)/宽度(W)]:900

指定下一点或[圆弧(A)/闭合(C)/半宽(H)/长度(L)/放弃(U)/宽度(W)]:w

指定起点宽度<50>:0

指定端点宽度<0>:0

指定下一点或[圆弧(A)/闭合(C)/半宽(H)/长度(L)/放弃(U)/宽度(W)]:a

指定圆弧的端点或

[角度(A)/圆心(CE)/闭合(CL)/方向(D)/半宽(H)/直线(L)/半径(R)/第二个点(S)/放弃(U)/宽度(W)]:ce

指定圆弧的圆心:单击左侧门洞口线的中点。

指定圆弧的端点或[角度(A)/长度(L)]:单击右侧门洞口线的中点。

指定圆弧的端点或。

[角度(A)/圆心(CE)/闭合(CL)/方向(D)/半宽(H)/直线(L)/半径(R)/第二个点(S)/放弃(U)/宽度(W)]:按 Enter 键结束该命令。生成平面单扇门如图 6-23 所示。

图 6-22 捕捉左侧门洞线中点　　图 6-23 绘制单扇门

(3) 利用上述【多段线】命令和【阵列】命令生成其他单扇门。

(4) 绘制双扇门和多扇门：先执行【多段线】命令生成一单扇门，再执行【镜像】命令生成与之对称的另一扇，具体操作如下。

命令:mi MIRROR

选择对象:选中【多段线】命令生成的门。

指定镜像线的第一点:单击图 6-24 左图所示门的端点。

指定镜像线的第二点:垂直向下拖动鼠标后点击任一点。

是否删除源对象?[是(Y)/否(N)]<N>:n

按 Enter 键结束该命令。生成双扇门。

重复【镜像】命令生成图 6-24 右图所示入口大门。

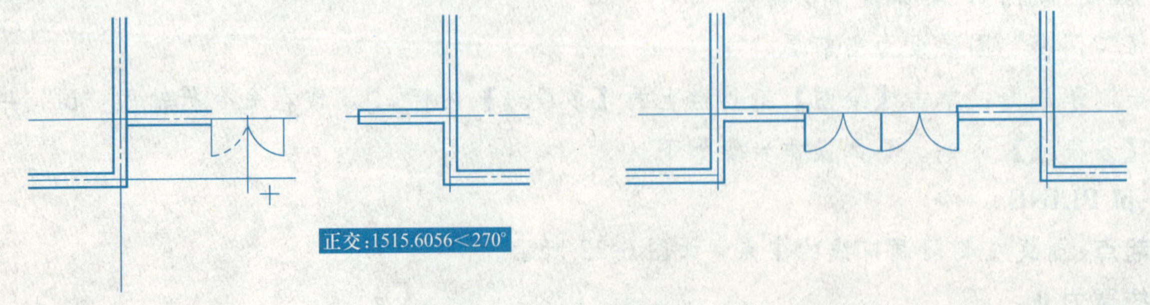

图 6-24 生成入口处大门

(5) 绘制墙外双扇推拉门

① 绘制门扇：单击菜单栏中的【绘图】|【矩形】命令，或在命令行输入“rec”并按 Enter 键，启动【矩形】命令。具体操作步骤如下。

点击左侧门洞线及其下端点，变红后按 Esc 键退出。

命令：rec RECTANG

指定第一个角点或[倒角(C)/标高(E)/圆角(F)/厚度(T)/宽度(W)]:@−40，−5

指定另一个角点或[尺寸(D)]:@640，−40，按 Enter 键即绘制出图 6-25 (a) 所示一个尺寸为 640mm×35mm 的矩形。

② 绘制箭头：单击【绘图】工具栏上的【多段线】图标，或在命令行输入“pl”并按 Enter 键，启动【多段线】命令。

命令：pl PLINE

指定起点：在刚生成的矩形下方点击任一点。

当前线宽为 0

指定下一个点或[圆弧(A)/半宽(H)/长度(L)/放弃(U)/宽度(W)]:水平向左拖动光标并输入“200”。

指定下一点或[圆弧(A)/闭合(C)/半宽(H)/长度(L)/放弃(U)/宽度(W)]:w

指定起点宽度<0>：20

指定端点宽度<20>：0

指定下一点或[圆弧(A)/闭合(C)/半宽(H)/长度(L)/放弃(U)/宽度(W)]:水平向左拖动光标并输入“100”。

指定下一点或[圆弧(A)/闭合(C)/半宽(H)/长度(L)/放弃(U)/宽度(W)]:按 Enter 键结束该命令。生成图 6-25 (a) 所示箭头。

③ 执行【镜像】命令，生成如图 6-25 (b) 所示双扇推拉门。

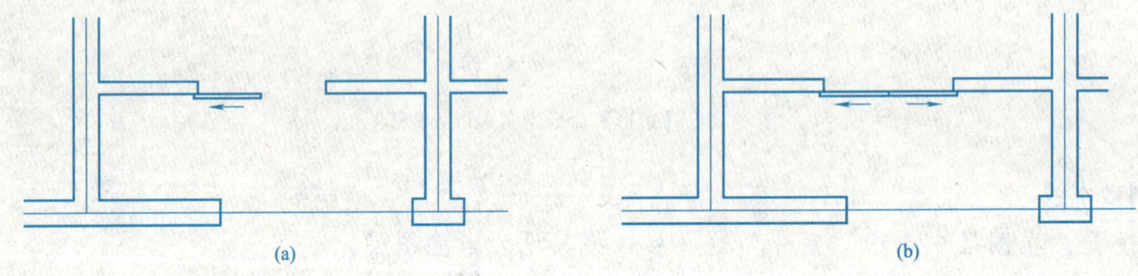

图 6-25 生成双扇推拉门

1.1.6.3 绘制平面窗，操作步骤如下。

(1) 将“门窗”图层设为当前层。

(2) 设置多线样式

① 单击菜单栏中的【格式】|【多线样式】命令，打开【多线样式】对话框。

② 单击【加载】，弹出【加载多线样式】对话框，选中“window”，如图 6-26 所示。点击【确定】，回到【多线样式】对话框，发现当前层和名称均已改为 window。

③ 点击【元素特性】按钮，出现【元素特性】对话框。将【偏移】下面对话框内的 0.5 和−0.5 分别改为 120、40，再单击两次【添加】按钮，将默认的 0.0 依次改为改为−40、−120。结果如图 6-27所示。

④ 单击【确定】，返回【多线样式】对话框，【预览】窗口内出现四条间距相等的水平线，如图 6-28。再单击下面【确定】按钮，退出【多线样式】对话框。

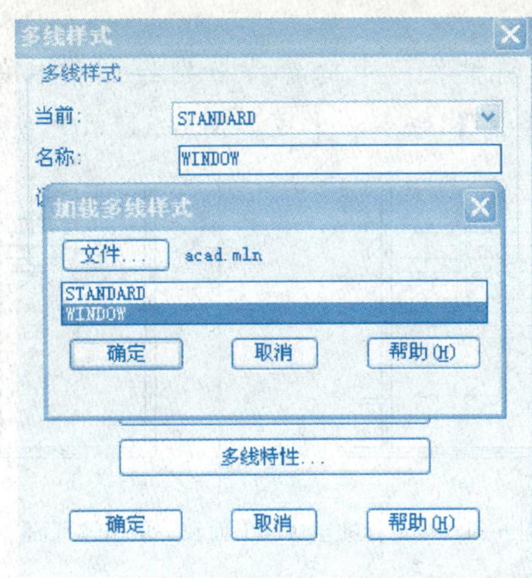

图 6-26 【加载多线样式】对话框

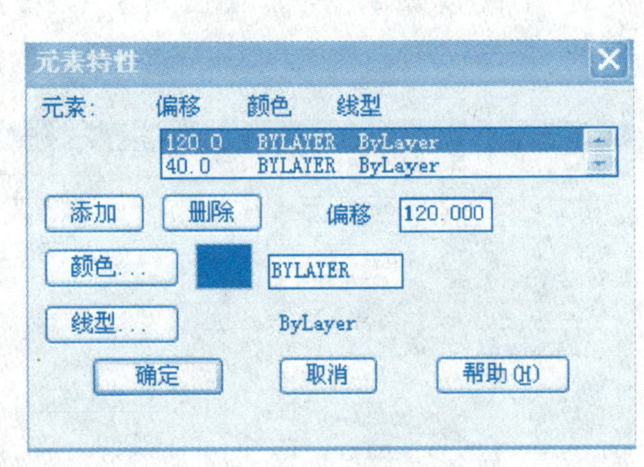

图 6-27 【元素特性】对话框

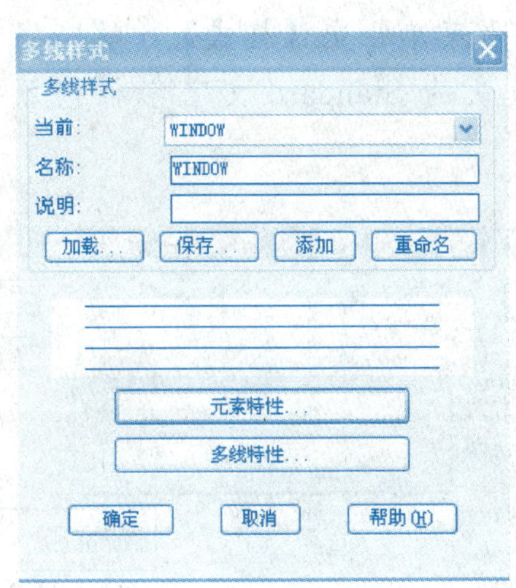

图 6-28 【多线样式】对话框

(3) 执行【多线】命令

单击菜单栏中的【绘图】|【多线】命令，或在命令行输入“ml”并按 Enter 键，启动【多线】命令。具体操作步骤如下。

命令：ml MLINE

当前设置：对正＝上，比例＝120.00，样式＝window

指定起点或[对正(J)/比例(S)/样式(ST)]:j

输入对正类型[上(T)/无(Z)/下(B)]<上>:z

当前设置：对正＝无，比例＝20.00，样式＝window

指定起点或[对正(J)/比例(S)/样式(ST)]:s

输入多线比例<20.00>：1

当前设置：对正＝无，比例＝1.00，样式＝window

指定起点或[对正(J)/比例(S)/样式(ST)]:捕捉左侧窗洞口线的中点。

指定下一点：捕捉右侧窗洞口线的中点。

指定下一点或[放弃(U)]:按 Enter 键结束该命令。

该位置的窗即绘制完成，如图 6-29 所示。

(4) 利用【多线】命令和【阵列】命令，绘制完成其他平面窗。

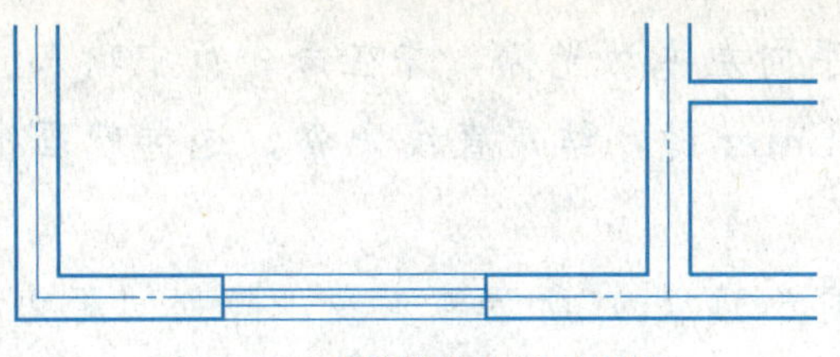

图 6-29 【多线】命令绘制窗

1.1.6.4 绘制挡水线

(1) 将“辅助”图层设为当前层。

(2) 在建筑通向室外和卫生间的门洞口处均应在有水的一侧用【直线】命令绘制挡水线。

1.1.7 绘制室外台阶和坡道

1.1.7.1 设置：将“台阶楼梯”图层设为当前层。

1.1.7.2 绘制室外台阶：

(1) 单击【绘图】工具栏上的【多段线】图标，或在命令行输入“pl”并按 Enter 键，启动【多段线】命令。

先垂直向下拖动光标并输入“1800”，再水平向右拖动光标并输入“6360”，最后垂直向上拖动光标并输入“1800”，按 Enter 键结束该命令。出现图 6-30 (a) 所示最内侧台阶看线。

(2) 执行【偏移】命令，偏移间距 300mm，生成图 6-30 (b) 所示台阶线。

(3) 利用【修剪】命令，将台阶内的散水线修剪掉。如图 6-30 (c) 所示。

(4) 重复上述各操作步骤，生成宿舍楼左侧通向室外出入口处的台阶。

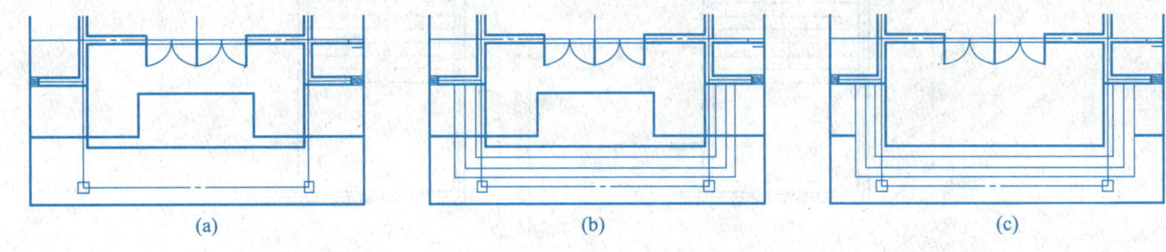

图 6-30 生成大门入口处完整的台阶线

1.1.8 绘制楼梯

1.1.8.1 设置：将“台阶楼梯”图层设为当前层。

1.1.8.2 绘制踏步线：

(1) 双击 A 点，如图 6-31 (a) 所示，然后按 Esc 键退出。

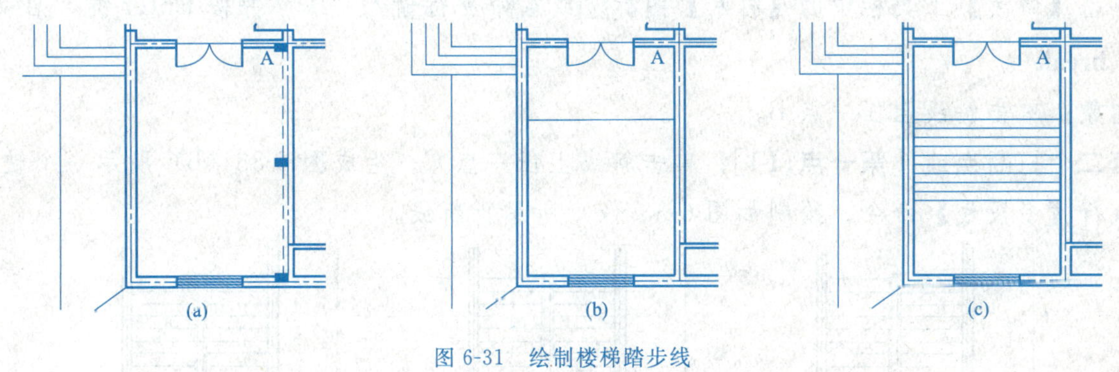

图 6-31 绘制楼梯踏步线

(2) 单击【绘图】工具栏上的【直线】图标或在命令行中直接输入“L”后按 Enter 键，启动直线命令。

具体操作步骤：

命令：l LINE 指定第一点：输入@0，－2400。

指定下一点或[放弃(U)]:水平向左拖动光标，并在命令行中输入“3360”。

指定下一点或[放弃(U)]:按 Enter 键，结束直线命令。这样就画出一条长度为 3360mm 的水平线，如图 6-31（b）所示。

（3）利用【阵列】命令生成图 6-31（c）所示踏步线，阵列间距为 300mm。

3. 绘制扶手

（1）分别单击图 6-31 中最下端的踏步线及其中点，中点变红后按 Esc 键退出。

（2）单击菜单栏中的【绘图】|【矩形】命令，或在命令行输入“rec”并按 Enter 键，启动【矩形】命令。具体操作步骤如下。

命令：rec RECTANG

指定第一个角点或[倒角(C)/标高(E)/圆角(F)/厚度(T)/宽度(W)]:@−80，−60

指定另一个角点或[尺寸(D)]：d

指定矩形的长度<640.0000>：160

指定矩形的宽度<35.0000>：2820

指定另一个角点或［尺寸(D)]：按 Enter 键，结束命令。

生成图 6-32（a）所示梯井。

（3）执行【偏移】命令，将（1）生成的矩形向外偏移 60mm，生成扶手的外边缘线。

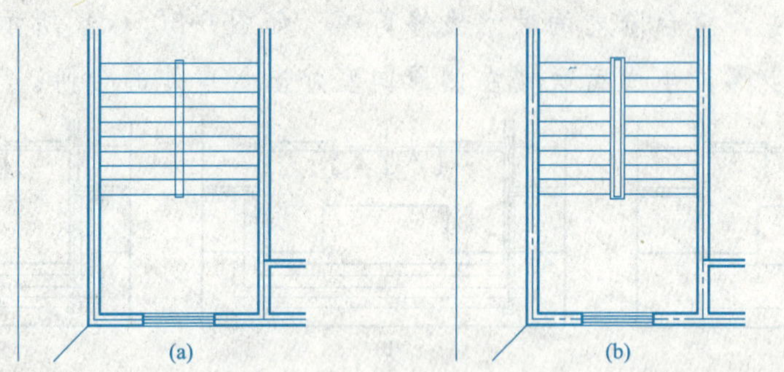

图 6-32 绘制矩形梯井及扶手

（4）执行【修剪】命令，将扶手外边缘线内侧的踏步线修剪掉，如图 6-32（b）所示。

1.1.8.4 绘制折断线

（1）如图 6-33（a）所示，在右侧楼梯段上绘制一条斜线。

（2）单击【修改】工具栏中的【打断】图标或在命令行输入“Br”并按 Enter 键，启动该命令。

命令：break

选择对象：单击斜线上任一点 B。

指定第二个打断点或［第一点(F)]：单击斜线上任一点 C。生成图 6-33（b）所示一个缺口。

（3）执行【多段线】命令，绘制如图 6-33（c）所示折断线。

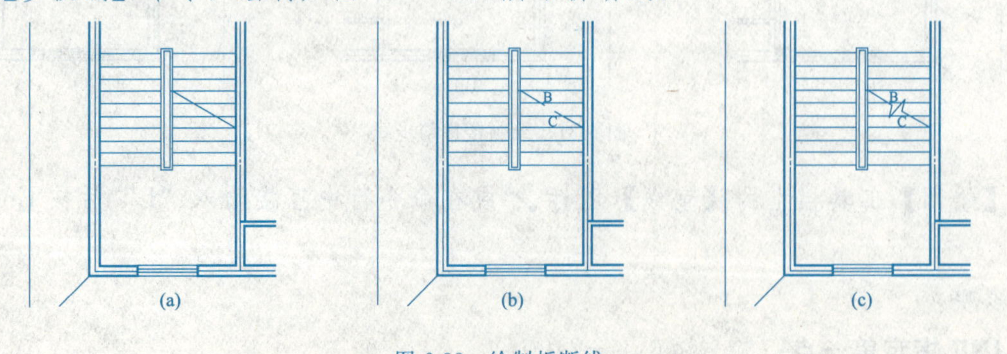

图 6-33 绘制折断线

1.1.8.5 绘制箭头

利用【多段线】命令，参照绘制推拉门中的箭头分别绘制楼梯的上、下行箭头。生成如图 6-34（a）所示标准层楼梯平面。执行【修剪】命令，生成如图 6-34（b）所示一层楼梯平面图。

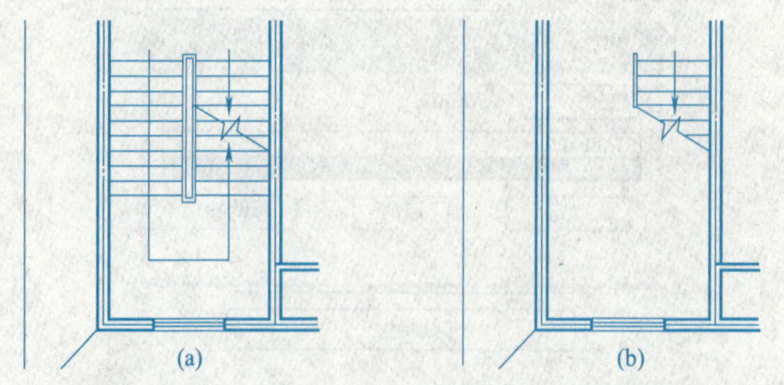

图 6-34 生成标准层楼梯平面和一层楼梯平面

1.1.9 标注文字

1.1.9.1 文字格式的设定（通常建立以下三种文字字样）

（1）单击菜单栏中【格式】|【文字样式】命令，出现【文字样式】对话框，将【文字样式】对话框内默认的 Standard 文字字样按照图 6-35 所示进行修改，并单击【应用】按钮，关闭对话框。

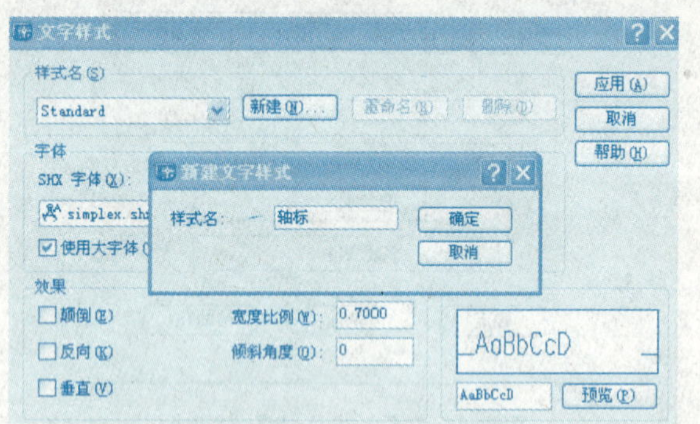

图 6-35 修改 Standard 文字样式

图 6-36 【新建文字样式】对话框

（2）同样方式打开【文字样式】对话框，点击【新建】按钮，出现【新建文字样式】对话框，如图 6-36 所示将样式名修改为“轴标”，点击【确定】按钮，回到【文字样式】对话框，对其按图 6-37 所示进行修改，并单击【应用】按钮，关闭对话框。

（3）同（2）操作，再新建“中文”字样，并按图 6-38 所示进行修改，并单击【应用】按钮，关闭对话框。

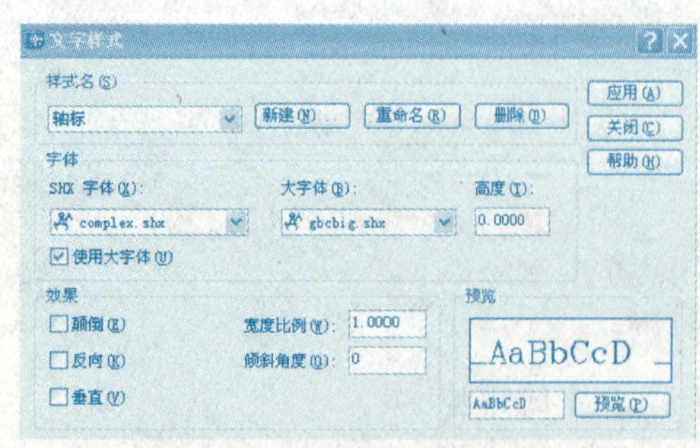

图 6-37 轴标字体样式的设定

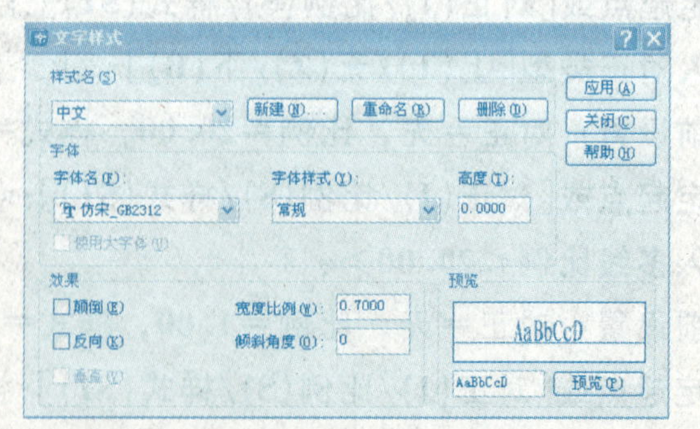

图 6-38 中文字体样式的设定

1.1.9.2 标注文字（用【多行文字】命令标注文字）

（1）将“文字”层设为当前图层。

（2）单击【绘图】工具栏中的【多行文字】图标 A 或在命令行输入"T"后按 Enter 键。

在平面图中入口处框选一矩形，单击鼠标左键出现【文字格式】对话框，按图 6-39 对其进行设置，并在文字行输入"门厅"，单击【确定】按钮关闭对话框。即在图形门厅内出现"门厅"二字。

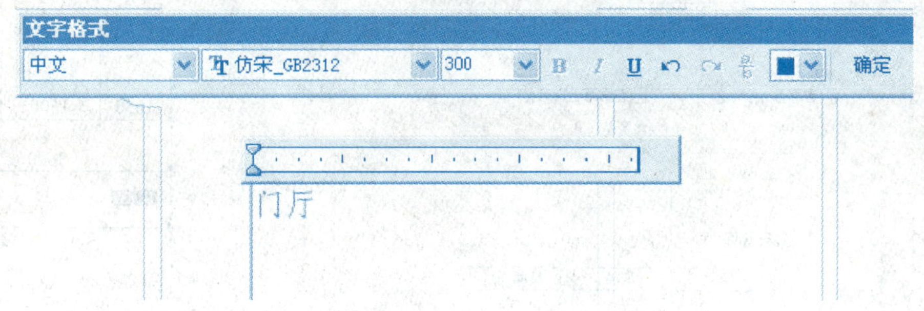

图 6-39 用【多行文字】命令输入"门厅"

（3）同样操作，对其余房间进行文字标注。

1.1.10 标注尺寸

1.1.10.1 尺寸标注样式的设置，主要建立表 6-1 所示尺寸标注样式。

表 6-1 尺寸标注样式

标注样式	作用	标注样式	作用
外标注	标注外墙三道尺寸	直径	标注圆弧或圆的直径
标注	标注除外墙三道尺寸以外的其他尺寸	角度	标注角度大小
半径	标注圆弧或圆的半径		

（1）单击菜单栏中【格式】|【标注样式】命令，出现【标注样式管理器】对话框，对话框内默认的只有【ISO-25】一种样式。

（2）建立"外标注"样式

单击【标注样式管理器】对话框内的【新建】按钮，出现【创建新标注样式】对话框，按图 6-40 所示对其进行修改。

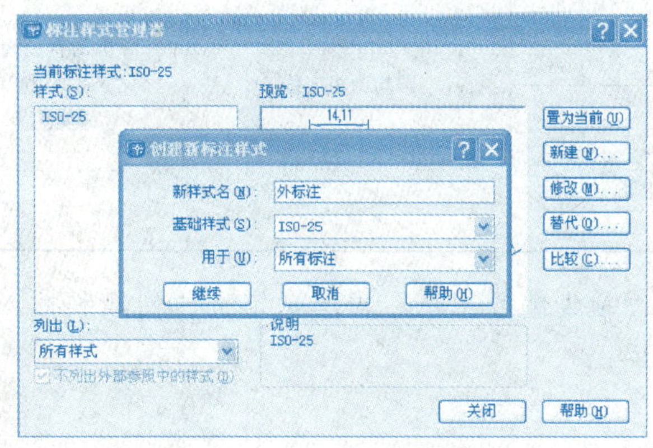

图 6-40 创建"外标注"样式

单击【继续】按钮，出现【新标注样式：外标注】参数设置对话框，其中共有 6 个选项卡，应分别对其来设定。

①【直线和箭头】选项卡的设定如图 6-41 所示。

②【文字】选项卡的设定如图 6-42 所示。

③【调整】选项卡的设定如图 6-43 所示。

④【主单位】选项卡的设定如图 6-44 所示。

（3）参考（2）操作步骤，分别建立"标注"、"半径"标注、"直径"和"角度"标注样式。

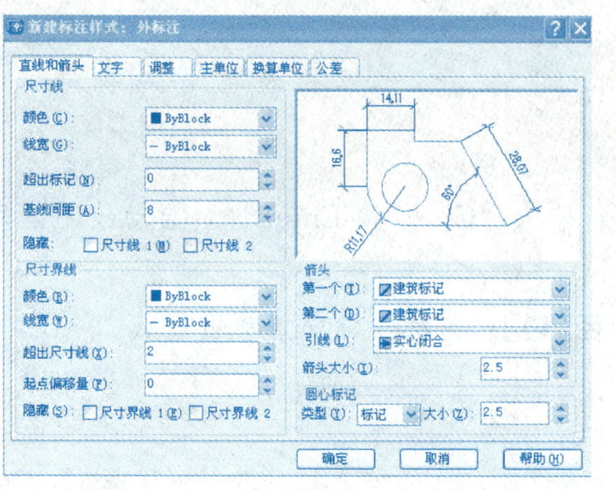

图 6-41 【直线和箭头】选项卡的设定

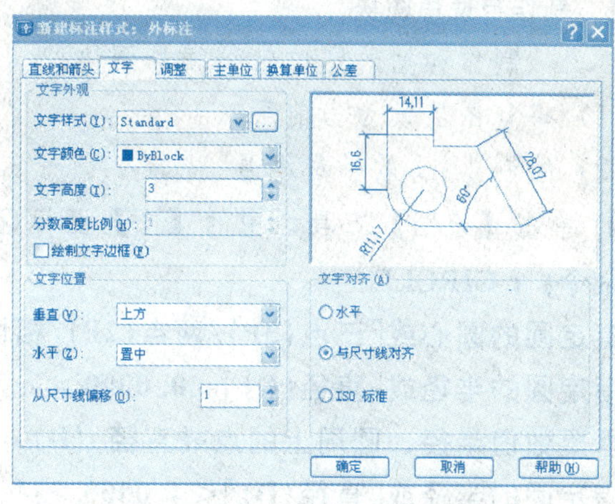

图 6-42 【文字】选项卡的设定

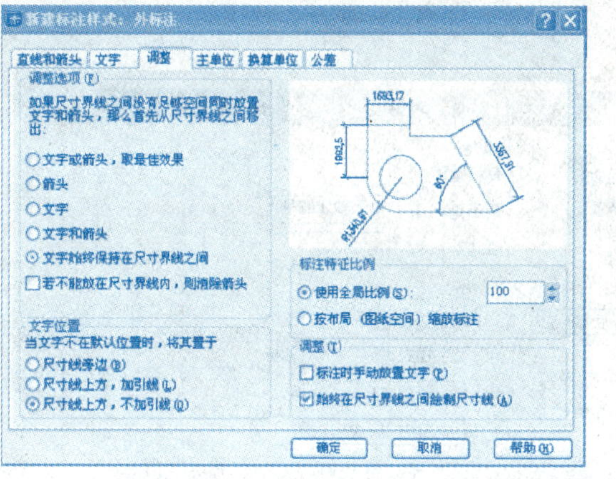

图 6-43 【调整】选项卡的设定

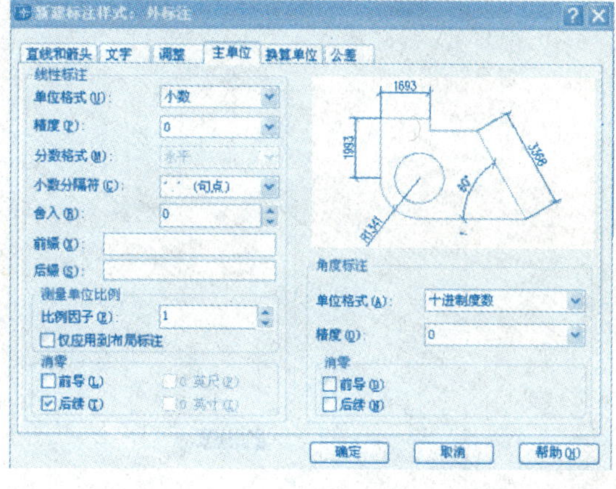

图 6-44 【主单位】选项卡的设定

1.1.10.2 标注外墙三道尺寸

（1）单击菜单栏中【格式】|【标注样式】命令，打开【标注样式管理器】对话框，选中"外标注"，单击【置为当前】按钮，再单击【关闭】按钮关闭对话框，此时"外标注"即成为当前标注样式。

（2）选择菜单栏中的【标注】|【线型】命令，启动【线型】标注命令。分别点击所要标注的两点，即出现两点之间的标注尺寸线。

（3）紧接其后的尺寸标注可采用【连续】标注命令完成。

（4）重复（2）、（3）的操作，标注建筑外墙三道尺寸如图 6-45 所示。

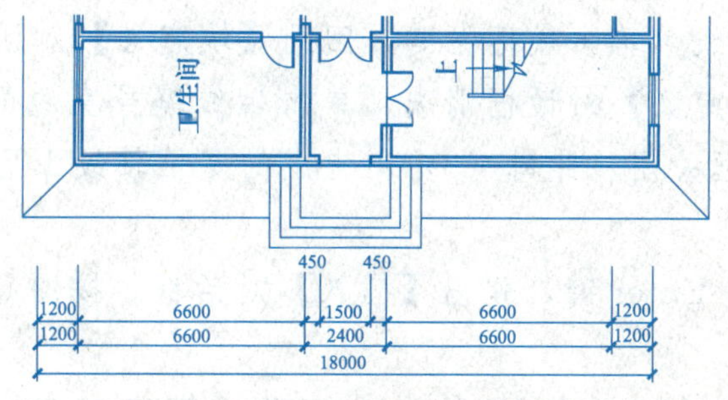

图 6-45 标注 A~F 轴线间三道尺寸

(5) 同样方法标注其余各方向的外墙尺寸线。

1.1.10.3 标注其他尺寸

按照标注外墙尺寸的方法标注其他尺寸。

1.1.11 制作与使用图块

1.1.11.1 制作和插入定位轴线编号图块

(1) 将0图层设为当前层。

(2) 绘制1∶1的轴线编号

① 单击【绘图】工具栏中的【圆】图标或在命令行输入“C”后按Enter键，启动绘制圆命令。

命令：c CIRCLE

指定圆的圆心或[三点(3P)/两点(2P)/相切、相切、半径(T)]：鼠标左键任意单击一点。

指定圆的半径或[直径(D)]<0.0000>：r

需要数值半径、圆周上的点或直径（D）。

指定圆的半径或[直径(D)]<4.0000>：4

按Enter键结束命令。即绘制完成一个半径为4mm的圆。

② 启动【直线】命令，捕捉图6-46所示圆的象限点，垂直向上拖动鼠标，绘制长为12mm的线段。

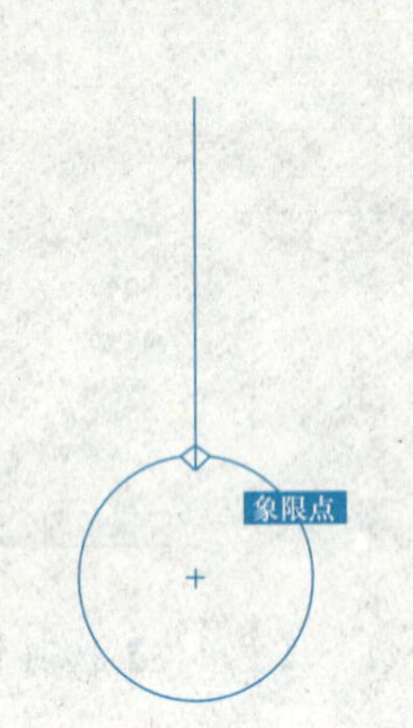

图6-46 捕捉圆的象限点

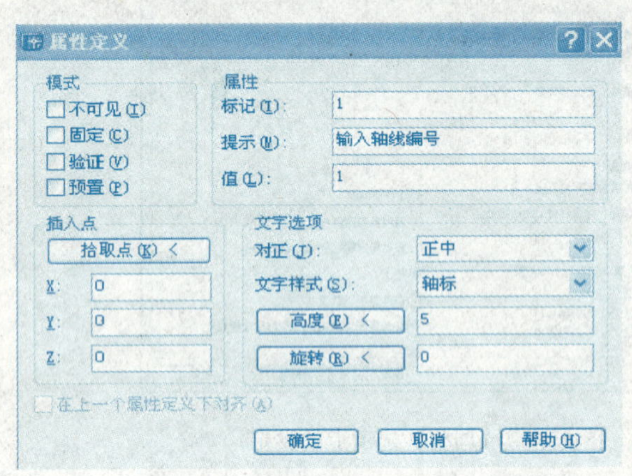

图6-47 【属性定义】对话框的设置

(3) 定义属性

选择菜单栏中的【绘图】|【块】|【定义属性】命令，弹出【定义属性】对话框。按图6-47所示设置【属性定义】对话框。单击【拾取点】按钮，选中圆的圆心，回到【属性定义】对话框，单击【确定】按钮，对话框关闭。即生成定位轴线1。

(4) 创建块

单击【绘图】工具栏中的【创建块】图标或在命令行输入“B”后按Enter键，弹出【块定义】对话框，名称后输入“轴线编号”。单击【选择对象】按钮，此时【块定义】对话框消失。

框选(3)中生成的定位轴线，单击鼠标左键，回到【块定义】对话框。

单击【拾取点】按钮，【块定义】对话框消失。单击轴线编号直线的上端点，返回【块定义】对话框。单击【确定】按钮，对话框关闭。此时(3)中生成的定位轴线1已被定义为块。

(5) 插入块

① 在命令行输入“I”后按Enter键，弹出【插入】对话框。按图6-48所示设置对话框后单击【确定】按钮，关闭对话框。

② 在**指定插入点或[比例(S)/X/Y/Z/旋转(R)/预览比例(PS)/PX/PY/PZ/预览旋转(PR)]：**提示下，捕捉图6-49所示的点插入。

注：插入纵向轴线编号时，【插入】对话框内的角度应由“0”改为“−90”。此时会发现“A”方向不对，双击“A”，弹出【增强属性编辑器】对话框，将【文字选项】内的【旋转】由“270”改为“0”，“A”方向即改正过来；插入横向轴线编号时，编号为10及以上时，其宽度比例应由“1”改为“0.8”。

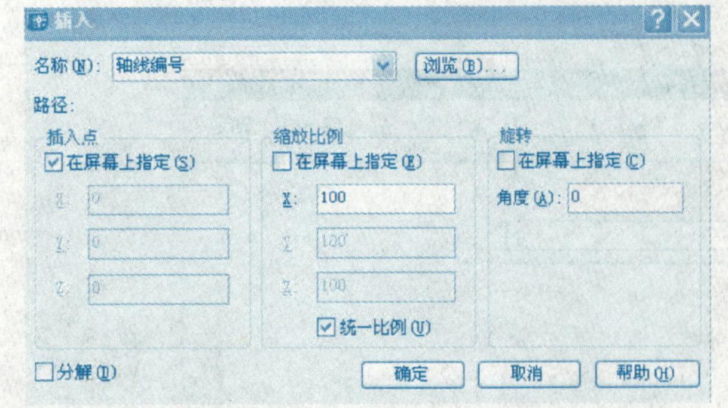

图6-48 【插入】对话框

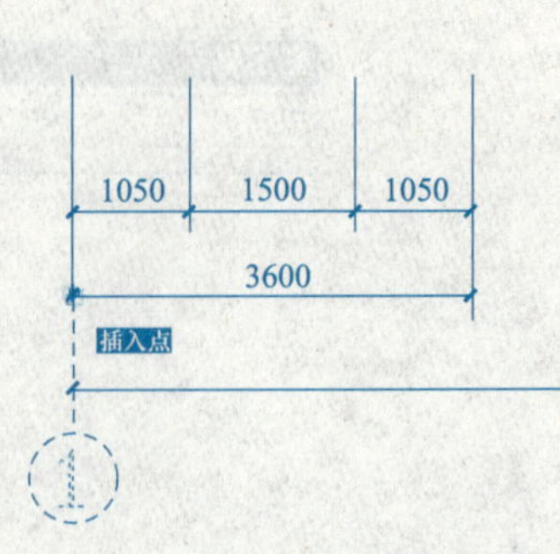

图6-49 捕捉轴线编号插入点

1.1.11.2 制作和插入详图索引符号图块

(1) 按照表6-2绘制1∶1的详图索引符号。

表6-2 详图符号的形状和尺寸

符号	形状	粗细	出图后的尺寸	出图前的尺寸
详图索引符号	3 —— 详图编号；—— 详图在本张图上	圆均为细实线	圆的直径为10mm 文字高度为3.5mm	圆：10×比例 文字：3.5×比例
	3/7 —— 详图编号；—— 详图所在图纸号			
	J105 3/7 —— 标准图象编号；—— 详图编号；—— 详图所在图纸号			
详图符号	3	圆均为粗实线	圆的直径为14mm 文字高度为10或5mm 线宽为0.5mm	圆：14×比例 文字：10×比例 或5×比例 线宽：0.5×比例
	3/7 —— 详图编号；—— 索引图纸号			

(2) 参考“制作和插入定位轴线编号图块”内容，定义、创建和插入详图索引符号图块。

1.1.11.3 制作和插入标高图块

(1) 将0图层设为当前层。

(2) 按图6-50所示尺寸绘制1∶1的标高图形。

(3) 参考“制作和插入定位轴线编号图块”内容，定义、创建和插入标高图块。

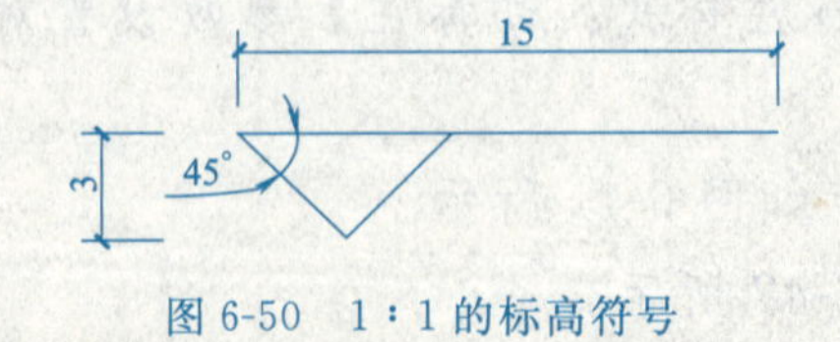

图6-50 1∶1的标高符号

1.1.11.4　插入门窗编号

（1）将 0 图层设为当前层。

（2）参考“制作和插入定位轴线编号图块”内容，定义、创建和插入门窗编号。

1.1.12　完善一层平面图

1.1.12.1　绘指北针

（1）利用【圆】命令绘制半径为 1200mm 的圆。

（2）利用【多段线】命令绘制箭头。

（3）利用【多行文字】命令在上面所绘制图形正上方编辑文字“N”。生成指北针如图 6-51 所示。

1.1.12.2 编辑图名

利用【多行文字】命令在图的正下方编辑文字“一层平面图 1∶100”，如图 6-52 所示。

图 6-51　指北针

一层平面图 1∶100

图 6-52　图名

最终绘制完成的宿舍楼一层平面图见附图一。

1.2　实训练习

1.2.1　填空题

1.2.1.1　【线型管理器】对话框中的【全局比例因子】应与__________保持一致

1.2.1.2　轴线图层所用线型为__________。

1.2.1.3　在命令行输入“Z”后按 Enter 键，再输入“E”后按 Enter 键，将执行__________命令。

1.2.1.4　绘制墙体和平面窗时均用到__________命令。

1.2.1.5　删除图形时，修改工具栏中的【删除】命令与键盘上的__________是等同的。

1.2.1.6　“±”的输入方法为__________。

1.2.1.7　通常将图块做在__________图层上。

1.2.1.8　1∶100 出图时，中文的文字高度设定为__________。

1.2.2　问答题

（1）使某一图形变多，可利用哪些不同的命令来操作？

（2）简述【直线】命令和【多段线】命令使用时有哪些不同？

（3）简述【打断】和【打断于点】这两个命令的区别。

（4）简述绘图时利用相对坐标的好处，以及如何来定义相对坐标基点。

（5）制作图块的方法有哪些？

1.2.3　综合题

1. 利用本章所学内容，绘制下面住宅平面图。

2. 利用本章所学内容，绘制下面某收费站办公楼平面图。

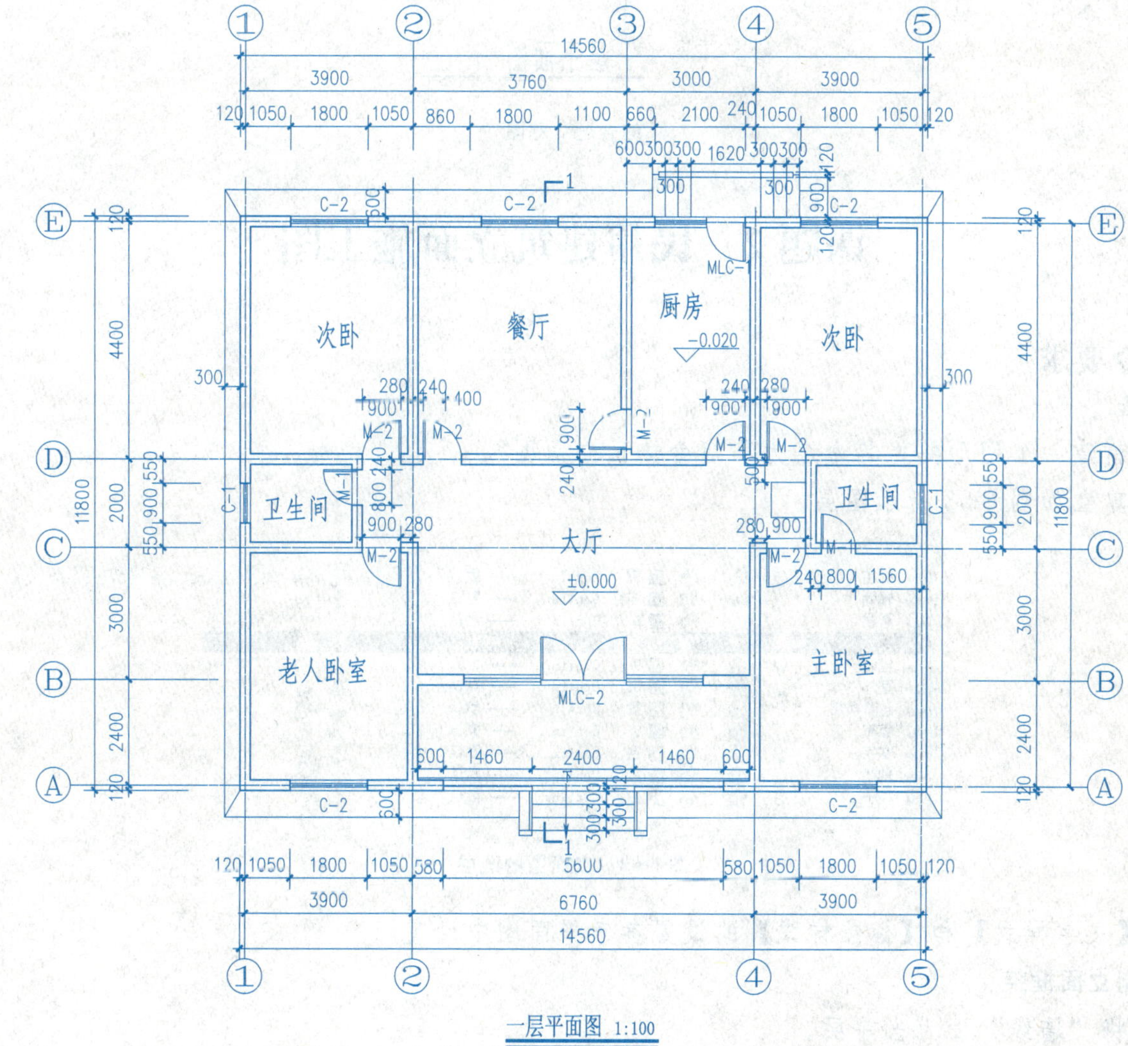

综合题 1 题图

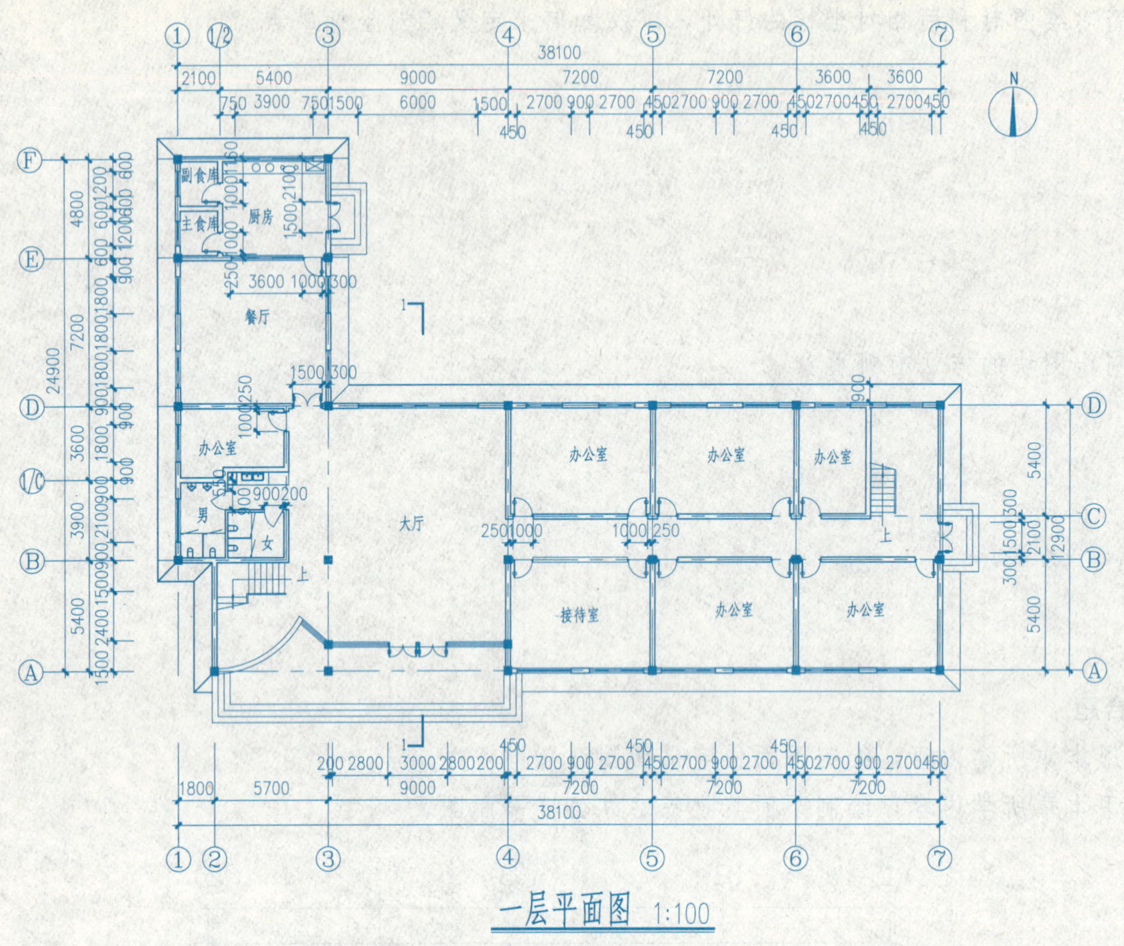

综合题 2 题图

课题 2 民用建筑立面施工图

2.1 命令要求

2.1.1 准备

2.1.1.1 新建一个图形并将其命名为“宿舍楼正立面图”。

2.1.1.2 建立如图 6-53 所示图层。

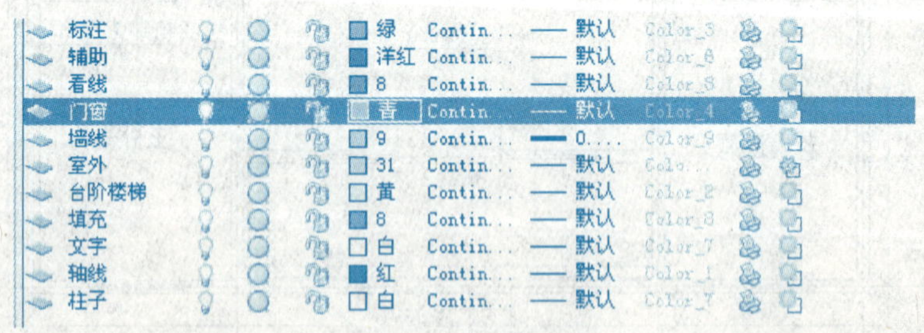

图 6-53 立面图的图层

2.1.1.3 【文字样式】和【标注样式】的设置参考平面图中设定。

2.1.2 绘制立面框架

2.1.2.1 将“墙线”设为当前层。

2.1.2.2 单击【绘图】工具栏上的【直线】图标或在命令行输入“L”，启动直线命令。

打开【正交】功能，光标在窗口内任意点击一点。依次向上拖动鼠标并输入“23700”，向右拖动鼠标并输入“3840”，向下拖动鼠标并输入“2300”，向右拖动鼠标并输入“36060”，向上拖动鼠标并输入“2300”，向右拖动鼠标并输入“10440”，向下拖动鼠标并输入“23700”，按“c”键闭合图形。即生成由 1～8 线围合的立面轮廓，如图 6-54 所示。

图 6-54 绘制立面轮廓

2.1.2.3 单击【修改】工具栏上的【偏移】图标或在命令行输入“O”并按 Enter 键，启动偏移命令。

将图 6-54 中的 8 直线依次向上偏移 600mm、900mm，生成勒脚线和一层窗台线。如图 6-55 所示。

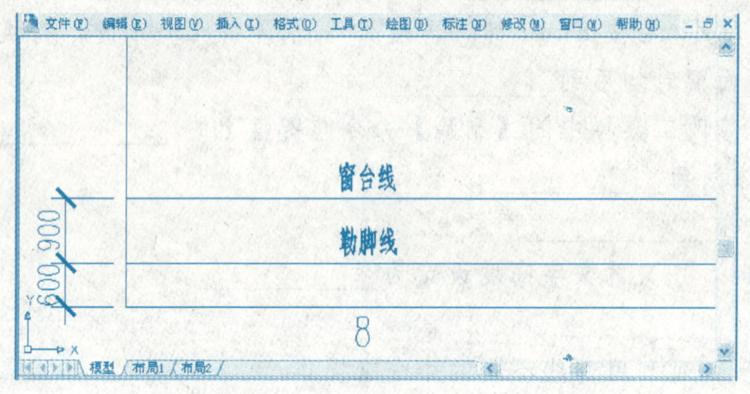

图 6-55 偏移生在勒脚线和一层窗台线

2.1.3 绘制立面窗

2.1.3.1 绘制窗洞口

(1) 将“门窗”图层设为当前层。

(2) 在无命令的状态下选择一层窗台线，左端出现蓝色夹点，点击蓝色夹点则变成红色，再按两次 Esc 键取消夹点，此时左端点被定义成为相对坐标的基本点。

(3) 单击【绘图】工具栏上的【矩形】图标或在命令行输入“rec”，启动矩形命令。

命令：rec RECTANG

指定第一个角点或[倒角(C)/标高(E)/圆角(F)/厚度(T)/宽度(W)]:w

指定矩形的线宽<0.0000>:50

指定第一个角点或[倒角(C)/标高(E)/圆角(F)/厚度(T)/宽度(W)]:@4980，0

指定另一个角点或[尺寸(D)]:@1800，2000

按 Enter 键结束命令，生成图 6-56 所示窗洞口线。

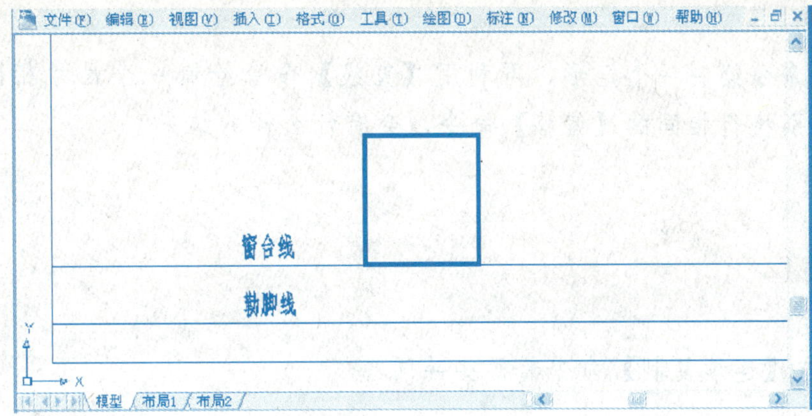

图 6-56 绘制 1800mm×2000mm 的窗洞口

2.1.3.2 绘制立面窗

(1) 用【偏移】命令将窗洞口线分别向内偏移两个 50mm，再用分解命令将它们分解，结果如图 6-57所示。

(2) 再使用【偏移】命令将图示 5 直线分别向上偏移 450mm、50mm、50mm、50mm，结果如图 6-58 所示。

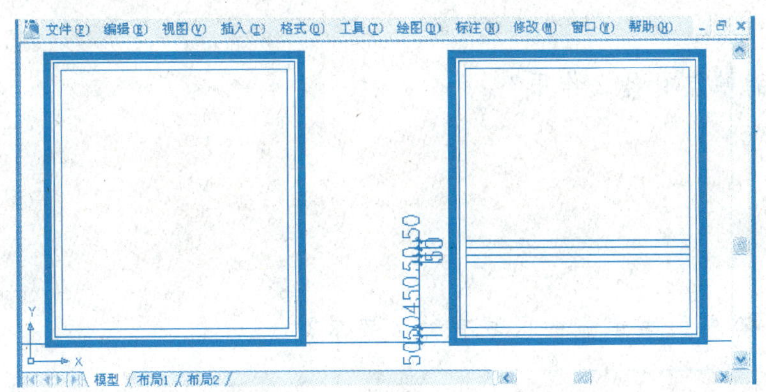

图 6-57 生成窗框和窗扇的轮廓线　　图 6-58 绘制上下窗的窗扇线

(3) 利用【直线】命令连接图 6-59 所示两直线中点。

(4) 将图 6-59 中生成的直线向左偏移 50mm，再使用【修剪】命令，修改成如图 6-60 所示。

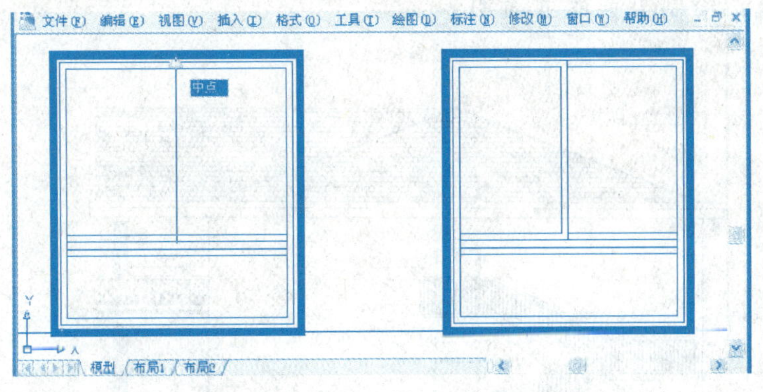

图 6-59 绘制窗扇的中间线　　图 6-60 修前窗扇多余的线

一个立面窗即绘制完成，使用同样操作及【复制】和【阵列】命令，生成其他窗。

2.1.4 绘制立面门

遵循绘制立面窗的操作步骤，绘制立面入口大门如图 6-61 所示。

图 6-61 绘制入口处大门

2.1.5 整理立面图

2.1.5.1 加粗地平线

(1) 分别将地平线从端点处各向左右拉伸加长 3000mm。

(2) 用【多段线】命令将加长的地平线加粗至 150mm。结果如图 6-62 所示。

2.1.5.2 绘制室外台阶

(1) 将“台阶楼梯”图层设为当前层。

(2) 参考平面图位置，利用【多段线】等命令绘制入口处台阶如图 6-63 所示（台阶轮廓线宽 50mm）。

图 6-62 加粗地平线　　图 6-63 绘制立面入口处台阶

2.1.5.3 绘制立面入口处柱子和雨篷

(1) 绘制柱子

① 将“柱子”图层设为当前层。

② 利用【矩形】命令绘制尺寸为 3900mm×300mm 的两个矩形柱子。

(2) 绘制雨篷

① 将“辅助”图层设为当前层。

② 利用【直线】及【偏移】命令绘制线入口处雨篷。

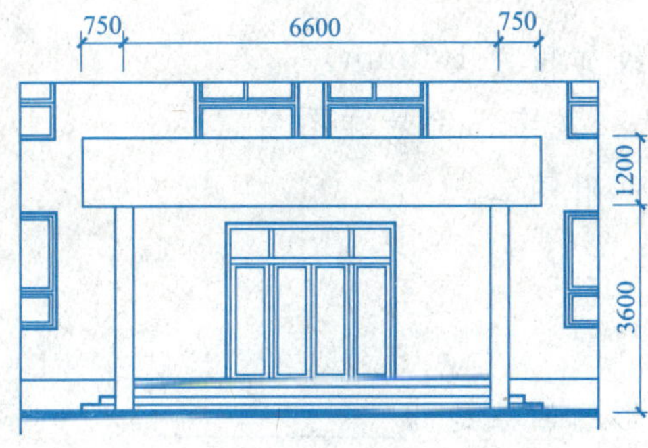

图 6-64 绘制入口处柱子和雨篷

(3) 利用【修剪】命令，修剪掉柱子及雨篷内多余的线段。结果如图 6-64 所示。

2.1.5.4 填充立面材料

(1) 设置“填充”为当前层。

(2) 单击【绘图】工具栏上的【图案填充】图标，或在命令行输入“H”并按 Enter 键，弹出

【边界图案填充】对话框。打开【类型】下拉列表框，选中【预定义】。

① 单击【图案】文本框右侧的 ... 按钮，打开如图 6-65 所示【填充图案选项板】，选中选项卡内的 AR-B816 图案。

② 单击【确定】按钮，返回【边界图案填充】对话框，此时【图案】文本框内显示为 AR-B816，并将【角度】和【比例】分别设置为“0”和“100”，如图 6-66 所示。

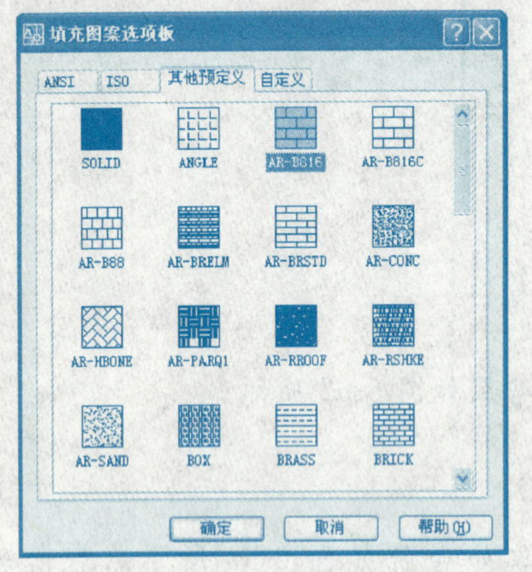

图 6-65 选择 AR-B816 图案

图 6-66 修改【边界图案填充】对话框中的角度和比例

③ 将所要填充的部位完全显示出来，单击【拾取点】按钮，对话框消失。然后在所要填充区域（必须是封闭的）内任一点点击鼠标左键，填充区域边框线变为虚线，如图 6-67 所示。

按 Enter 键返回【边界图案填充】对话框。单击【确定】按钮关闭对话框，结果如图 6-68 所示。

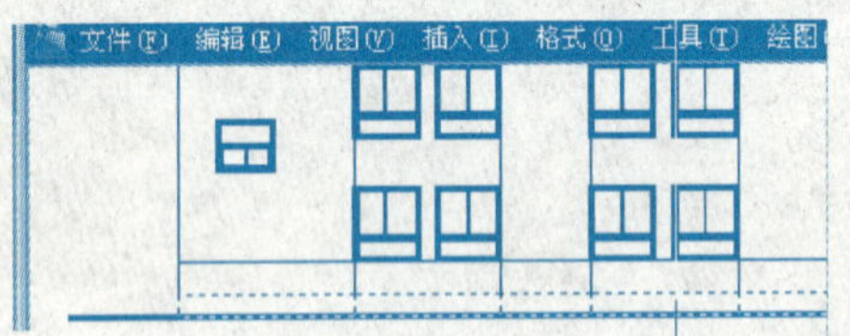

图 6-67 选择被填充的区域

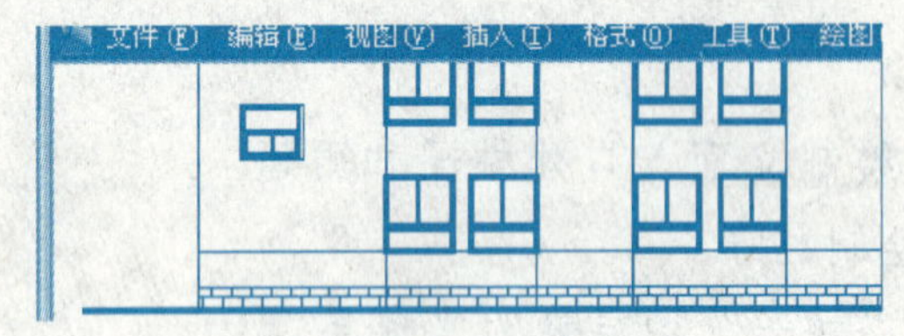

图 6-68 填充勒脚

(3) 同样操作填充立面上其他需填充的部位。

2.1.5.5 删除建筑立面上多余的窗台线。

2.1.5.6 加粗建筑轮廓线

用【多线段】命令将建筑轮廓线加粗为 100mm。

2.1.5.7 标注立面图上的尺寸、文字、符号和图名。

最终绘制完成的宿舍楼立面图见附图二。

2.2 实训练习

2.2.1 填空题

(1) 用【矩形】命令绘制的矩形的四条边为__________。

(2) 若用【偏移】命令偏移一个用【矩形】命令绘制的多边形的一条边，需先将多边形__________。

(3) 绘制图形时，若它的起点在已知点一旁的某个位置，可利用__________方法来寻找图形的起点。

(4) 执行【阵列】命令时，如果向下生成图形，则行偏移值为__________。

(5)【边界图案填充】对话框中的【比例】时控制图案__________的参数。

2.2.2 问答题

(1) 利用【矩形】命令绘制一个矩形，再利用【直线】命令绘制一个尺寸相同的矩形并将其创建为块，对这两个矩形分别执行相同的【偏移】命令，会有什么样的结果？

(2)【阵列】命令与【连续复制】命令有哪些异同？

(3)【编辑】|【复制】、【编辑】|【带基点的复制】两个命令有何不同？

(4)【移动】命令中的基点有什么作用？

(5) 执行【填充】命令时，被填充的区域有什么要求？

2.2.3 综合题

根据本章节所学内容，绘制下面的立面图。

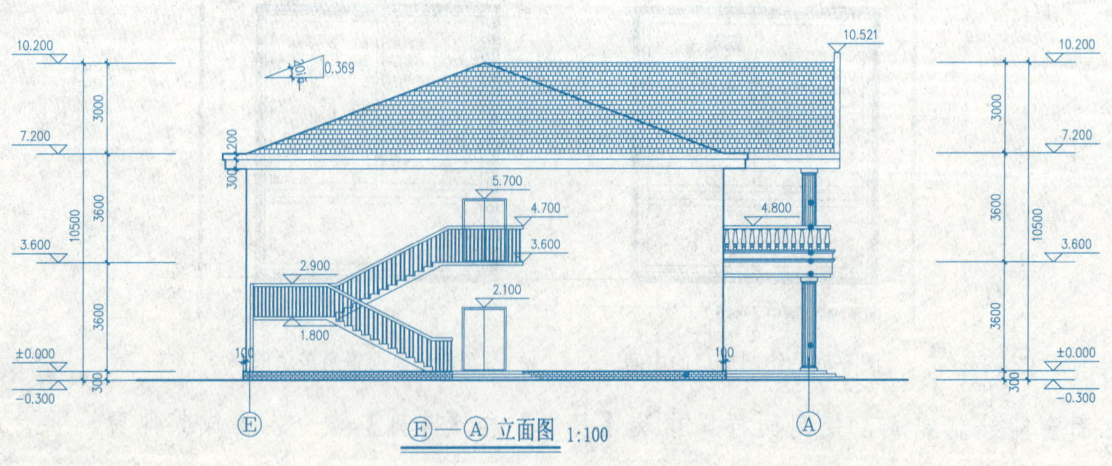

图 1

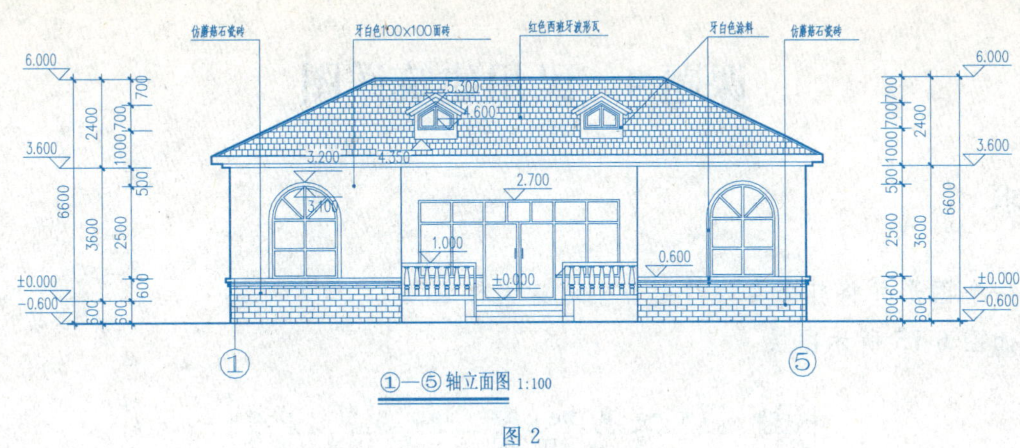

图 2

课题 3　民用建筑剖面施工图

3.1　命令要求

3.1.1　准备

3.1.1.1　新建一个图形并将其命名为“宿舍楼剖面图”。

3.1.1.2　建立如图 6-69 所示图层。

名称	开	在...	锁.	颜色	线型	线宽	打印样式	打.
0				白色	Continuous	—— 默认	Color_7	
轴线				红色	CENTER	—— 默认	Color_1	
墙线				9	Continuous	—— 默认	Color_9	
楼地面				白色	Continuous	—— 默认	Color_7	
梁柱				白色	Continuous	—— 默认	Color_7	
门窗				青色	Continuous	—— 默认	Color_4	
台阶				黄色	Continuous	—— 默认	Color_2	
填充				白色	Continuous	—— 默认	Color_7	
辅助				白色	Continuous	—— 默认	Color_7	

图 6-69　建立图层

3.1.1.3　【文字样式】和【标注样式】的设置参考平面图中设定。

3.1.2　绘制轴线

3.1.2.1　将“轴线”层设为当前层。

3.1.2.2　利用【直线】命令绘制长为 21500mm 的垂直线，并利用【偏移】命令将其向右依次偏移 1200mm、6600mm、2400mm、6600mm、1200mm，结果如图 6-70 所示。

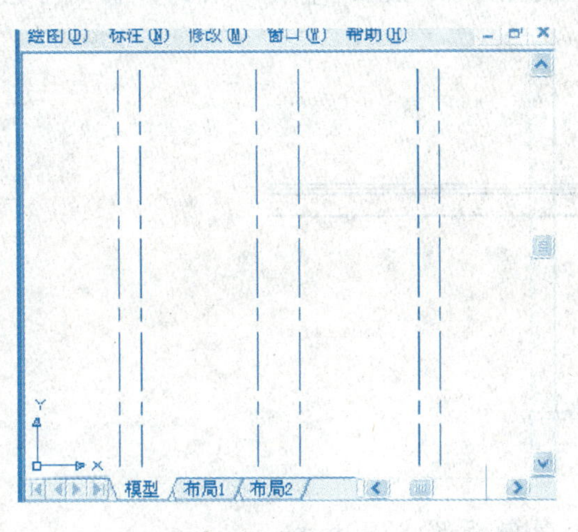

图 6-70　绘制轴线

图 6-71　绘制墙体

3.1.3　绘制墙体

3.1.3.1　将“墙线”层设为当前层。

3.1.3.2　利用【多线】命令绘制墙体，结果如图 6-71 所示。

3.1.4　绘制一层剖面

3.1.4.1　绘制一层地面和顶板

(1) 将“楼地面”层设为当前层。

(2) 利用【直线】命令连接左侧外墙右下端点和右侧外墙左下端点。

(3) 利用【偏移】命令将 (2) 中生成的水平线向上依次偏移 600mm、3180mm、120mm，生成一层的地面和楼板，最后将 (2) 中生成的水平线删除，结果如图 6-72 所示。

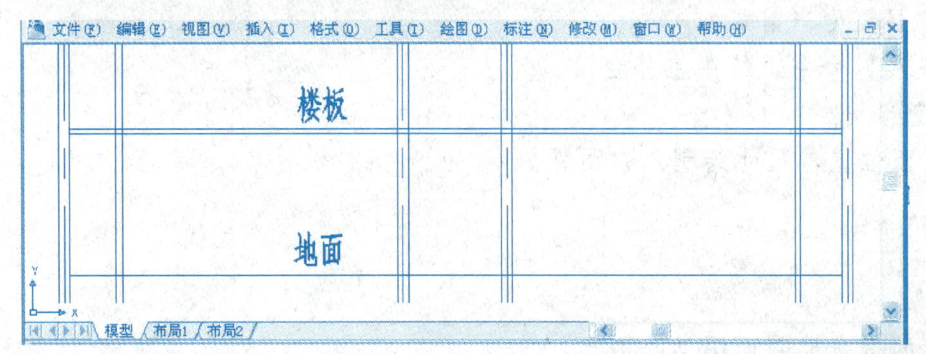

图 6-72　偏移生成地面和楼板

3.1.4.2　绘制一层的梁

(1) 将“梁柱”层设为当前层。

(2) 利用【矩形】命令按照图 6-73 所示尺寸绘制梁。

(3) 将墙体分解，利用【修剪】命令将生成的外墙、楼板和梁进行修整，并开设门窗洞口及绘制墙体看线，结果如图 6-73 所示。

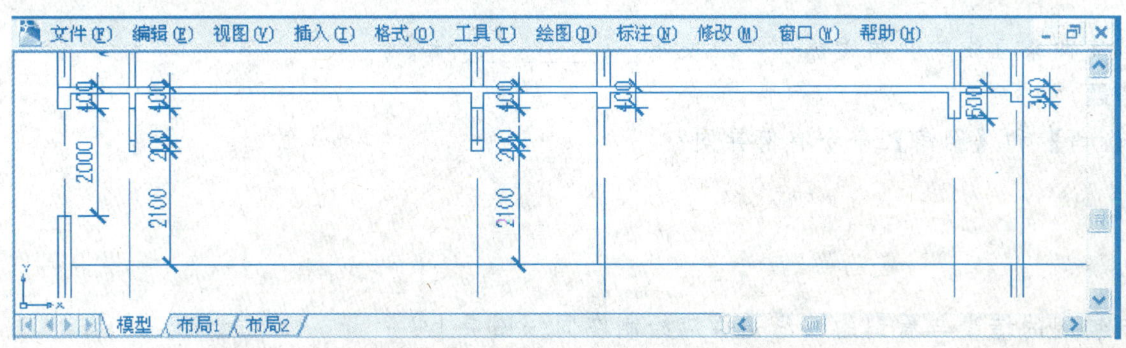

图 6-73　一层剖面

3.1.4.3　绘制一层门窗

(1) 将“门窗”层设为当前层。

(2) 利用【多线】命令绘制门窗，结果如图 6-74 所示。

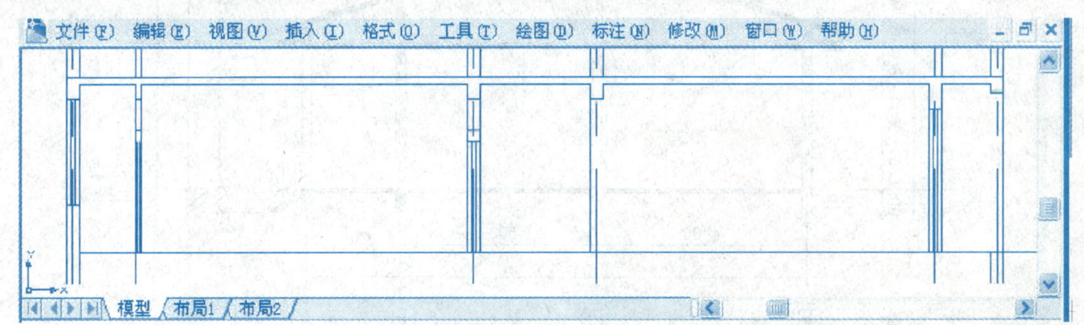

图 6-74　绘制一层门窗

3.1.5　绘制二层剖面

遵循绘制一层剖面操作顺序，绘制二层剖面。

3.1.6　绘制3～6层剖面

利用【阵列】命令，将二层剖面向上阵列，生成3～6层剖面。(阵列对话框中行偏移设为3300)

3.1.7　绘制女儿墙压顶

利用【矩形】和【直线】命令绘制100mm×280mm女儿墙压顶及屋顶看线。

3.1.8　绘制台阶

1. 将“台阶”层设为当前层。

2. 启动【多段线】命令，绘制室外台阶。

3.1.9　绘制入口雨篷

根据平面和立面位置与尺寸绘制入口雨篷。

3.2.0　完善剖面图

1. 填充材质

2. 标注剖面

最终绘制完成的宿舍楼剖面图见附图三。

3.2　实训练习

3.2.1　填空题

(1) 绘制有一定宽度的线时通常使用__________命令。

(2) 对墙体作修改时，需先使用__________命令将其进行__________。

(3) 填充楼板和梁时，选用__________填充类型。

(4) 在预览状态下，若对填充效果不满意，则按__________键返回【边界图案填充】对话框来修改参数。

(5) 若使两条直线的交角为弧线，应使用__________命令。

3.2.2　问答题

(1)【圆角】和【倒角】命令有何异同?

(2) 剖切到的墙线与看到的墙线是否应绘制在同一图层上?

3.2.3　综合题

绘制下面所示的剖面图。

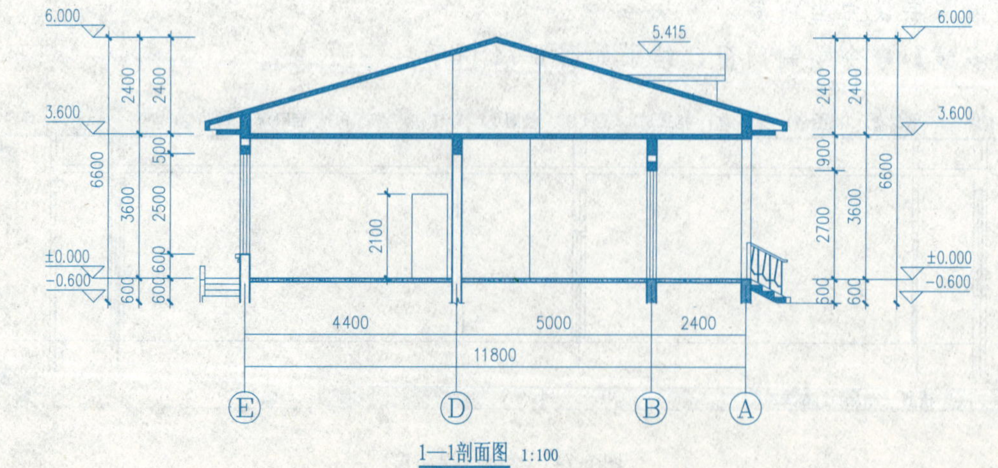

1—1剖面图 1:100

课题4　民用建筑详图

4.1　命令要求

4.1.1　准备

4.1.1.1　新建一个图形并将其命名为“宿舍楼墙身大样图”。

4.1.1.2　建立如图6-75所示图层。

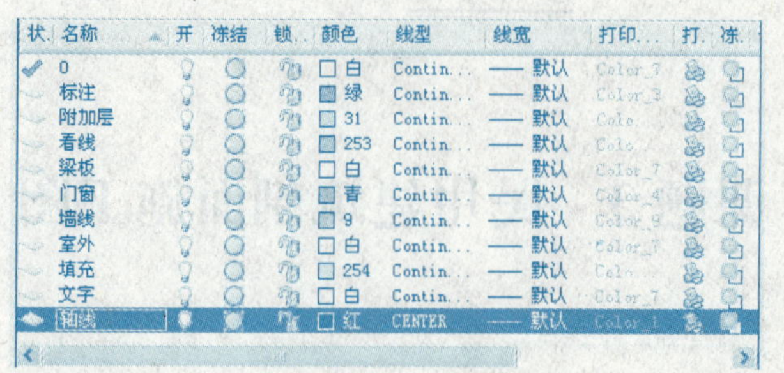

图6-75　建立图层

4.1.1.3　【文字样式】和【标注样式】的设置中除比例要改为1:20外，其他参考平面图中设定。

4.1.2　绘制轴线

4.1.2.1　将“轴线”层设为当前层。

4.1.2.2　利用【直线】命令绘制长为21500mm的垂直线，并利用【偏移】命令将其向右偏移1200mm。

4.1.3　绘制外墙

4.1.3.1　将“墙线”层设为当前层。

4.1.3.2　利用【多线】命令绘制240mm厚的外墙。

4.1.3.3　利用【分解】命令将墙体进行分解。

4.1.4　绘制一层墙身大样

4.1.4.1　绘制一层地面

(1) 将“附加层”图层设为当前层。

(2) 利用【直线】和【偏移】命令绘制如图6-76所示水平线。

(3) 利用【偏移】命令将水平线向下依次偏移18mm、12mm、60mm，生成一层的地面的面层、找平层、垫层和地基层。

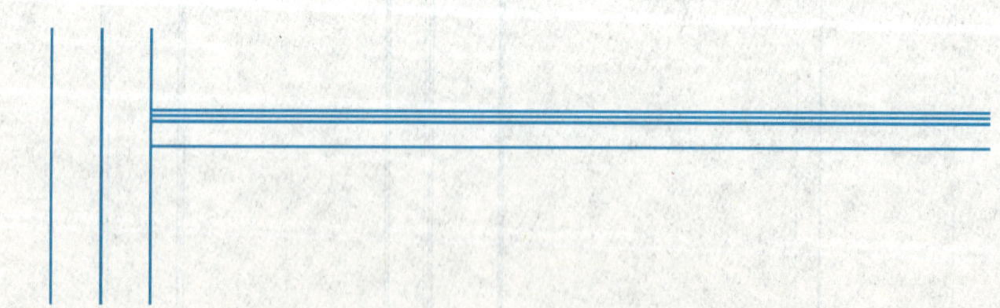

图6-76　偏移生成地面各层

4.1.4.2　绘制一层顶面

(1) 利用【复制】命令，将图6-76中生成的地面线向上复制距离3300mm。

(2) 利用【移动】命令将生成的一层顶面最下端直线向下垂直移动60mm，结构层厚度调整为120mm。

(3) 利用【偏移】命令将顶面最下端直线再向下偏移12mm，生成底面抹灰层，即抹灰顶棚。

（4）利用【特性匹配】命令，将生成的120mm板上下端直线刷新到“梁板”图层上。

4.1.4.3 修整一层墙体

（1）将“墙线”层设为当前层。

（2）利用【多线】命令绘制一层内部剖切到的120mm厚墙体。利用【分解】命令将墙体分解。

（3）依据平、立面，按照图6-77所示尺寸在内外墙体相应的位置开设门窗洞口。

4.1.4.4 绘制一层剖切到的梁

（1）将“梁板”层设为当前层。

（2）利用【矩形】命令按照图6-78所示尺寸绘制梁。

（3）利用【修剪】命令将生成的外墙、楼板和梁进行修整，结果如图6-78所示。

4.1.4.5 绘制内墙抹灰线

（1）利用【偏移】命令将所有内墙线均向室内一侧偏移20mm，生成墙面抹灰线。

（2）利用【特性匹配】命令将生成的抹灰线刷新在“附加层”图层上。

（3）在【修改】工具栏中点击图标⌐或在命令行中输入“CHA”，启动【倒角】命令，修整所有抹灰线。

4.1.4.6 绘制一层剖切到的门窗

（1）将“门窗”层设为当前层。

（2）利用【多线】、【直线】、【偏移】命令绘制门窗。如图6-79所示。

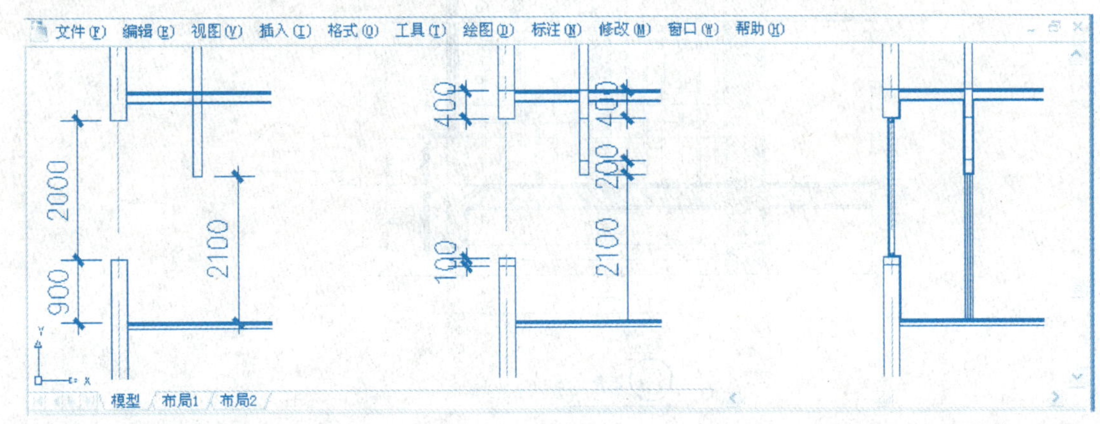

图6-77 在墙体上开设门窗洞口　　图6-78 绘制矩形梁并修整　　图6-79 绘制门窗

4.1.4.7 绘制室外散水

按照图6-80所示尺寸绘制室外散水。

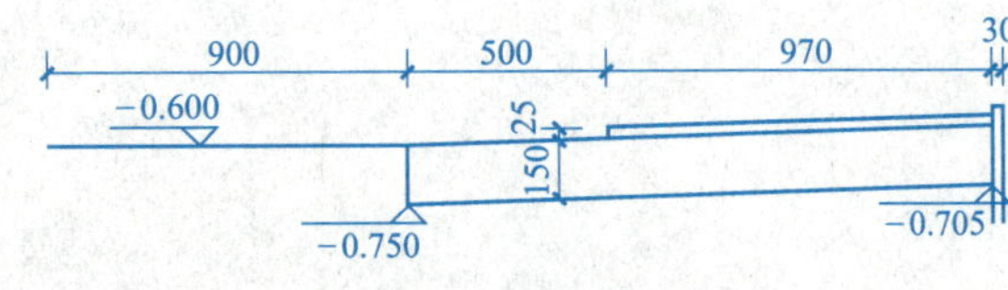

图6-80 绘制室外散水线

4.1.4.8 绘制外墙保温层和抹灰层

（1）利用【偏移】命令将外墙皮和窗台梁上线分别向外偏移40mm、2mm、1mm、20mm。

（2）利用【倒角】、【修剪】命令修整生成的保温层线和抹灰线。结果如图6-81所示。

（3）光标点击如图6-82所示端点，利用【拉伸】命令垂向上拉伸8mm，生成图6-82所示的窗台坡面。

4.1.4.9 完善一层墙身大样

（1）利用【直线】命令绘制内外墙看线。

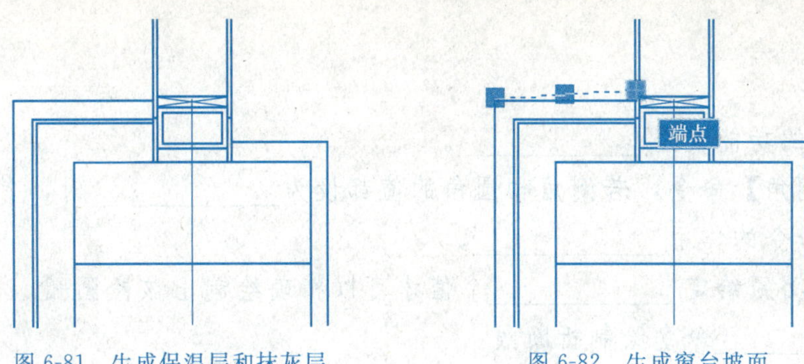

图6-81 生成保温层和抹灰层　　图6-82 生成窗台坡面

（2）利用【偏移】和【修剪】命令生成室内150mm高的踢脚线。结果如图6-83所示。

4.1.5 绘制2～5层墙身大样

4.1.5.1 利用【复制】命令将一层绘制的除室外地坪、散水和室内地面外的其余部分垂直向复制3300mm，并对多余部分进行修剪，生成二层墙身大样。

4.1.5.2 由于2～5层的墙身大样相同，在此可利用折断线将其简化。具体操作如下。

（1）绘制折断线：利用【多段线】和【复制】、【修剪】命令绘制图6-84所示两条折断线。

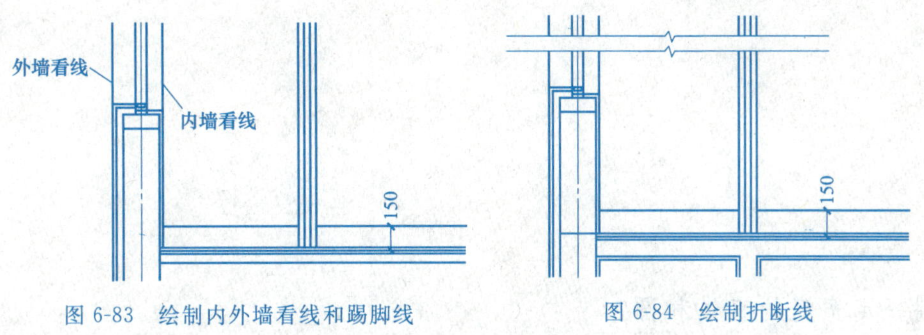

图6-83 绘制内外墙看线和踢脚线　　图6-84 绘制折断线

（2）利用【修剪】命令将两条折断线间的多余线修剪掉，结果如图6-84所示。

4.1.6 绘制屋顶的墙身大样

按照图6-85所示绘制屋顶部分大样图。

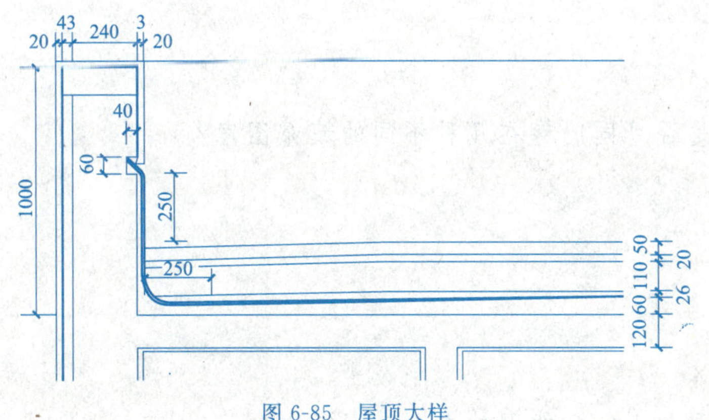

图6-85 屋顶大样

4.1.7 完善墙身大样图

4.1.7.1 绘制折断线

在外墙身下端和右侧楼地面剖断处绘制折断线。

4.1.7.2 填充材质

选择恰当的图案，必要时通过改变其角度和比例来填充大样图中的各个部分。

4.1.7.3 标注大样图

最终绘制的宿舍楼墙身大样图见附图四。

4.2 实训练习

4.2.1 填空题

（1）打开正交方式的功能键是____________。

（2）【圆角】和【倒角】命令，若倒角和圆角的值都设为____________时，其结果相同。

（3）【特性匹配】命令的作用____________。

（4）绘制圆弧时，必须给定____________个值才可以精确绘制出该段圆弧。

（5）可利用____________命令绘制折断线。

4.2.2 问答题

（1）执行【倒角】命令时，倒角距离可以取负值吗？

（2）利用【圆弧】命令绘制圆弧的常用方式有哪些？

（3）如何绘制一定宽度的直线和圆？

（4）在某一区域内，是否可同时存在几种不同的填充图案？

（5）如何将 1∶25 的图与 1∶50 的图放在一张图纸内？

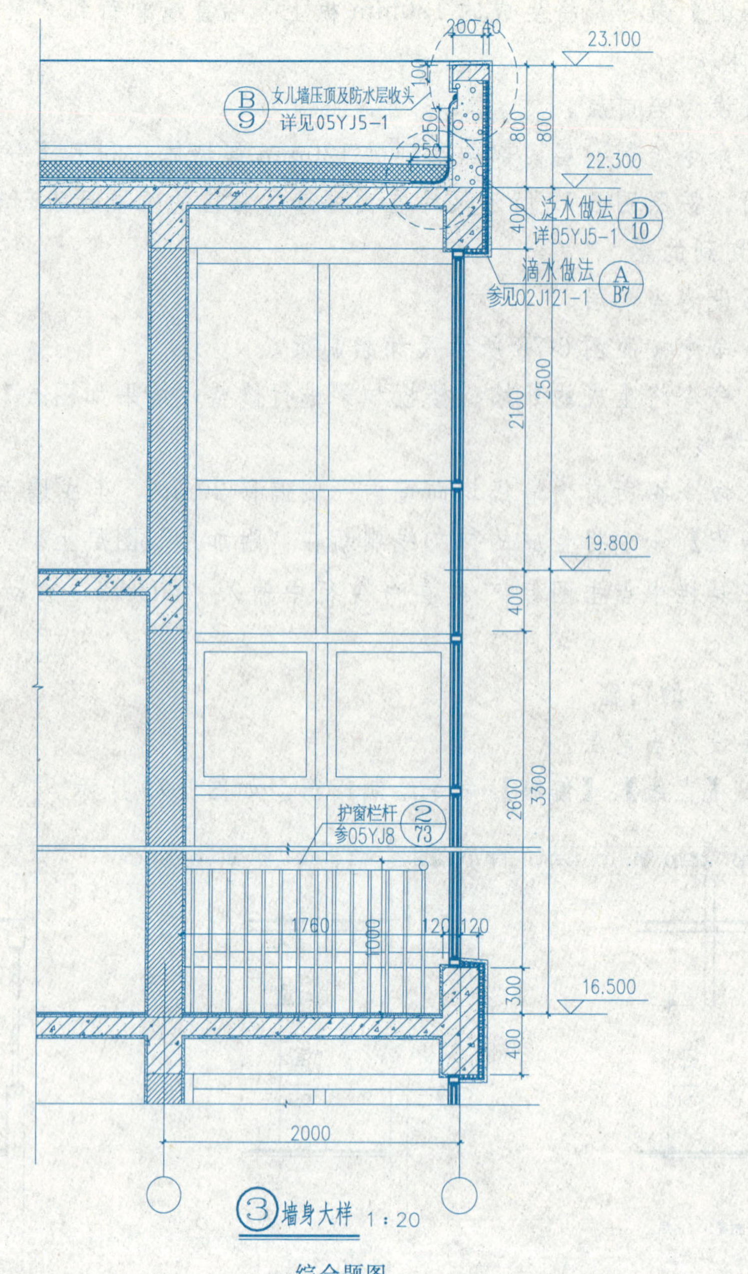

综合题图

4.2.3 综合题

根据本节内容绘制下面的大样图。

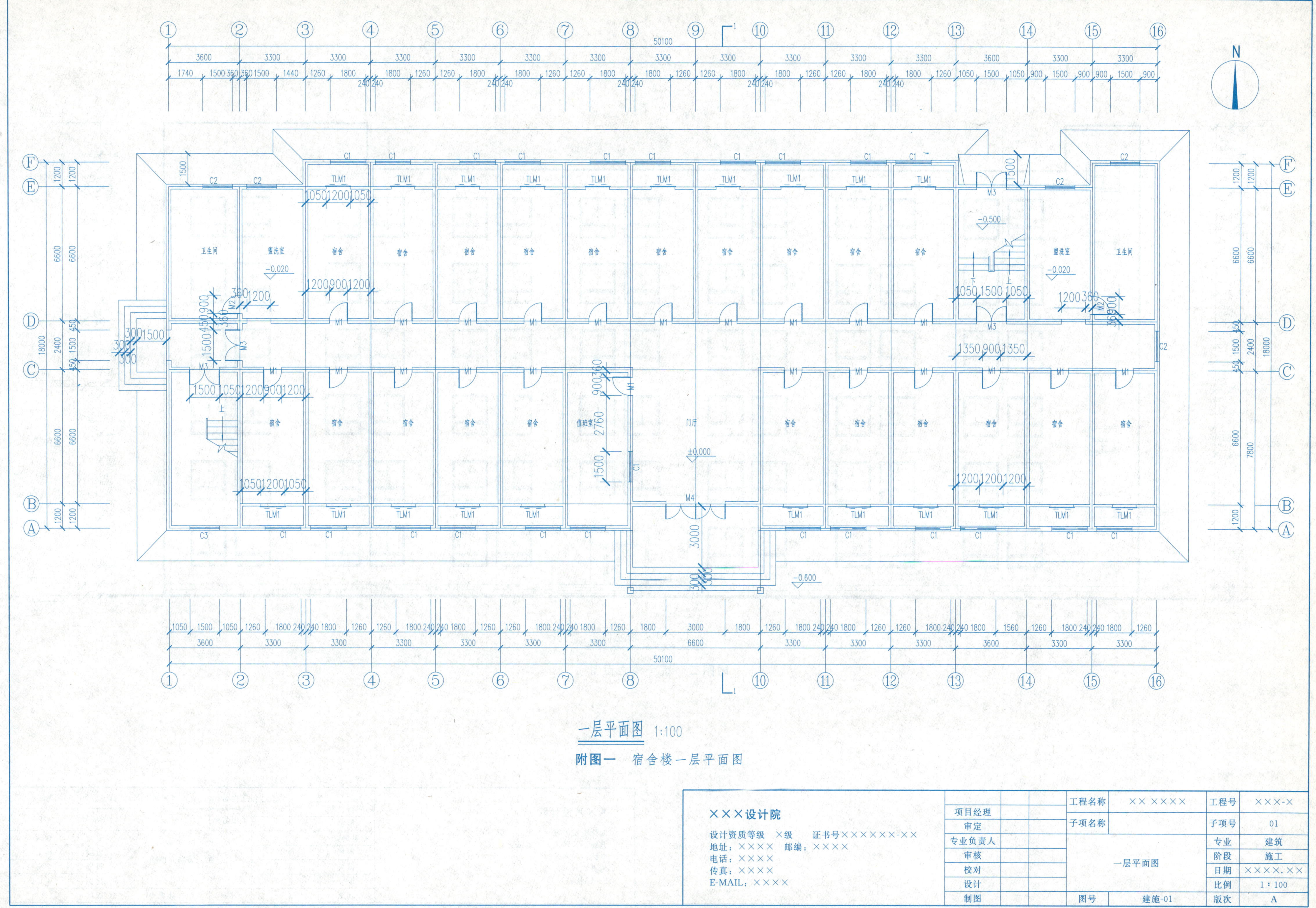

附图一　宿舍楼一层平面图

23.100
19.800
16.500
13.200
9.900
6.600
3.300
±0.000
−0.600
20.800
4.200
3.000
外墙1
外墙2
23700
①
⑯
①—⑯轴立面图 1:100
×××设计院
设计资质等级 ×级 证书号××××××-××
地址：×××× 邮编：××××
电话：××××
传真：××××
E-MAIL：××××
项目经理
审定
专业负责人
审核
校对
设计
制图
工程名称 ××××××
子项名称
工程号 ×××-×
子项号 01
专业 建筑
阶段 施工
日期 ××××.××
比例 1∶100
版次 A
①—⑯轴立面图
图号 建施-01

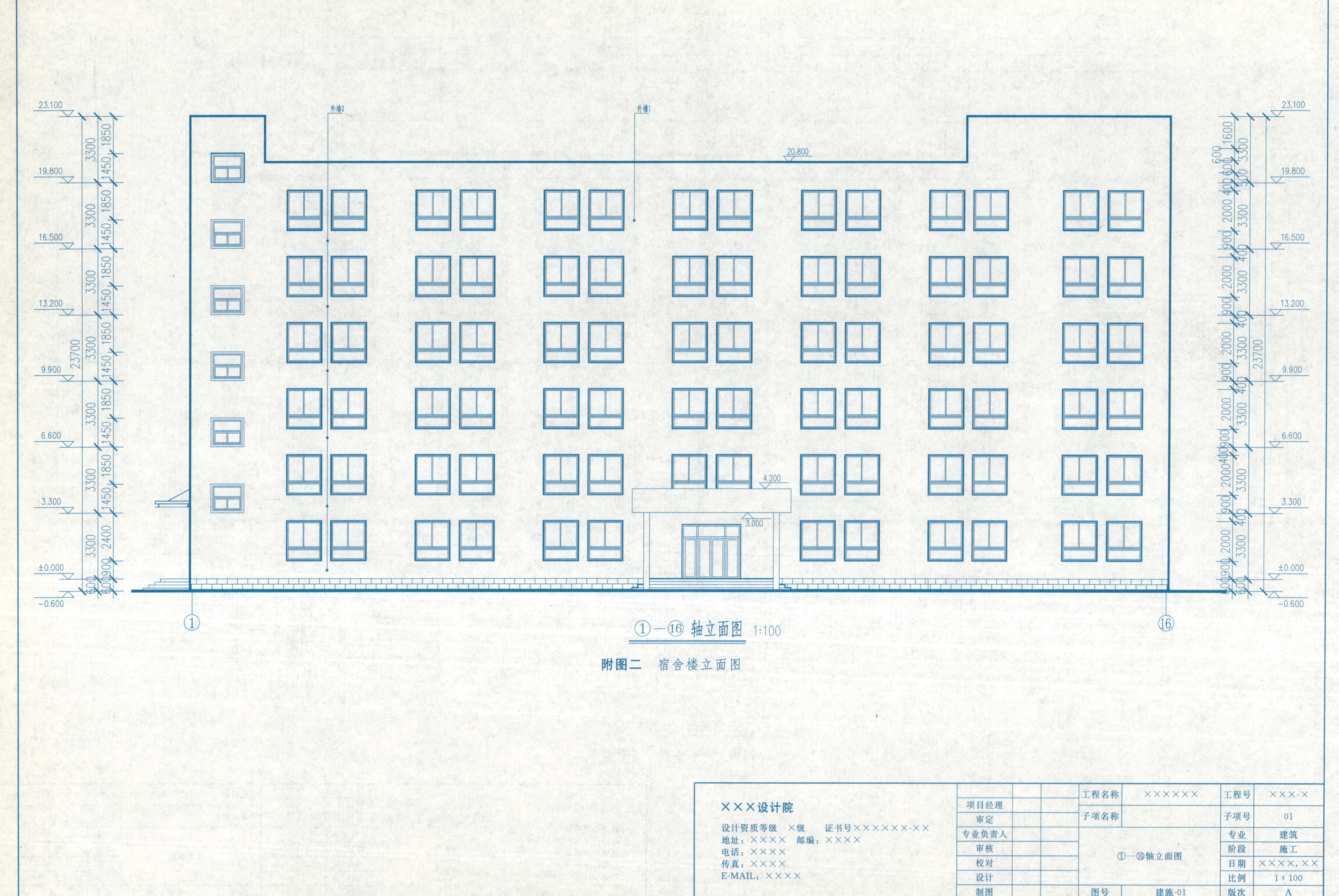

附图二 宿舍楼立面图

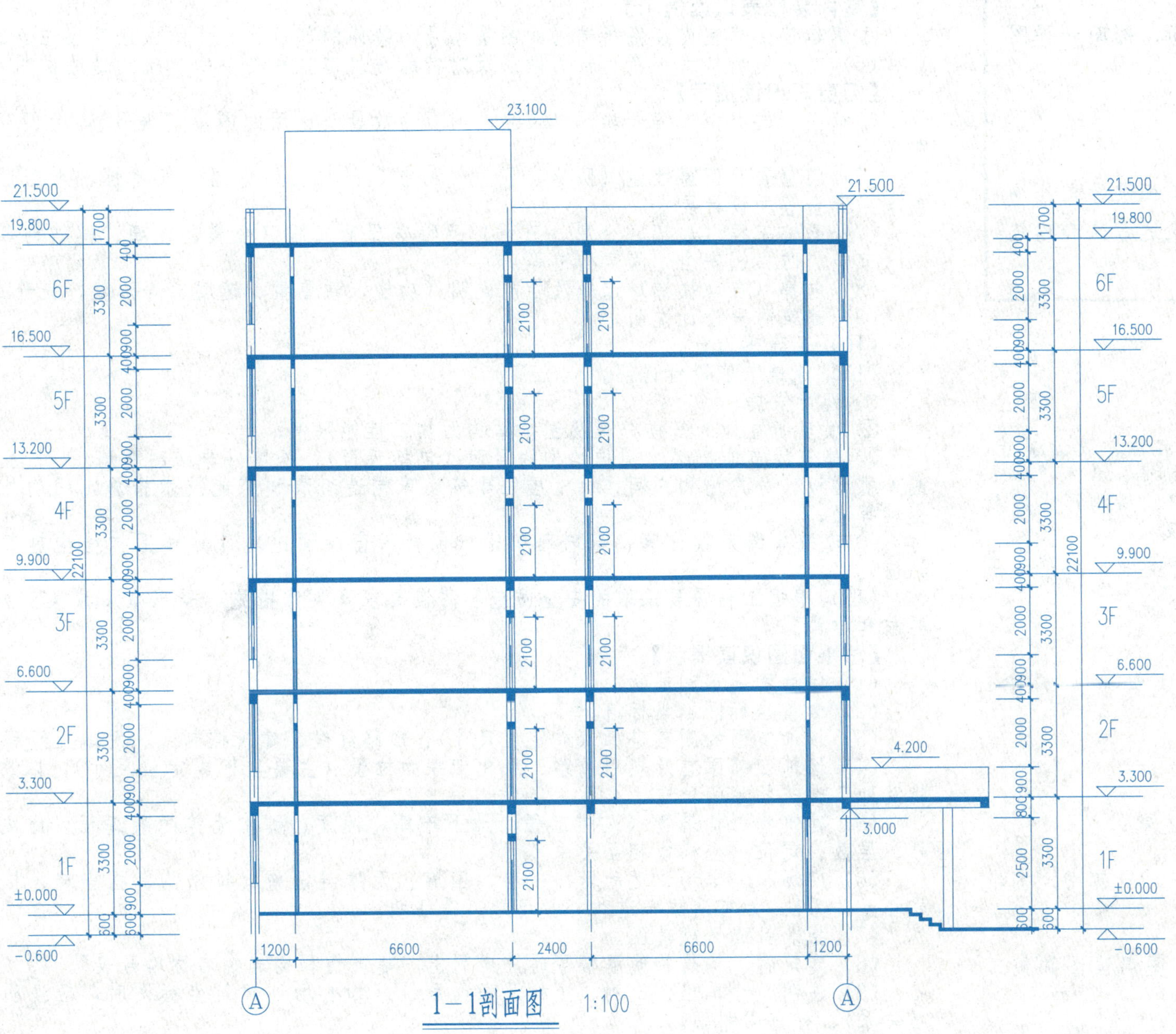

附图三 宿舍楼剖面图

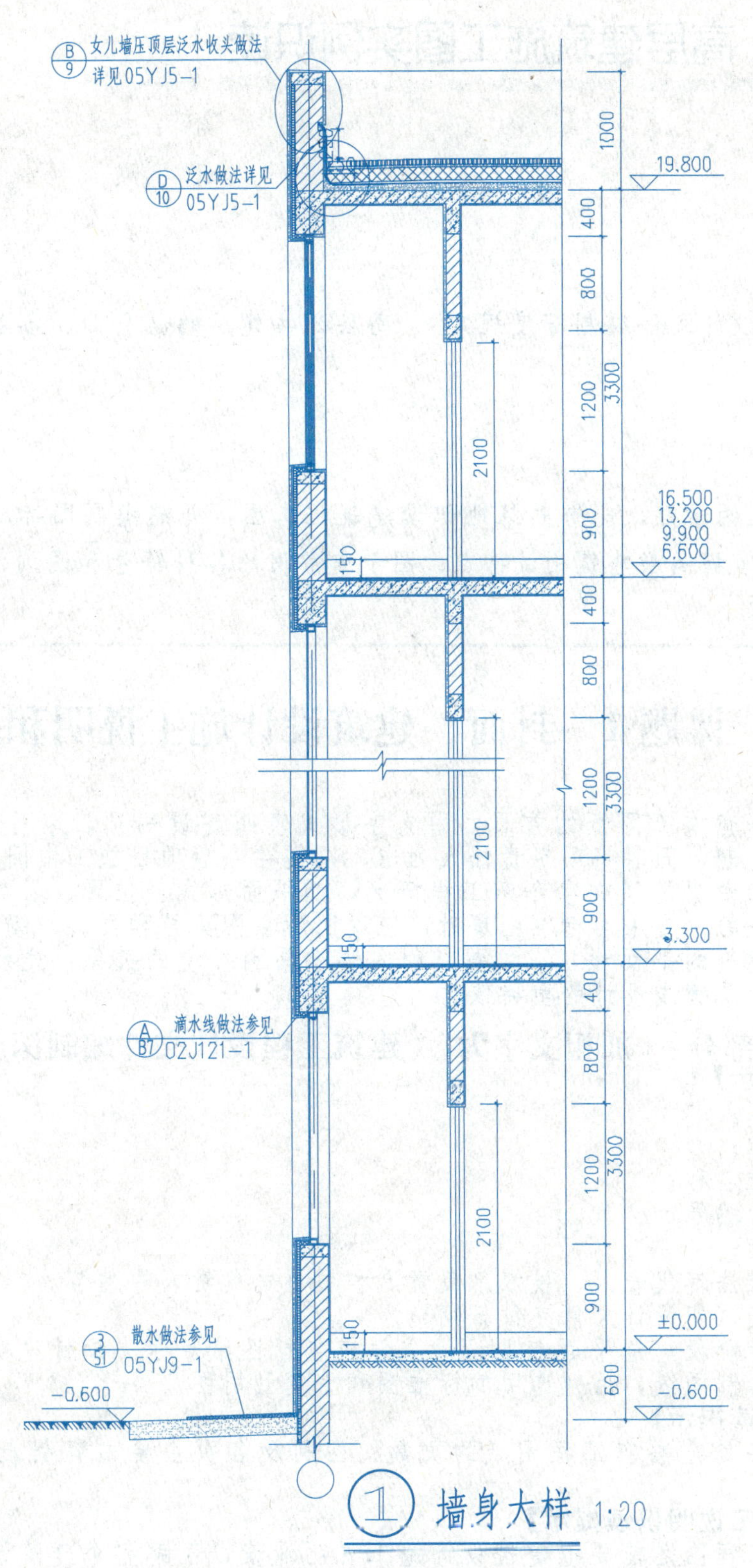

附图四 宿舍楼墙身大样图

高层建筑施工图实例识读

知识点

《建筑工程设计文件编制深度规定》、高层公共建筑的总平面、各层平面、立面、剖面和详图的相关内容。

学习目标

通过该单元的学习，能够熟练地识读建筑施工图，并熟悉制图标准和《建筑工程设计文件编制深度规定》，掌握高层建筑构成特点、图示中常用的各种符号和图例、施工图的表达方法和建筑构造的相关内容。

课题1　封面、建筑设计施工说明和总平面

封面安排在一套施工图纸的首页，用文字形式表明建设的项目名称，设计单位名称、设计编号、设计阶段和设计日期，同时将项目责任人列出，以便在今后项目施工中问题的解决和协调。

建筑设计施工说明是用文字介绍工程概况，如平面形式、位置、层数、建筑面积、结构形式以及各部分的构造做法等，如采用标准图集时，应说明所在图集号和页次、编号，一遍查阅。

总平面反映建筑的平面形状、位置、朝向和于周围环境的关系，是新建建筑施工定位、放线、土方施工、场地布置及管线设计的重要依据。

1.1　应知应会部分（加粗文字为《建筑工程设计文件编制深度规定》）

【封面识读提示】

封面标识内容。

(1) 项目名称；

(2) 设计单位名称；

(3) 项目设计编号；

(4) 设计阶段；

(5) 编制单位法定代表人、技术总负责人和项目总负责人的姓名及其签字或授权盖章；

(6) 设计日期（即设计文件交付日期）。

在施工图设计阶段，总平面专业设计文件应包括图纸目录、设计说明、设计图纸、计算书。图纸目录。应先列新绘制图纸，后列选用的标准图和重复利用图。

【图纸目录识读提示】

图纸目录主要是把整套工程图纸的页数、图别及各页主要内容制表显示，以方便识读图和施工查找。

【建筑设计施工说明识读提示】

在识读建筑工程图之前要把建筑设计施工说明通读，了解整个建筑设计的依据、工程概况、施工选用的图集表、建筑高程与平面位置、建筑构造做法、外墙装饰及门窗做法、安全防护及防火设计、节能设计的考虑、场地防排水措施等情况，做到心中有数，正确指导建筑工程图的识读。

设计说明一般工程分别写在有关的图纸上。如重复利用的某工程的施工图图纸及说明时，应详细注明编制单位、工程名称、设计编号和编制日期；列出主要经济指标，说明地形图、初步设计批复文件等设计依据、基础资料。

(1) 依据性文件名称和文号，如批文、本专业设计所执行的主要法规和所采用的主要标准（包括标准名称、编号、年号和版本号）及设计合同等。

(2) 项目概况。内容一般应包括建筑名称、建设地点、建设单位、建筑面积、建筑基地面积、项目设计规模等级、设计使用年限、建筑层数和建筑高度、建筑防火分类和耐火等级、人防工程类别和防护等级、人防建筑面积、屋面防水等级、地下室防水等级、主体结构类型、抗震设防烈度等，以及能反映建筑规模的主要经济指标，如住宅的套型和套数（包括每套的建筑面积、使用面积）、旅馆的客房间数和床位数、医院的门诊人次和住院部的床位数、车库的停车泊位数等。

(3) 设计标高。工程的相对标高与总图绝对标高的关系。

(4) 用料说明和室内外装修。

① 墙体、墙身防潮层、地下室防水、屋面、外墙面、勒脚、散水、台阶、坡道、油漆、涂料等处的材料和做法，可用文字说明或部分说明，部分直接写在图上引注或加注索引号，其中应包括节能材料的说明。

② 室内装修部分除用文字说明以外亦可用表格形式表达，在表上填写相应的做法或代号；较复杂或较高级的民用建筑应另行委托室内装修设计；凡属于二次装修部分，可不列装修做法表和进行室内施工图设计，但对原建筑设计、结构和设备设计有较大改动时，应征得原设计单位和设计人员的同意。

【室内装修表识读提示】

了解建筑工程室内装修所选用的图集编号、装修的部位、具体的做法及应注意的事项。

(5) 对采用新技术、新材料的做法及对特殊建筑造型和必要的建筑构造的说明。

【门窗表识读提示】

了解门窗的类型、编号和洞口尺寸；门窗的数量及选用的图集（编号），为门窗的制作安装及预算服务。

(6) 门窗表及门窗性能（防火、隔声、防护、抗风压、保温、气密性、水密性等）、用料、颜色、玻璃、五金等的设计要求。

(7) 幕墙工程（玻璃、金属、石材）及特殊屋面工程（金属、玻璃、膜结构等）的性能及制作要求（节能、防火、安全、隔声构造等）。

(8) 电梯（自动扶梯）选择及性能说明（功能、载重量、速度、停泊数、提升高度等）。

(9) 建筑防火设计说明。

(10) 无障碍设计。

(11) 建筑节能设计说明。

① 设计依据；

② 项目所在地的气候分区及围护结构的热工性能限值；

③ 建筑的节能概况、围护结构的屋面（包括天窗）、外墙（非透明幕墙）、外窗（透明幕墙）、架空或外挑楼板、分户墙和户间楼板（居住建筑）等构造组成和节能技术措施，明确外窗和透明幕墙的气密性等级；

④ 建筑体型系数计算、窗墙面积比（包括天窗屋面比）计算和围护结构热工性能计算，确定设计值。

(12) 根据工程需要采取的安全防范和防盗要求及具体措施，隔声减震减噪、防污染、防射线等的要求和措施。

【总平面图识读提示】

(1) 保留的地形和地物。

(2) 测量坐标网、坐标值。

(3) 场地范围的测量坐标（或定位尺寸）、道路红线、建筑控制线、用地红线等的位置；

(4) 场地四邻原有及规划道路、绿化带等的位置（主要坐标或定位尺寸），以及主要建筑物和构筑物及地下建筑物等的位置、名称、层数。

(5) 建筑物、构筑物（人防工程、地下车库、油库、贮水池等隐蔽工程以虚线表示）的名称或编号、层数、定位（坐标或相互关系尺寸）。

(6) 广场、停车场、运动场、道路、围墙、无障碍设施、排水沟、挡土墙、护坡等的定位（坐标或相互关系）。如有消防车道和扑救场地，需注明。

(7) 指北针或风玫瑰图。

(8) 建筑物、构筑物使用编号时，应列出“建筑物和构筑物名称编号表”。

(9) 注明尺寸单位、比例、坐标及高程系统（如有场地建筑坐标网时，应注明与测量坐标网的相互关系）、补充图列等。

识图注意

① 看图名比例、图例及相关说明，总平面图尺寸单位是“米”。

② 了解工程性质、用地范围、周围环境、拟建建筑物与原有建筑物之间的关系。

③ 建筑单体情况：单体建筑物显示的点数量或者F前面的数字表示层数；通过标高和定形定位尺寸或坐标明确拟建建筑物的位置；从图上的指北针或风向频率玫瑰图了解建筑的朝向及全年主导风向。

④ 建筑环境：熟悉建筑物周边的道路、停车场地，活动场地和绿化规划情况。

建设部：建筑甲级 160005-sj

编号：郑 0849-01
密级：
版次：A

工程号及名称： 0849××区教育培训中心

子项号及名称： 01 培训中心

专 业 ： 建 筑

设 计 阶 段 ： 施工图设计

图 册 名 称 ： 建筑施工图

图 册 序 号 ： 一

二零零八年六月

工程号 0849 专业 建筑 编号0849-01-建施 TM

图 纸 目 录

子项号 01 共 1 页第 1 页版次A

序号	图纸编号	版次	图纸名称	图纸规格	备注
1	郑 0849-01	A	图纸封面	0.125A1	2008.6
2	郑 0849-01-建施 TM	A	图纸目录	0.125A1	2008.6
3	建施-01	A	建筑设计说明 门窗明细表		
4	建施-02	A	总平面图	0.5A1	2008.6
5	建施-03	A	地下车库平面图	0.5A1	2008.6
6	建施-04	A	一层平面图	0.5A1	2008.6
7	建施-05	A	二层平面图	0.5A1	2008.6
8	建施-06	A	三层平面图	0.5A1	2008.6
9	建施-07	A	四～十一层平面图	0.5A1	2008.6
10	建施-08	A	十二层平面图	0.5A1	2008.6
11	建施-09	A	电梯机房平面图、水箱间及其屋顶平面图	0.5A1	2008.6
12	建施-10	A	屋顶平面图	0.5A1	2008.6
13	建施-11	A	⑨-⑳轴线立面图、墙身节点详图	0.5A1	2008.6
14	建施-12	A	Ⓖ-Ⓐ轴线立面图	0.5A1	2008.6
15	建施-13	A	⑳-⑨轴线立面图	0.5A1	2008.6
16	建施-14	A	Ⓐ-Ⓖ轴线立面图	0.5A1	2008.6
17	建施-15	A	1—1剖面图	0.5A1	2008.6
18	建施-16	A	1#楼梯详图	A1	2008.6
19	建施-17	A	2#,3#,4#楼梯详图	A1	2008.6
20	建施-18	A	详图	0.5A1	2008.6
21	建施-19	A	详图	0.5A1	2008.6

审核

校对

编制 附注：凡重复使用现成设计图纸时，须在备注栏内注明。

建筑设计总说明

一、设计依据

1. 依据设计合同，甲方所认可的设计方案及甲方所提资料及修改要求。

2. 现行的国家有关建筑设计规范、规程和规定。

二、项目概况

1. 本工程为CC教育培训中心，位于×××××。

2. 本建筑建筑工程等级为Ⅲ级，设计使用年限为50年；主体建筑为二类高层建筑，耐火等级为二级。地下车库耐火等级为一级。

3. 屋面防水等级为二级、地下车库防水等级为二级（消防水池采用一级防水，具体做法见05YJ1-地防2）。

4. 本建筑层数为12层，地下车库一层；建筑高度：46.50m（从室外地坪到十二层面层）；结构形式为框架剪力墙结构。抗震设防烈度为7度（加速度0.15g）。

5. 主要经济技术指标：本工程占地面积：3320.7m²；总建筑面积：11788m²（地上9668m²，地下2119m²）；办公使用面积6247.13m²，各房间使用面积见建施。

三、设计标高

1. 本建筑的总平面位置及室内地面标高及室外标高现场定。

2. 各层标注标高为建筑完成面标高，屋面标高为结构面标高。

3. 本工程标高以米为单位，总平面尺寸以米为单位，其它尺寸以毫米为单位。

四、墙体工程

1. 除以下墙体及特殊注明的墙体外，墙体均采用干重为500kg/m³，规格为600mm×300mm×200mm（250mm）的加气混凝土砌块墙，均采用M5混合砂浆砌筑，构造柱布置见结构图。有关加砌块的具体施工要求，详见97YJ406《加砌混凝土砌块墙及保温屋面构造》。

（1）各详图及平面图中特殊注明的墙体。

（2）图中涂灰（黑）者为钢筋混凝土墙及柱见结构图，大样图均为图例表示，墙厚，尺寸及定位见结构施工图。

（3）±0.000以下除结构混凝土墙体外为MU10烧结普通煤矸石砖，砌筑砂浆为M7.5水泥砂浆。

当砖墙、加气混凝土墙与钢筋混凝土墙或柱连接时，混凝土柱和墙内应预留连接砖墙体、加气混凝土墙体的拉筋，详见结施图。

（4）卫生间等用水房间墙体（剪力墙除外）内墙均采用120mm厚多孔砖砌体，且楼板应做C15素混凝土翻沿，高180mm。

2. 设备留洞表示方法 $\frac{\text{宽×高×深}}{\text{底标高}}$ (专业)

3. 墙体留洞及封堵

（1）砌筑墙预留洞见建施和设备图；

（2）预留洞的封堵：砌筑墙留洞待管道设备安装完毕后，用C20细石混凝土填实；变形缝处双墙留洞的封堵，应在双墙分别增设套管，套管与穿墙管之间嵌堵水泥沥青。

五、楼板穿洞

凡在楼板上预留管洞处，在竖管安装后，均需以C20混凝土镶严缝隙，其下部先用1∶2水泥砂浆镶严，中间用沥青玛琋脂镶严其上部用与面层相同的材料镶严或按各专业图的有关规定执行。

六、屋面工程

1. 屋面：防水，保温，上人和不上人屋面，具体做法如下：

（1）上人屋面做法为05YJ1-屋3（B1-55-F1）；

（2）不上人屋面做法为05YJ1-屋1（B1-55-F1）。

防水卷材应采用“单面自粘防水卷材”P型，具体做法参：05YJ1-90说明。

2. 屋面排水管采用ϕ100白色UPVC雨水管，做法详见屋顶平面图。雨篷排水采用ϕ50白色UPVC泄水管，详见平面标注。

七、地下车库防水

1. 地下车库防水工程执行《地下工程防水技术规范》和地方的有关规程和规定。

2. 本工程根据地下室使用功能，防水等级为二级，设防做法为卷材防水做法：05YJ2-25-2。其中卷材防水层为BAC自粘橡胶沥青防水卷材。地下车库顶板防水做法选用：05YJ2-3/52。

3. 防水混凝土的施工缝、穿墙管道预留洞、转角、坑槽、后浇等部分和变形缝等地下工程薄弱环节建筑构造做法按《地下防水工程质量验收规范》处理。

八、门窗工程

1. 窗户采用单框中空型钢窗，透明幕墙的气密性为3级，外窗气密性为4级；建筑外门窗抗风压性能分级为二级，水密性能分级为三级，保温性能分级为七级，隔声性能分级为四级。

2. 门窗玻璃的选用应遵照《建筑玻璃应用技术规程》和《建筑安全玻璃管理规定》。

3. 住宅部分采用塑钢门窗带纱窗、纱门。

4. 门窗立面均表示洞口尺寸，门窗加工尺寸应按照装修面厚度由承包商予以调整。

5. 门窗立樘：外门窗立樘详墙身节点图，内门窗立樘位置为门的开启方向，并加贴脸。

6. 门窗选料、颜色、玻璃见“门窗表”附注。

7. 玻璃幕墙应选择有相应设计、生产、施工资质的单位进行设计、施工、安装。

8. 防火门、防火卷帘，须选择有资质的专业厂家产品，其构造要求说明如下：

甲级防火门耐火极限为1.20h；乙级防火门耐火极限为0.90h；丙级防火门耐火极限为0.60h；

防火门为向疏散方向开启的平开门，在关闭后能从任何一侧手动开启；

用于疏散的走道、楼梯间和前室的防火门，具有自行关闭和信号反馈的功能。双扇防火门还具有按顺序关闭的功能；

常开的防火门，当发生火灾时，具有自行关闭和信号反馈的功能。

九、外装修工程

外装修选用的各项材料其材质、规格、颜色等，均由施工单位提供样板，经建设和设计单位确认后方可施工，并据此验收。

十、内装修工程

1. 内装修工程执行《建筑内部装修设计防火规范》，楼地面部分执行《建筑地面设计规范》，“一般装修见构造做法一览表”。

2. 楼地面构造交接处和地坪高度变化处，除图中另有注明者均位于齐平门扇开启面处。

3. 凡设有地漏房间应做防水层，图中未注明整个房间做坡度者，均在地漏周围1m范围内做1%～2%。坡度坡向地漏。有水房间的楼地面应低于相邻房间>20mm。

4. 内装修选用的各项材料，均由施工单位制作样板和选样，经确认后进行封样，并据此进行验收。

十一、油漆涂料工程

1. 室内装修所采用的油漆涂料“见室内装修做法表”。

2. 内木门窗油漆选用乳白色调和漆，做法为05YJ1-77-涂1。

3. 楼梯、平台栏杆选取用黑色调和漆，做法为05YJ1-80-涂12。

4. 木扶手油漆选用栗色调和漆，做法为05YJ1-77-涂1。

5. 室内外露明金属件的油漆为刷防锈漆二道后再做同室内外部位相同颜色的调和漆，做法为05YJ1-80-涂12。

6. 各种油漆涂料均由施工单位制作样板，经确认后进行封样，并据此进行验收。

十二、消防措施

1. 本建筑与相邻建筑之间间距满足防火间距要求，安全疏散及各防火构造措施均满足国家相关规范。

（1）地下车库单独设一个防火分区，面积为1989m²（扣除水箱间），小于2000m²，设两个安全出口，其疏散距离、疏散宽度及各防火构造措施均满足国家相关规范。

（2）一、二层每层各设一个防火分区，面积分别为119.5m²，小于1500m²，均设五个安全出口，其疏散距离、疏散宽度及各防火构造措施均满足国家相关规范。

×××设计院	项目经理			工程名称	××教育培训中心	工程号	××××-×
设计资质等级 ×级 证书号××××××-××	审定			子项名称	××	子项号	××
地址：×××× 邮编：××××	专业负责人			建筑设计说明		专业	建筑
电话：××××	审核					阶段	施工
传真：××××	校对					日期	××××.××
E-MAIL：××××	设计					比例	1∶100
	制图			图号	建施-01（1）	版次	A

(3) 三～十二层每层各设一个防火分区，面积分别为 743m²、小于 1500m²，均设两个安全出口，其疏散距离、疏散宽度及各防火构造措施均满足国家相关规范。

2. 消防电梯的构造及设置说明

本工程设计中，高层部分设两部消防电梯。均兼做客梯，其中一部设置无障碍设施。

(1) 消防电梯的防火构造措施及设置满足国家相应规范。消防电梯间前室的门，采用乙级防火门。

(2) 消防电梯与防烟楼梯间合用前室，面积为 16.89m² 大于 10m²。前室在首层设有长度小于 30m 的通道通向室外。

十三、无障碍设施

在以下部位考虑无障碍设施：建筑入口、相关内外门、无障碍电磁、无障碍卫生间、厕位，详见有关建施图。

十四、管道井

1. 所有管道竖井安装完毕后，每层须用矿棉水泥等防火材料密闭，以确保防火安全。

2. 管道竖井与其它房间相连通的孔洞，其缝隙须用矿棉水泥防火材料密闭。

3. 管道竖井门设门槛高 300mm。

十五、安全防护措施

1. 室内楼梯栏杆高度 0.900m（踏步前起算），水平段栏杆长度大于 0.5m 时，栏杆高度 1.050m，梯井宽度大于 0.11m 时，采取防护措施；室外栏杆高度 1.05m，凡窗台高度不足 0.9m 时，加设护窗栏杆，做法详见 05YJ8-07-23 05YJ8-23 扶手；05YJ8-74-9 踏步防滑条：05YJ8-80-2。

2. 临空栏杆安全措施：栏杆应能承受荷载规范规定的水平荷载，栏杆高度 1.050m，垂直杆件间距 0.10m，栏杆距楼面 0.1m 高度内不留空，做 100mm 素混凝土翻沿。

十六、室外工程（室外设施）

1. 散水：05YJ9-51-3；宽度：900。

2. 台阶：05YJ9-60-20 地砖规格颜色待定。

3. 残疾人坡道：05YJ13-15-5，扶手、栏杆：05YJ13-16-7、05YJ13-17-7。

4. 管道出屋面泛水：05YJ5-14-1。

5. 砖墙窗台及滴水线见 05YJ6-7（立面抹灰厚度超过 30 时，须铺钉 24 号钢板网分层抹灰）。

6. 结合暖通专业，主楼卫生间均设机械变压式排风道，做法参见 2000YJ205-ZRFC-1。

十七、建筑设备、设施工程

本工程建筑设备、设施见设备施工图。

十八、其它施工中注意事项

1. 图中所选用标准图中有对结构工种的预埋件、预留洞，如楼梯、平台钢栏杆、门窗、建筑配件等，本图所标注的和预留洞与预埋件应与各工种密切配合后，确认无误方可施工。

2. 两种材料的墙体交接处，应根据饰面前加钉金属网或在施工中加贴玻璃丝网格布，防止裂缝。

3. 预埋木砖及贴邻墙体的木质面均做防腐处理，露明铁件均做防锈处理。

4. 门窗过梁见结施。

5. 楼板留洞待设备管线安装完毕后、用 C20 细石混凝土封堵密实；管道竖井每层进行封堵。

6. 施工中应严格执行国家各项施工质量验收规范。

7. 宽度小于 60 的门垛采用素砼砌筑。

8. 阳台铸铁栏杆的成品栏杆，样式由甲方自定，应由专业厂家设计安装，且应符合本说明第十三条有关规定。

十九、节能措施：

1. 屋面构造（上人屋面）：05YJ1-屋 3（55 厚挤塑聚苯板）；传热系数 0.52W/(m²·K) ＜0.55W/(m²·K)（传热系数限值）屋面构造（不上人屋面）：05YJ1-屋 1（55 厚挤塑聚苯板）传热系数 0.53W/(m²·K) ＜0.55W/(m²·K)（传热系数限值）。

2. 外墙构造：05YJ3-7-08～24（50 厚挤塑聚苯板）传热系数 0.55W/(m²·K) ＜0.60W/(m²·K)（传热系数限值）。

3. 窗户：窗户采用单框中空塑钢窗，透明幕墙的气密性为 3 级，外窗气密性为 4 级。

	窗墙面积比	传热系统	可见光透射比
东	0.09	2.40W/(m²·K) ＜3.5W/(m²·K)（传热系数限值）	0.80
西	0.13	2.40W/(m²·K) ＜3.5W/(m²·K)（传热系数限值）	0.80
南	0.18	2.40W/(m²·K) ＜3.5W/(m²·K)（传热系数限值）	0.80
北	0.23	2.40W/(m²·K) ＜3.0W/(m²·K)（传热系数限值）	0.80

4. 地面构造 05YJ1-地 64（40 厚挤塑聚苯板）传热系数 1.5W/m²·K≥1.5W/(m²·K)（传热系数限值）

5. 体形系统：0.18

标准图集名称索引

	标准图集号	标准图集名称	册	
1	05YJ	05 系列工程建设标准图集（合订本）	1	省标
2	02ZTJ202	防攀阻燃落水管安装构造	1	中南标

门窗表

门窗类型	编号	洞口尺寸 宽	洞口尺寸 高	标准图集 代号	标准图集 型号	数量	材料	备注
甲级防火门	甲 FM-1	1500	2100	甲方自定 专业厂家制作		4		平开门
	甲 FM-2	1200	2100			4		平开门
	甲 FM-3	1000	2100			1		平开门
乙级防火门	乙 FM-1	1500	2100			40		平开门
	乙 FM-2	1200	2100			24		子母门
	乙 FM-3	1000	2100			2		平开门
	乙 FM-4	1850	2100			4		平开门
丙级防火门	丙 FM-1	600	2100			23		平开门
防火卷帘	FJM-1	5800	3000			1		平开门
门	M-1	4500	2700	甲方自定		4		
	M-2	1500	2100	参 05YJ4-1-96	7PM-1521	6		
	M-3	1000	2100	参 05YJ4-1-96	7PM-1021	233		
	M-4	1000	2100	参 05YJ4-1-90	2PM-1021	4		
	M-5	900	2100	参 05YJ4-1-90	2PM-0921	8		
	M-6	800	2100	参 05YJ4-1-90	2PM-0821	40		
窗	C-1	4500	2400	详见建施 19		1	塑钢	
	C-2	2500	3600	详见建施 19		3	塑钢	
	C-3	1500	2400	详见建施 19		12	塑钢	
	C-4	1200	2400	详见建施 19		1	塑钢	
	C-5	900	2400	详见建施 19		10	塑钢	
	C-6	1500	2100	详见建施 19		72	塑钢	
	C-7	1200	2100	详见建施 19		153	塑钢	
	C-8	1500	3600	详见建施 19		83	塑钢	
	C-9	1200	3600	详见建施 19		153	塑钢	

注：1. 采用塑钢门窗。

2. 所有非标准塑钢窗均按 05YJ4-1 施工，采用 80 型材。

3. 所有标准塑钢门窗均按 05YJ4-1 施工，采用 80 型材，双向推拉。

4. 门窗尺寸均为洞口尺寸，施工时留出安装间隙。

5. 门窗数量施工前应核对数量，以确保无误。

×××设计院

设计资质等级 ×级 证书号××××××-××
地址：×××× 邮编：××××
电话：××××
传真：××××
E-MAIL：××××

			工程名称	××教育培训中心	工程号	×××-×
项目经理			子项名称	××	子项号	××
审定			建筑设计说明 门窗表		专业	建筑
专业负责人					阶段	施工
审核					日期	××××.××
校对					比例	1∶100
设计						
制图			图号	建施-01（2）	版次	A

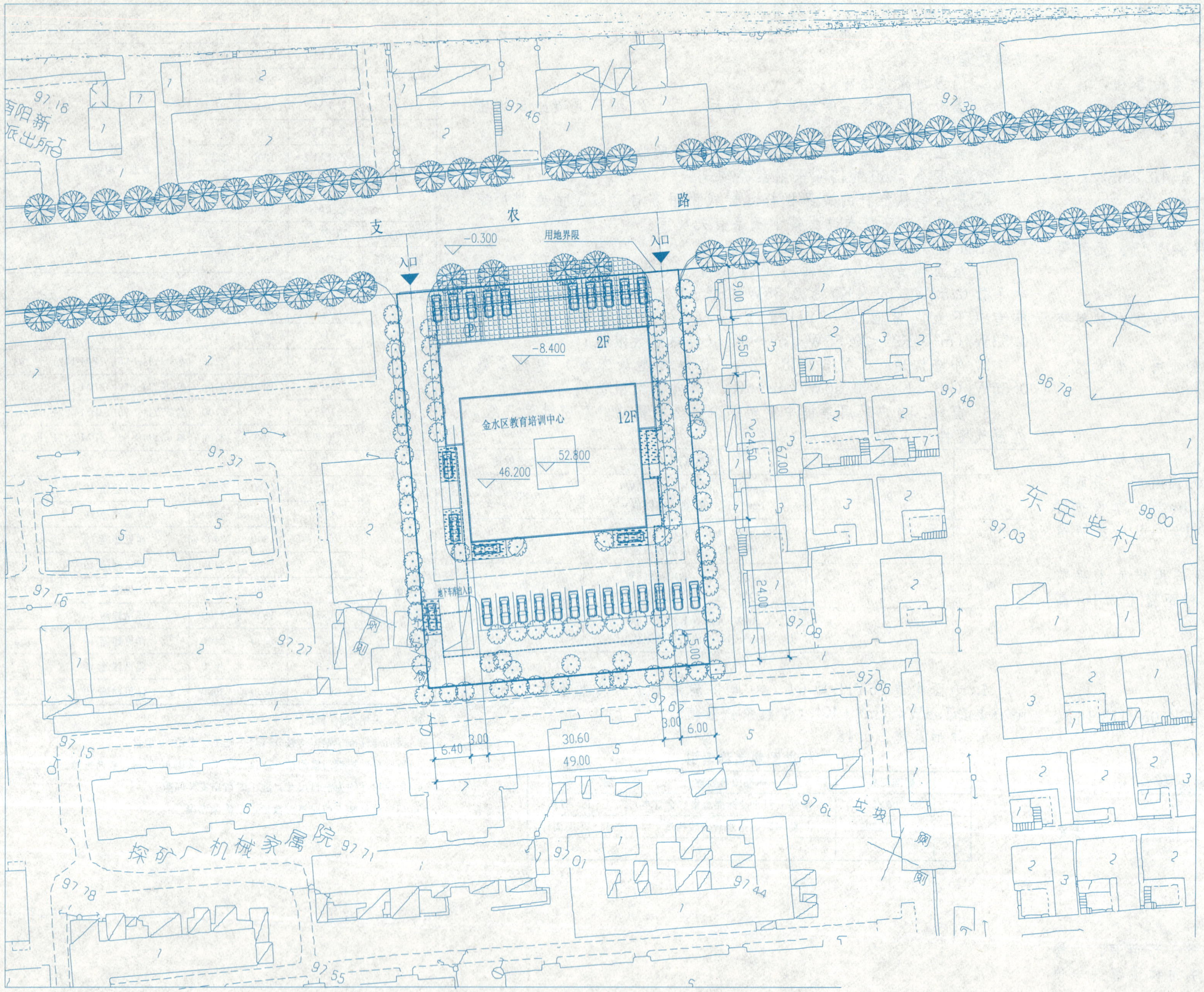

支农路

入口

用地界限

金水区教育培训中心

12F

2F

东岳岗村

探矿厂机械家属院

综合技术经济指标

编号	名称	数值	单位
01	建设用地面积	3320.7	m²
02	总建筑面积（不含地下）	9669	m²
03	基地面积	1119.5	m²
其中	高层办公建筑面积	8447	m²
	裙房建筑面积	1222	m²
04	建筑密度	33.7	%
05	容积率	2.91	
06	绿化率	27.9	%
07	机动车停车位	61	个
其中	地上停车位	30	个
	地下停车位	31	个
备注：地下建筑面积：2119 m²			

总平面图 1:500

			工程名称	××区教育培训中心	工程号	×0849
项目经理						
审定			子项名称	教育培训中心	子项号	01
专业负责人			总平面图		专业	建筑
审核					阶段	施工
校对					日期	2008.06
设计					比例	1∶500
制图			图号	建施-02	版次	A

课题2 平 面 图

建筑平面图反映房屋的平面形状、大小和房间的位置及组合关系，墙、柱的位置、厚度和材料，门窗类型和位置等情况。它是放线、砌墙、安装门窗等重要的依据，所以建筑平面图是建筑工程施工图中最基本的图样之一。

2.1 应知应会部分

平面图

(1) 承重墙、柱及其定位轴线和轴线编号，内外门窗位置、编号及定位尺寸，门开启方向，注明房间名称或编号，车库（储藏）注明储存物品的火灾危险性类型。

(2) 轴线总尺寸（或外包总尺寸)、轴线间尺寸（柱距、跨度)、门窗洞口尺寸、分段尺寸。

(3) 墙身厚度（包括承重墙和非承重墙)，柱与壁柱截面尺寸（必要时）及其与轴线关系尺寸；当围护结构为幕墙时，标明幕墙与主体结构的定位关系；玻璃幕墙部分标注立面分格间距的中心尺寸。

(4) 变形缝位置、尺寸及做法索引。

(5) 主要建筑设备和固定家具的位置及相关做法索引，如卫生器具、雨水管、水池、台、橱、柜、隔断等。

(6) 电梯、自动扶梯及步道（注明规格)、楼梯（爬梯）位置和楼梯上下方向示意和标号索引。

(7) 主要结构和建筑构造部件的位置、尺寸和做法索引，如中庭、天窗、地沟、地坑、重要设备或设备机座的位置尺寸、各种平台、夹层、人孔、阳台、雨篷、台阶、坡道、散水、明沟等。

(8) 楼地面预留孔洞和通气管道、管线竖井、烟囱、垃圾道等位置、尺寸和做法索引，以及墙体（主要为填充墙、承重砌体墙）预留洞的位置、尺寸与标高或高度等。

(9) 车库的停车位（无障碍车位）和通行路线。

(10) 室外地面标高、底层地面标高、各楼层标高、地下室各层标高。

(11) 底层平面标注剖切线位置、编号及指北针。

(12) 有关平面节点详图或详图索引号。

(13) 每层建筑平面中防火分区面积和防火分区分隔位置及安全出口位置示意（宜单独成图，如一个防火分区，可不注防火分区面积)，或以示意图（简图）形式在各层平面中表示。

(14) 屋面平面应有女儿墙、檐沟、天沟、坡度、雨水口、屋脊（分水线)、变形缝、楼梯间、水箱间、电梯机房、天窗及挡风板、屋面上人孔、检修梯、室外消防楼梯及其他构筑物，必要的详图索引号、标高等；表述内容单一的屋面可以缩小比例绘制。

(15) 根据工程性质及复杂程度，必要时可选择绘制局部放大平面图。

(16) 建筑平面较长较大时，可分区绘制，但须在各分区平面图适当位置上绘出分区组合示意图，并明显表示分区部位编号。

(17) 图纸名称、比例。

(18) 图纸的省略：如系对称平面，对称部分的内部尺寸可省略，对称轴部位用对称符合表示，但轴线符号不得省略；楼层平面除轴线间等主要尺寸及轴线编号外，与底层相同的尺寸可省略；楼层标准层可共用同一平面，但需注明层次范围及各层的标高。

【平面图识读提示】

(1) 根据指北针确定房屋的朝向。

(2) 看平面的形状与房屋的总长度、总宽度，可计算出房屋的用地面积。

(3) 从图中墙的分隔情况和房间名称，可知建筑物内各房间的配置、用途数量及相互间的联系情况。

(4) 从图中轴线的编号及其间距，可了解各承重构件的位置及房间的大小。

(5) 从图中注写的外部和内部尺寸，及各道尺寸标注，可知各房间的开间、进深、门窗及室内设备的大小和位置。

(6) 从图中门窗的图例及其编号，可知门窗类型、数量及其位置。

(7) 了解其细部（如楼梯、隔墙、墙洞等）的配置和位置情况。

(8) 室外台阶、花池、散水和雨落管的大小与位置。

(9) 注意看剖面图的剖切位置。

(10) 注意室内标高与室外标高值，以确定室内外高差大小。

(11) 与一层平面图对照看房间布局与功能有何变化，与立面图、剖面图相结合看平面图中尺寸有无变化（包括房屋开间、进深尺寸变化，立面造型变化引起的尺寸变动)。

(12) 注意楼面标高值。对照看各层楼面标高值，可知道各层的层高；注意本层楼面标高值的变化（由于楼面做法不同，或房间地面、楼面不在同一水平位置而引起的楼面标高变化，如一般建筑物中卫生间楼面标高即低于其他房间的楼面标高)。

(13) 在首层平面图的入口处，二层平面图中相应位置处一般设雨篷，需注意看雨篷，注意雨篷的数量、位置及雨篷的式样、大小、尺寸。

【屋顶平面图识读提示】

(1) 屋顶平面图主要反映屋顶的形式和排水情况。通过看图可知屋顶形状和屋面排水方式（是有组织排水还是无组织排水)，雨落管的数量及其具体位置，屋面排水坡度大小。

(2) 应注意看突出屋面的楼梯间、水箱间、电梯间等位置、布置及其大小。

(3) 看通风道、检查孔、排气孔或透气孔、变形缝的位置与大小。

(4) 出屋面的排气孔、雨水管等设施的构造做法、详图索引。

2.2 实例识读

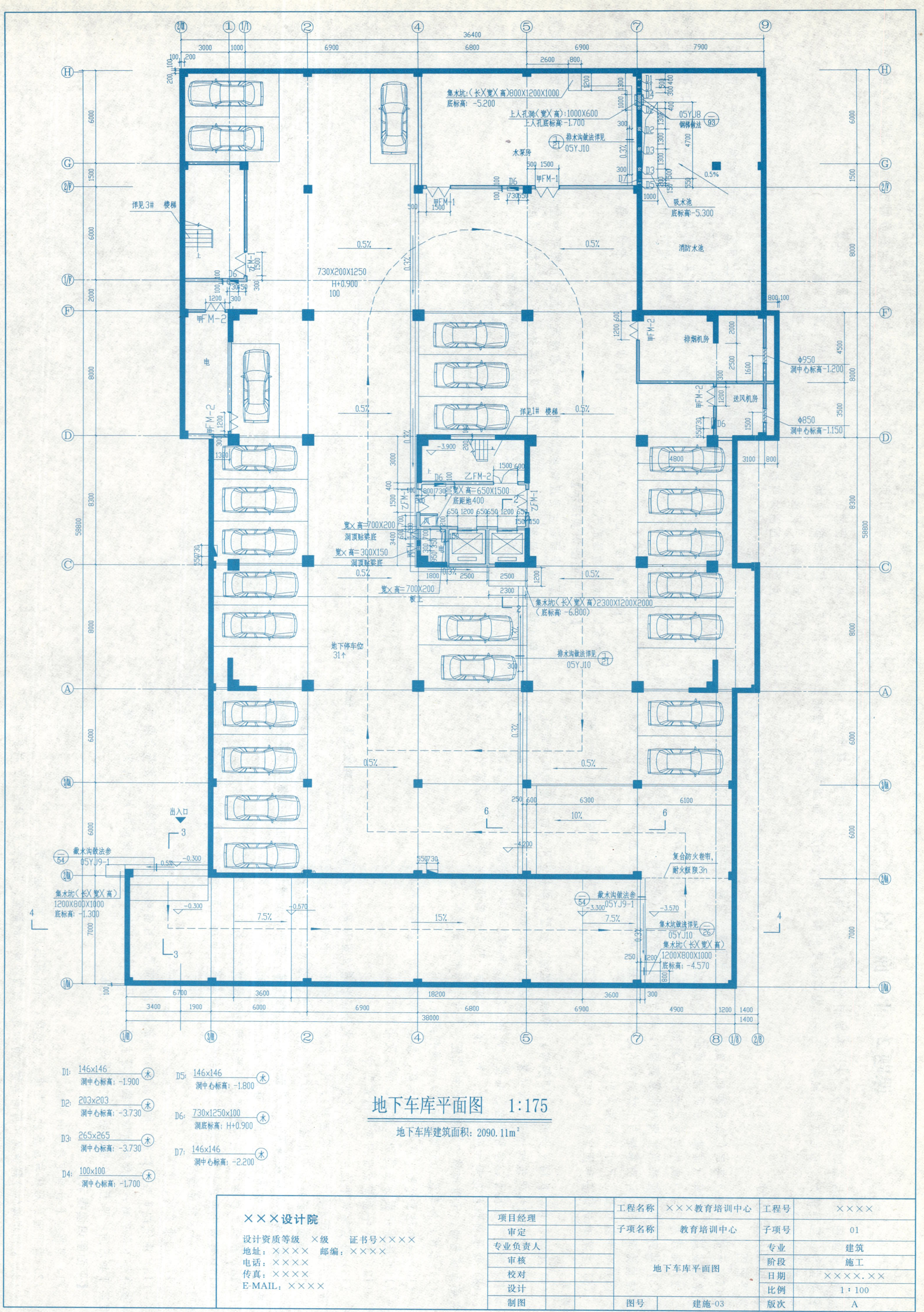

D1: 146x146 洞中心标高：-1.900
D2: 203x203 洞中心标高：-3.730
D3: 265x265 洞中心标高：-3.730
D4: 100x100 洞中心标高：-1.700
D5: 146x146 洞中心标高：-1.800
D6: 730x1250x100 洞底标高：H+0.900
D7: 146x146 洞中心标高：-2.200
地下车库平面图 1:175
地下车库建筑面积：2090.11m²
×××设计院
设计资质等级 ×级 证书号××××
地址：×××× 邮编：××××
电话：××××
传真：××××
E-MAIL：××××
项目经理
审定
专业负责人
审核
校对
设计
制图
工程名称 ×××教育培训中心
工程号 ××××
子项名称 教育培训中心
子项号 01
专业 建筑
阶段 施工
日期 ××××.××
比例 1:100
版次 A
地下车库平面图
图号 建施-03

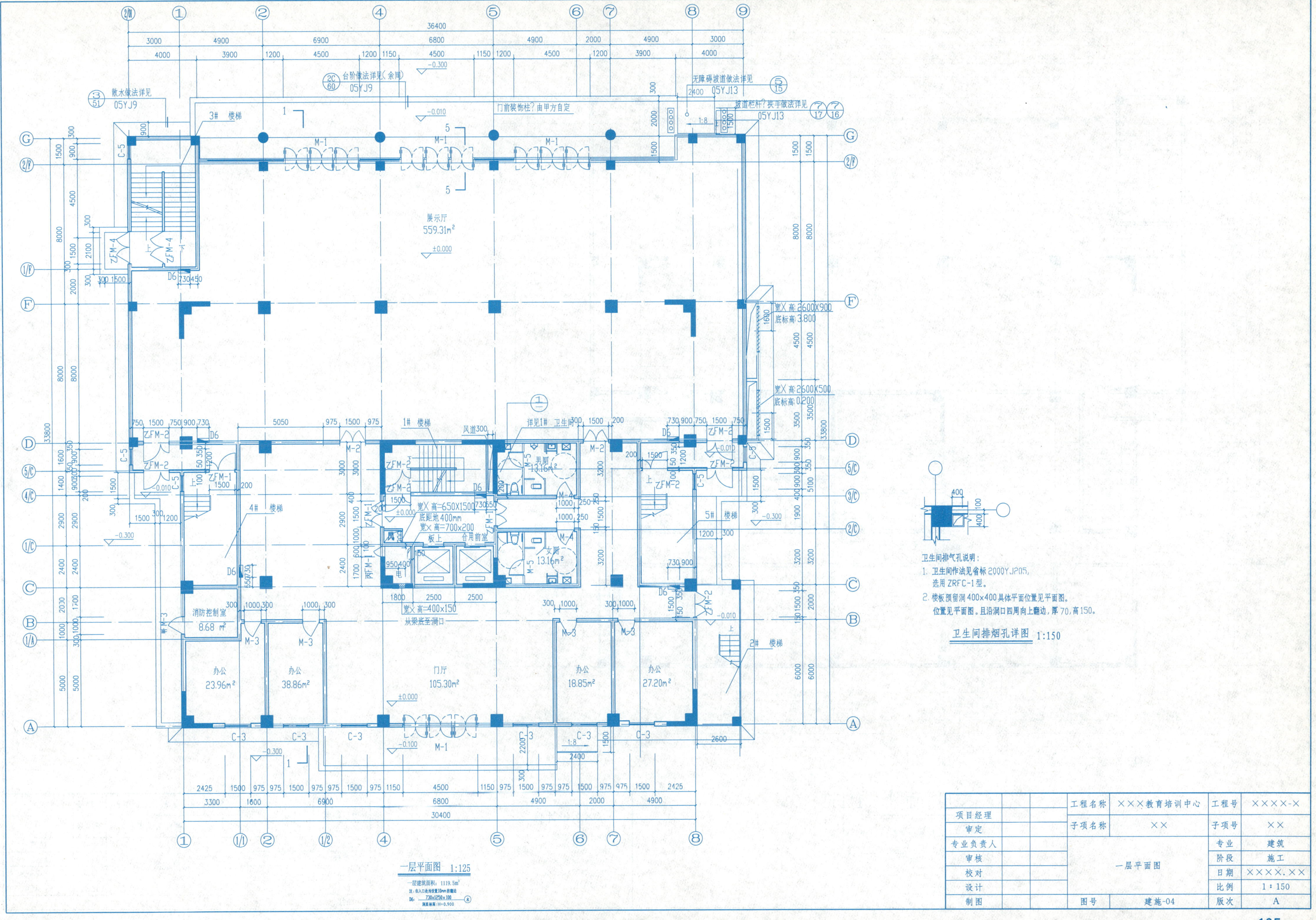

展示厅
559.31m²
门厅
105.30m²
办公
23.96m²
办公
38.86m²
办公
18.85m²
办公
27.20m²
消防控制室
8.68 m²
男厕
女厕
13.16m²
1# 楼梯
2# 楼梯
3# 楼梯
4# 楼梯
5# 楼梯
合用前室
风道300
散水做法详见 05YJ9
台阶做法详见(余同) 05YJ9
无障碍坡道做法详见 05YJ13
坡道栏杆?扶手做法详见 05YJ13
门前装饰柱?由甲方自定
宽X高 2600X900 底标高 3.800
宽X高 2600X500 底标高 0.200
宽X高=650X1500 底距地 400mm
宽X高=700x200 板上
宽X高=400x150 从梁底至洞口
卫生间排气孔说明:
1. 卫生间作法见省标 2000YJ205,
选用 ZRFC-1 型。
2. 楼板预留洞 400×400 具体平面位置见平面图。
位置见平面图。且沿洞口四周向上翻边,厚 70,高 150。
卫生间排烟孔详图 1:150
一层平面图 1:125
工程名称 ×××教育培训中心
工程号 ××××-×
子项名称 ××
子项号 ××
项目经理
审定
专业负责人
审核
校对
设计
制图
一层平面图
专业 建筑
阶段 施工
日期 ××××.××
比例 1:150
图号 建施-04
版次 A

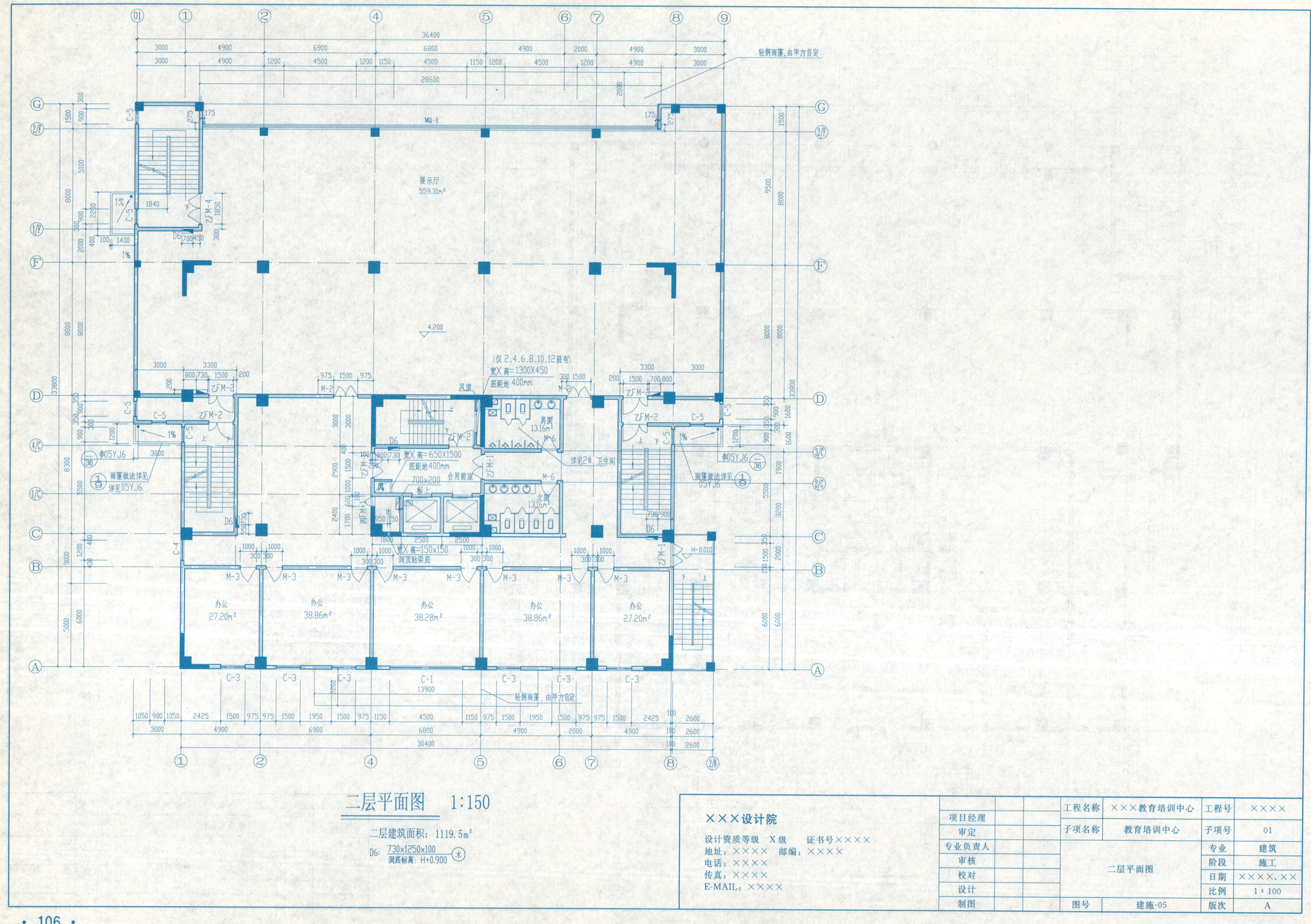

轻钢雨篷，由甲方自定
MQ-1
展示厅
559.31m²
4.200
(仅2.4.6.8.10.12层有)
宽X高=1300X450
底距地 400mm
风道
男厕
13.16m²
女厕
13.16m²
详见2# 卫生间
宽X高=650X1500
底距地400mm
700X200
合用前室
宽X高=150X150
洞顶贴梁底
参05YJ6
雨篷做法详见
详见05YJ6
办公
27.20m²
办公
38.86m²
办公
38.28m²
办公
38.86m²
办公
27.20m²
H-0.010
C-1
13900
轻钢雨篷，由甲方自定
36400
28600
30400
33800
二层平面图 1:150
二层建筑面积：1119.5m²
D6: 730x1250x100
洞底标高：H+0.900
×××设计院
设计资质等级 X级 证书号××××
地址：×××× 邮编：××××
电话：××××
传真：××××
E-MAIL：××××
项目经理
审定
专业负责人
审核
校对
设计
制图
工程名称 ×××教育培训中心
子项名称 教育培训中心
二层平面图
图号 建施-05
工程号 ××××
子项号 01
专业 建筑
阶段 施工
日期 ××××.××
比例 1:100
版次 A

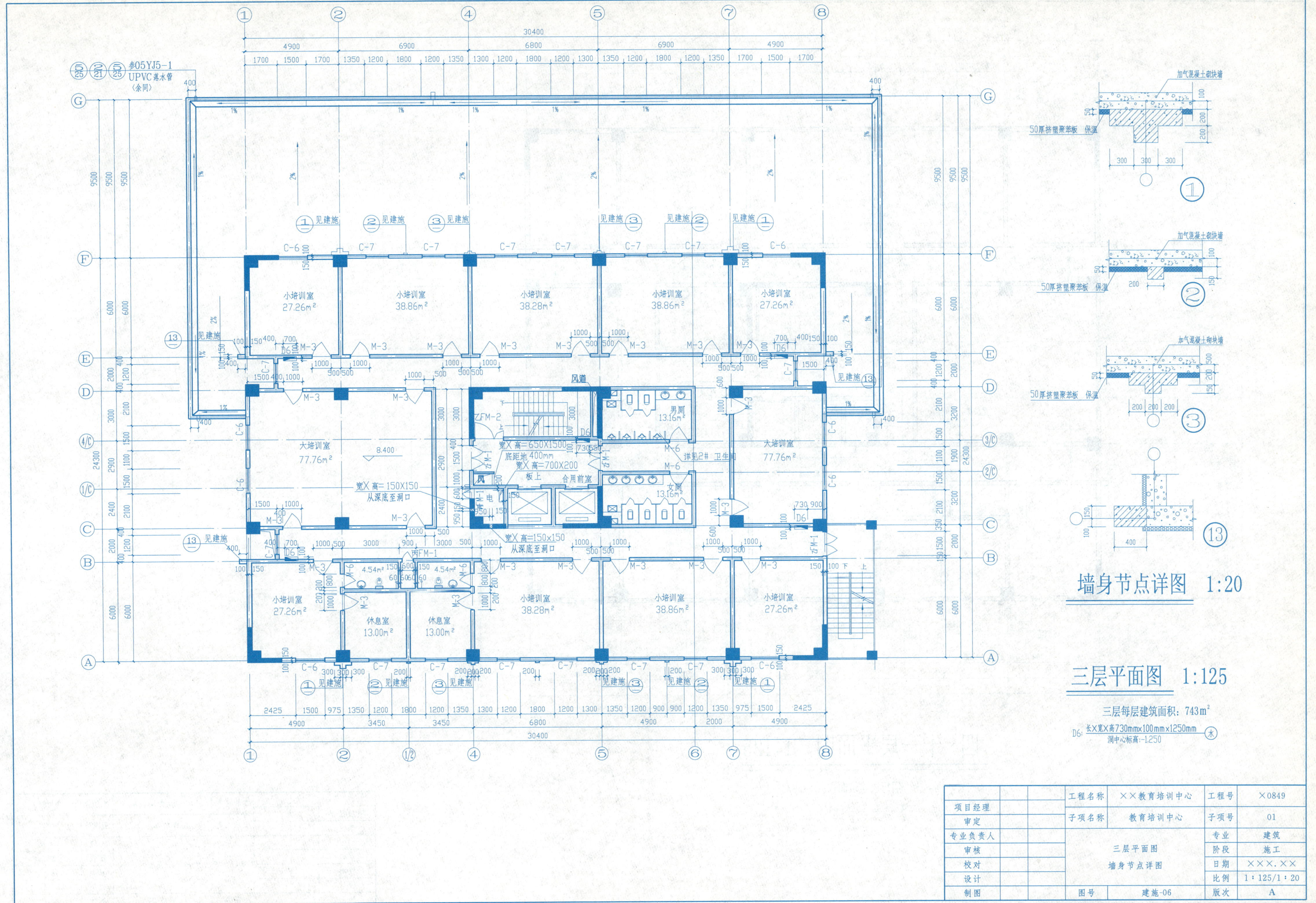

墙身节点详图 1:20
三层平面图 1:125
三层每层建筑面积：743m²
D6 长X宽X高730mmx100mmx1250mm
洞中心标高:-1.250
小培训室
大培训室
休息室
男厕
女厕
合用前室
风道
参05YJ5-1
UPVC落水管
(余同)
见建施
加气混凝土砌块墙
50厚挤塑聚苯板 保温
工程名称
××教育培训中心
工程号
×0849
子项名称
教育培训中心
子项号
01
项目经理
审定
专业负责人
审核
校对
设计
制图
三层平面图
墙身节点详图
专业
建筑
阶段
施工
日期
×××.××
比例
1:125/1:20
图号
建施-06
版次
A

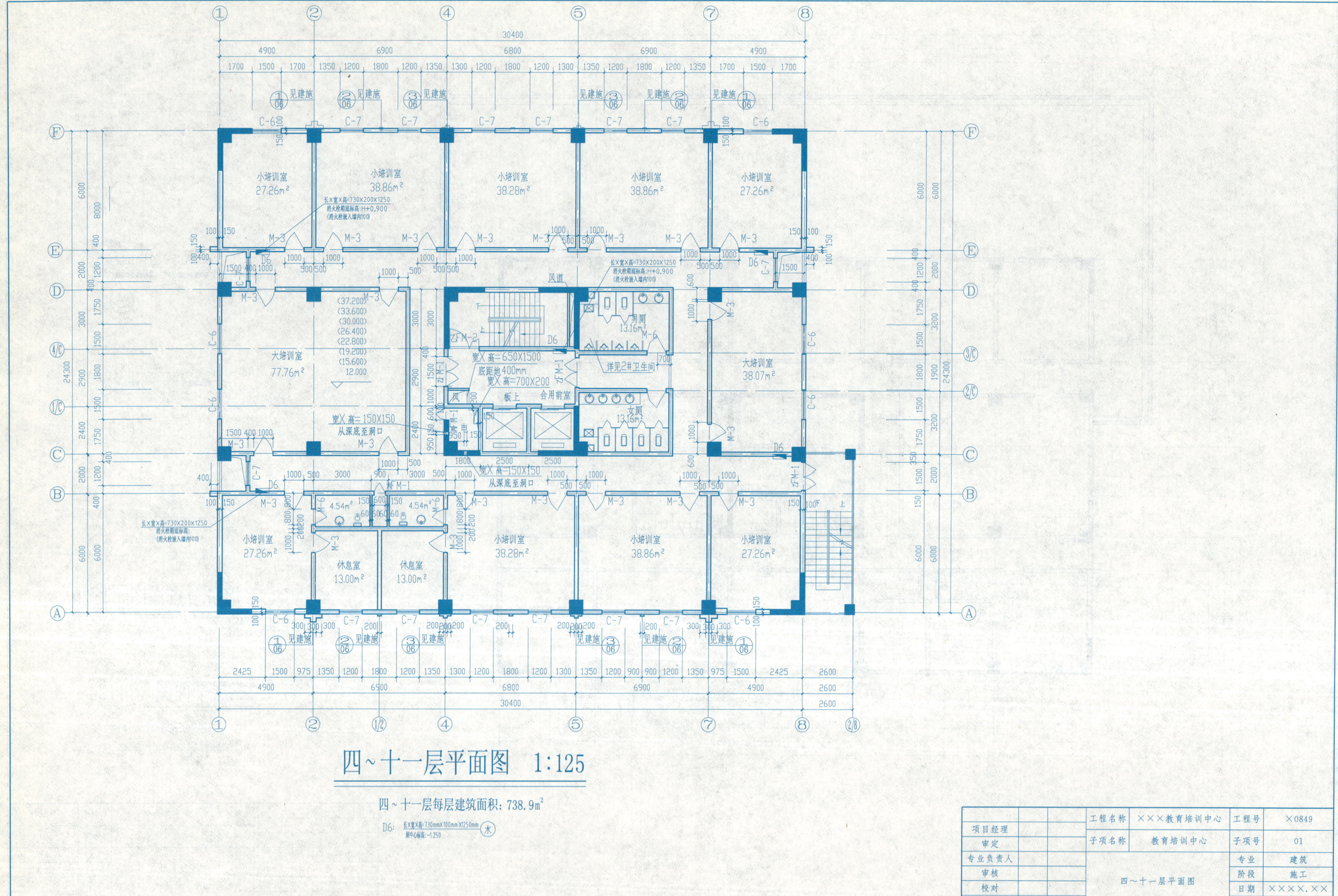
四~十一层平面图 1:125
四~十一层每层建筑面积：738.9m²
小培训室 27.26m²
小培训室 38.86m²
小培训室 38.28m²
大培训室 77.76m²
大培训室 38.07m²
男厕 13.16m²
女厕 13.16m²
合用前室
休息室 13.00m²
详见2#卫生间
风道
项目经理
审定
专业负责人
审核
校对
设计
制图
工程名称 ×××教育培训中心
工程号 ×0849
子项名称 教育培训中心
子项号 01
专业 建筑
阶段 施工
四~十一层平面图
日期 ××××.××
比例 1:100
图号 建施-07
版次 A

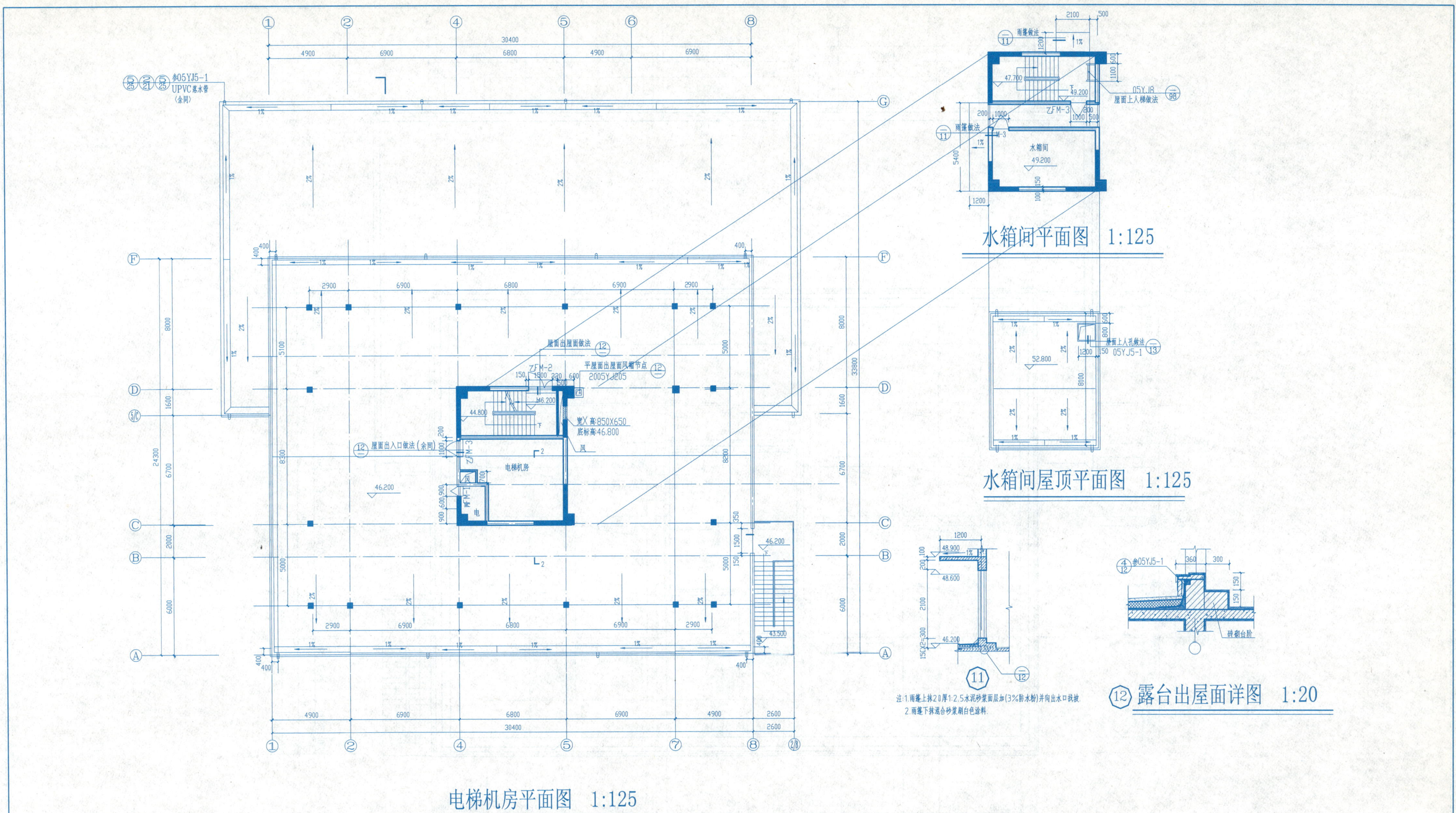

项目经理			工程名称	×××教育培训中心	工程号	×0849
审定			子项名称	教育培训中心	子项号	01
专业负责人			电梯机房平在图 水箱间平面图		专业	建筑
审核					阶段	施工
校对					日期	×××.×
设计					比例	1∶125
制图			图号	建施-09	版次	A

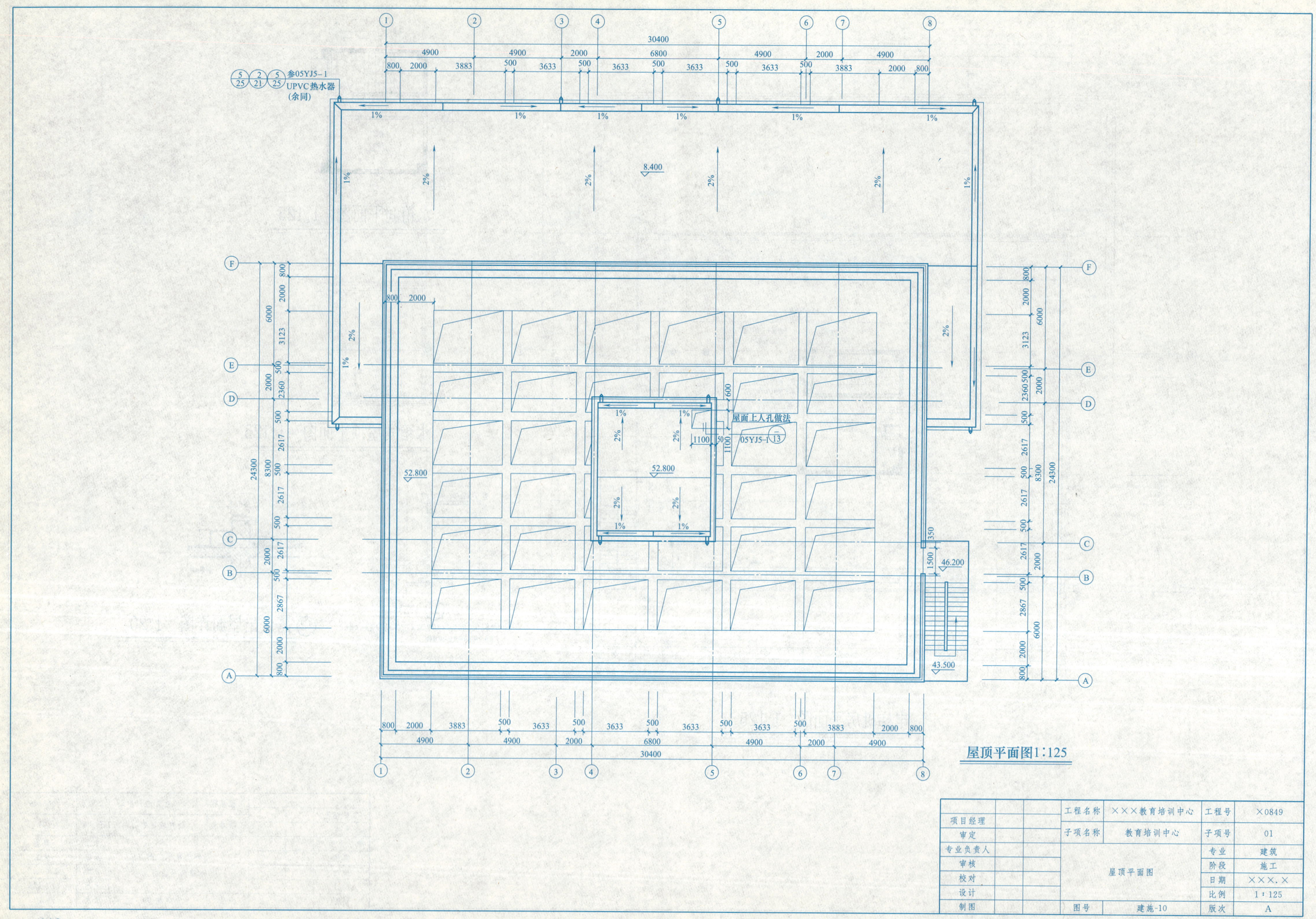
参05YJ5-1
UPVC热水器
(余同)
8.400
52.800
52.800
屋面上人孔做法
05YJ5-1
46.200
43.500
30400
24300
屋顶平面图1∶125
工程名称 ×××教育培训中心
工程号 ×0849
子项名称 教育培训中心
子项号 01
项目经理
审定
专业负责人
审核
校对
设计
制图
专业 建筑
阶段 施工
日期 ×××.×
比例 1∶125
版次 A
屋顶平面图
图号 建施-10

课题3 立 面 图

建筑立面图主要反映房屋的造型、外貌、高度和立面装修做法。它也是建筑施工图中最基本的图样之一。

3.1 应知应会部分

立面图

(1) 两端轴线编号，立面转折较复杂时，可用展开立面表示，但应准确注明转角处的轴线编号。

(2) 立面外轮廓及主要结构和建筑构造部件的位置，如女儿墙顶、檐口、柱、变形缝、室外楼梯和垂直爬梯、室外空调机隔板、外遮阳构件、阳台、栏杆、台阶、坡道、花台、雨篷、烟囱、勒脚、门窗、幕墙、洞口、门头、雨水管，以及其他装饰构件、线脚和粉刷分格线等。

(3) 建筑的总高度、楼层位置辅助线、楼层数和标高以及关键控制标高的标注，如女儿墙或檐口标高；外墙的留洞应标注尺寸与标高或高度尺寸（宽×高×深及定位关系尺寸）。

(4) 平、剖面图未能表示出来的屋顶、檐口、女儿墙、窗台以及其他装饰构件、线脚等的标高或尺寸。

(5) 在平面图上表达不清的窗编号。

(6) 各部分装饰用料名称或代号，剖面图上无法表达的构造节点详图索引。

(7) 图纸名称、比例。

(8) 各个方向的立面应绘齐全，但差异小、左右对称的立面或部分不难推定的立面可简略；内部院落或看不清的或看不到的局部立面，可在相关剖面图上表示，若剖面图未能表示完全时，则需单独绘出。

【立面图识读提示】

建筑立面主要表示建筑物的外貌，反映建筑各立面的造型、门窗形式和位置，各部分的标高、外墙的装修材料和做法。具体识读如下。

1. 首先看图名轴线可知立面的朝向。相应方向的整个外貌形状、造型、数量及其相互间的联系情况。该方向房屋的屋面、门窗、雨篷、阳台、台阶花池、勒脚、高出屋面楼梯间、电梯间等细部形式和位置（可参照立面效果图）。

2. 阅读立面标高、立面尺寸。应注意室外地坪标高，出入口地面标高，门窗顶部和底部、檐口、雨篷、勒脚等处的标高。立面的尺寸主要是表明建筑物外形高度方向的二道尺寸。即建筑物总高和各细部的窗及窗间墙的定型尺寸。

3. 结合立面效果图看立面的装修色彩、装修材料做法，建筑装饰物的形状、大小、位置及其做法。

3.2 实例识读

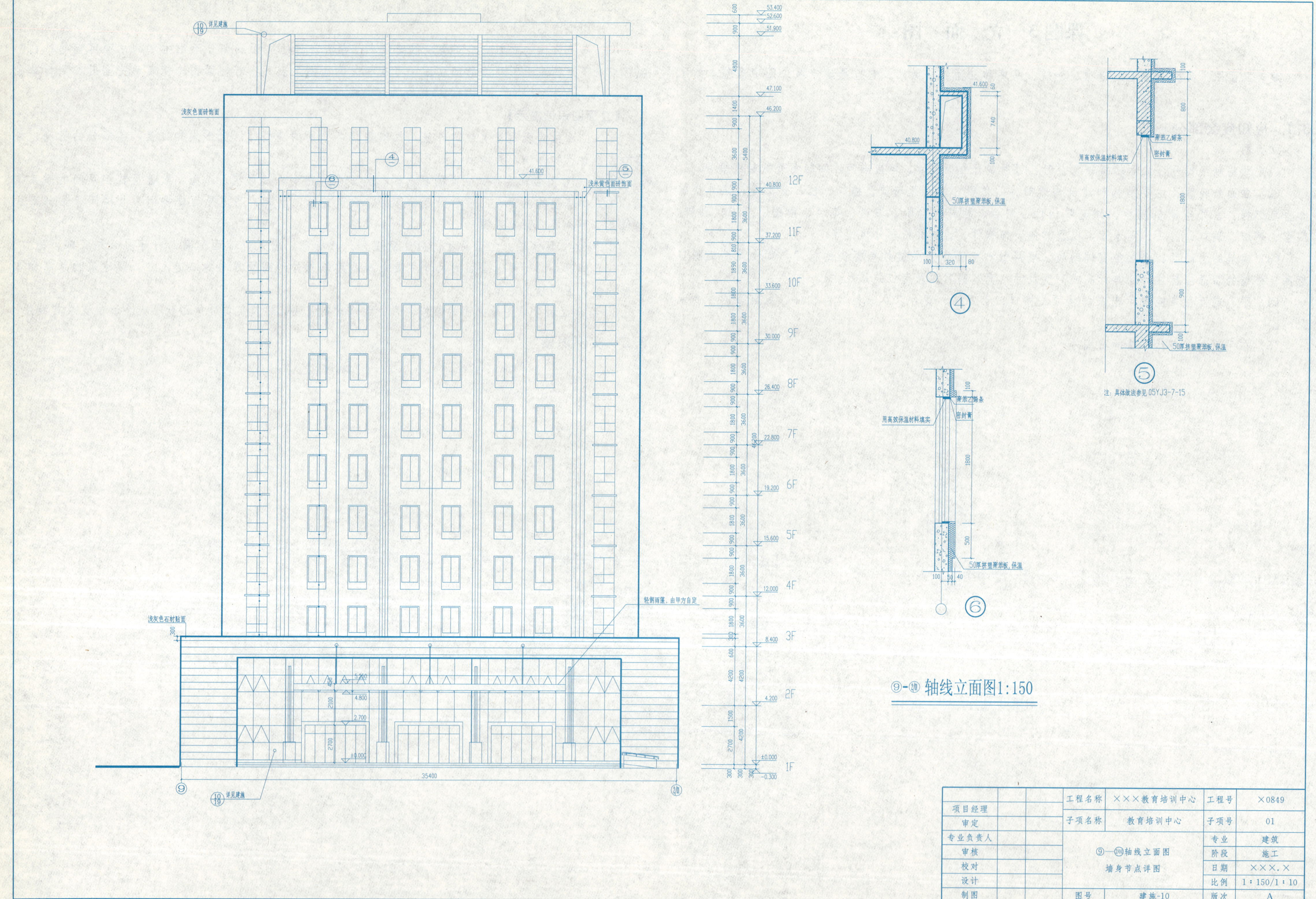

详见建施
浅灰色面砖饰面
浅米黄色面砖饰面
浅灰色石材贴面
轻钢雨篷，由甲方自定
50厚挤塑聚苯板，保温
聚苯乙烯条
密封膏
用高效保温材料填实
注：具体做法参见 05YJ3-7-15
⑨-㉖轴线立面图1:150
项目经理
审定
专业负责人
审核
校对
设计
制图
工程名称 ×××教育培训中心
工程号 ×0849
子项名称 教育培训中心
子项号 01
⑨—㉖轴线立面图
墙身节点详图
专业 建筑
阶段 施工
日期 ×××.×
比例 1：150/1：10
图号 建施-10
版次 A

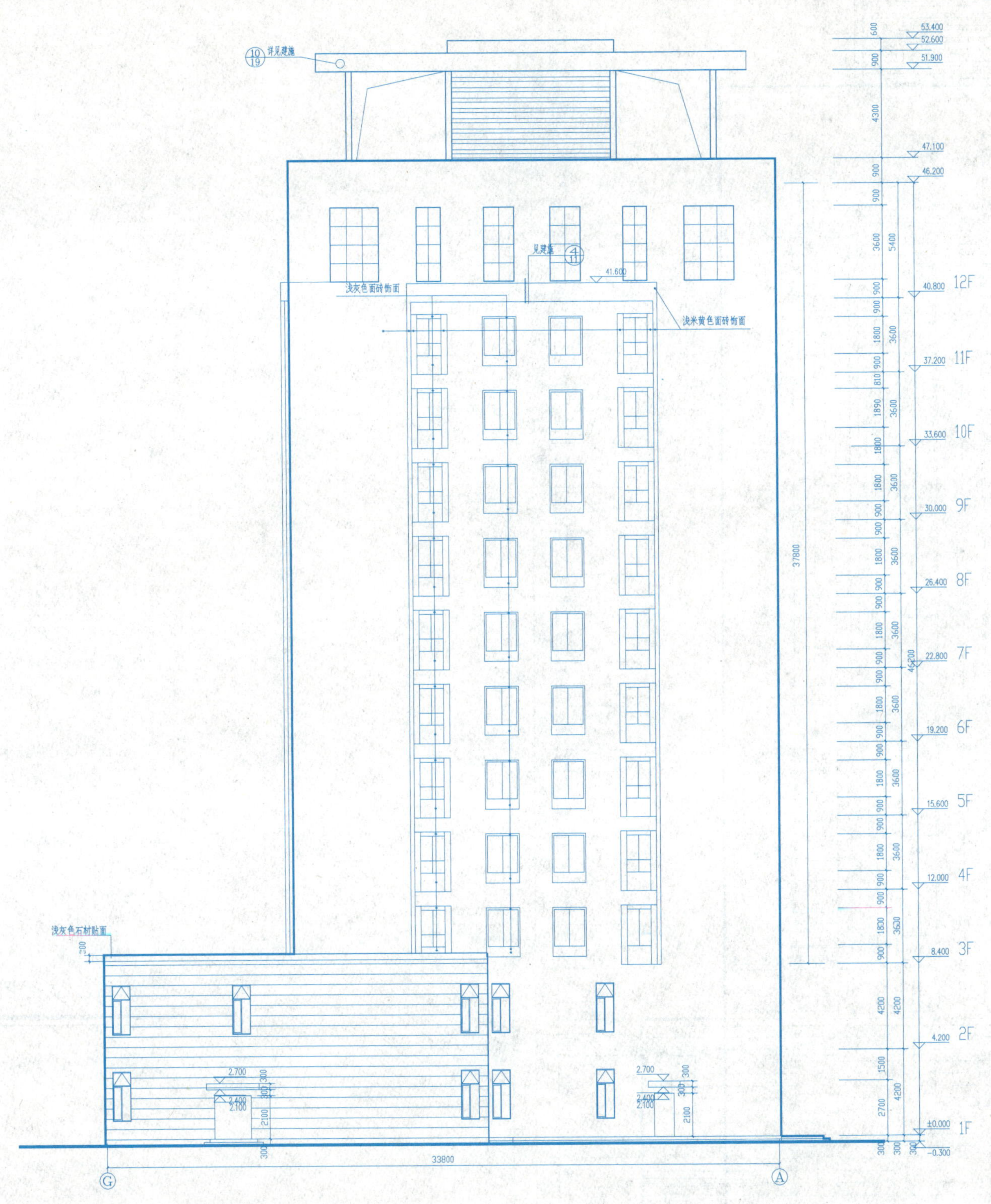

Ⓖ-Ⓐ 轴线立面图 1:150

			工程名称	×××教育培训中心	工程号	×0849
项目经理			子项名称	教育培训中心	子项号	01
审定			Ⓖ—Ⓐ轴线立面图		专业	建筑
专业负责人					阶段	施工
审核					日期	×××.×
校对					比例	1∶150
设计						
制图			图号	建施-12	版次	A

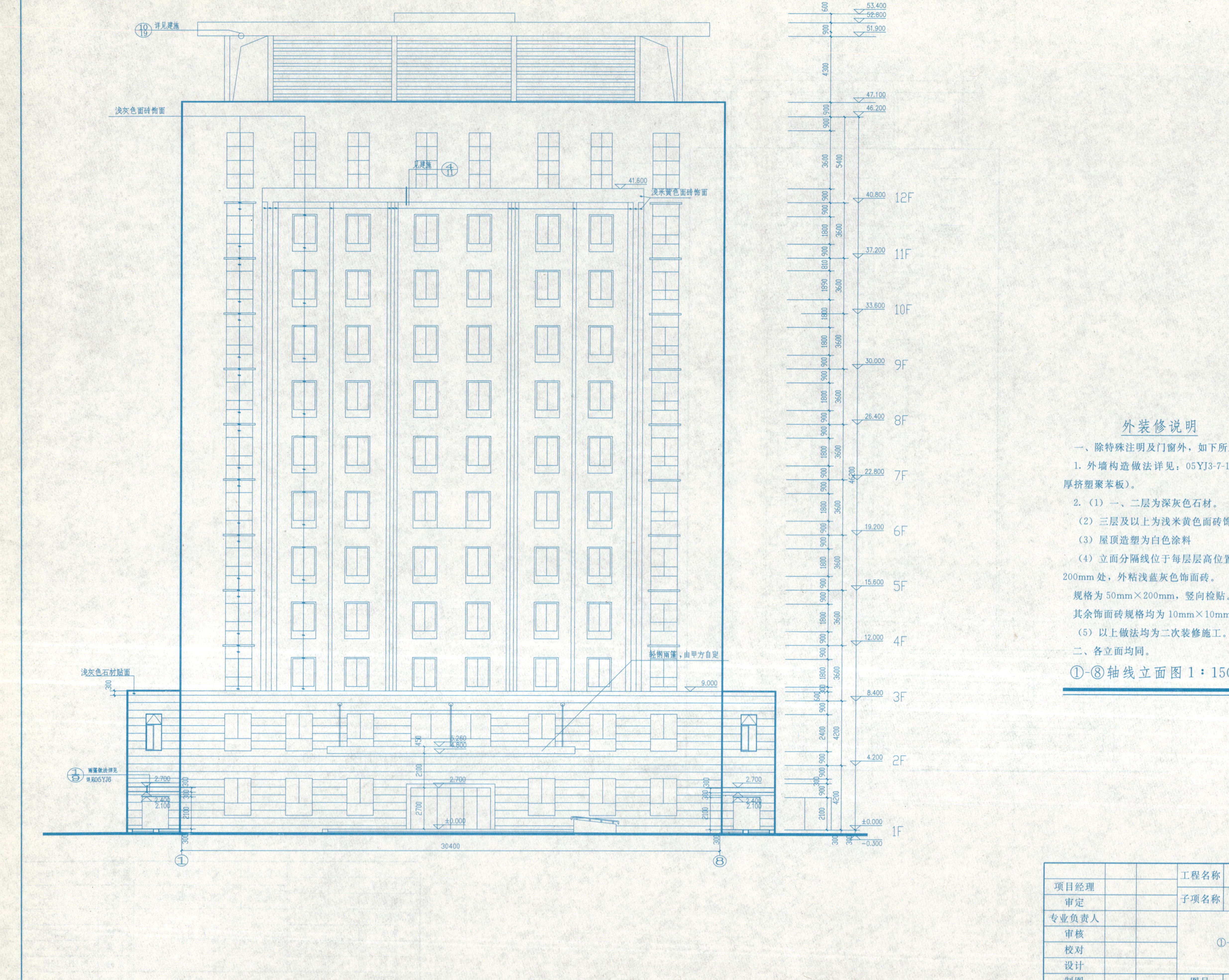

外装修说明

一、除特殊注明及门窗外，如下所示：

1. 外墙构造做法详见：05YJ3-7-12（60厚挤塑聚苯板）。

2.（1）一、二层为深灰色石材。

（2）三层及以上为浅米黄色面砖饰面

（3）屋顶造型为白色涂料

（4）立面分隔线位于每层层高位置内下200mm处，外粘浅蓝灰色饰面砖。

规格为50mm×200mm，竖向检贴。

其余饰面砖规格均为10mm×10mm。

（5）以上做法均为二次装修施工。

二、各立面均同。

①-⑧轴线立面图 1∶150

项目经理			工程名称	×××教育培训中心	工程号	×0849
审定			子项名称	教育培训中心	子项号	01
专业负责人			①-⑧轴线立面图		专业	建筑
审核					阶段	施工
校对					日期	×××.×
设计					比例	1∶150
制图			图号	建施-13	版次	A

53.400
52.800
51.900
47.100
46.200
41.600
40.800 12F
37.200 11F
33.600 10F
30.000 9F
26.400 8F
22.800 7F
19.200 6F
15.600 5F
12.000 4F
8.400 3F
4.200 2F
±0.000 1F
-0.300
淡灰色面砖饰面
淡米黄色面砖饰面
300厚淡灰色石材贴面
深灰色面砖
33800
Ⓐ
Ⓖ
工程名称 ×××教育培训中心
工程号 ×0849
子项名称 教育培训中心
子项号 01
项目经理
审定
专业负责人
审核
校对
设计
制图
专业 建筑
阶段 施工
日期 ×××.×
比例 1∶150
图号 建施-14
版次 A
Ⓐ—Ⓖ轴线立面图

课题4 剖 面 图

建筑剖面图用以表示房屋内部的结构或构造形式，分层情况和各部位的联系、材料及其内部垂直方向高度等，是与建筑平面图、立面图相互配合的不可缺少的基本图样。

4.1 应知应会部分

剖面图

(1) 剖面位置应选在层高不同、层数不同、内外部空间比较复杂、具有代表性的部位；建筑空间局部不同处以及平面、立面均表达不清的部位，可绘制局部剖面。

(2) 墙、柱、轴线和轴线编号。

(3) 剖切到或可见的主要结构和建筑构造部件，如室外地面、底层地（楼）面、地坑、地沟、各层楼板、夹层、平台、吊顶、屋架、屋顶、出屋顶的烟囱、天窗、挡风板、檐口、女儿墙、爬梯、门、窗、外遮阳构件、楼梯、台阶、坡道、散水、平台、阳台、雨篷、洞口及其他装修等可见的内容。

(4) 高度尺寸。

外部尺寸：门、窗、洞口高度、层间高度、室内外高差、女儿墙高度、阳台栏杆高度、总高度。

内部尺寸：地坑（沟）深度、隔断、内窗、洞口、平台、吊顶等。

(5) 标高。主要结构和建筑构造部件的标高，如室内地面、楼面（含地下室）、平台、雨篷、吊顶、屋面板、屋面檐口、女儿墙顶、高出屋面的建筑物、构筑物及其他屋面特殊构件等的标高，室外地面标高。

(6) 节点构造详图索引。

(7) 图纸名称、比例。

【剖面图识读提示】

建筑剖面图主要是表示房屋内部高度方向上的结构或构造、分层情况和各部位的联系、材料及高度，是平面图、立面图相互配合不可缺少的图形。

1. 从剖面图的图名和轴线编号与底层平面图上的剖切位置、编号相对照，并根据平面图上所标注剖切符号位置、剖切符号所表达的视图方向来看图。

2. 由剖面图看房屋从地面到屋面的内部构造做法和结构形式，梁、板、柱、墙之间的关系，屋面形式及构成。

3. 识读时注意：

(1) 剖面标高与平面图、立面图及墙身大样图所表示标高是否一致；

(2) 剖面图所标注高度方向的细部尺寸与立面图细部尺寸是否相符；

(3) 楼梯入口部位地面、楼梯平台尺寸是否满足不碰头的要求；

(4) 根据详图索引，逐个查阅详图以识读索引处细部构造做法；

(5) 结合标准图集或室内外装修表详知各部位构造做法。

4.2 实例识读

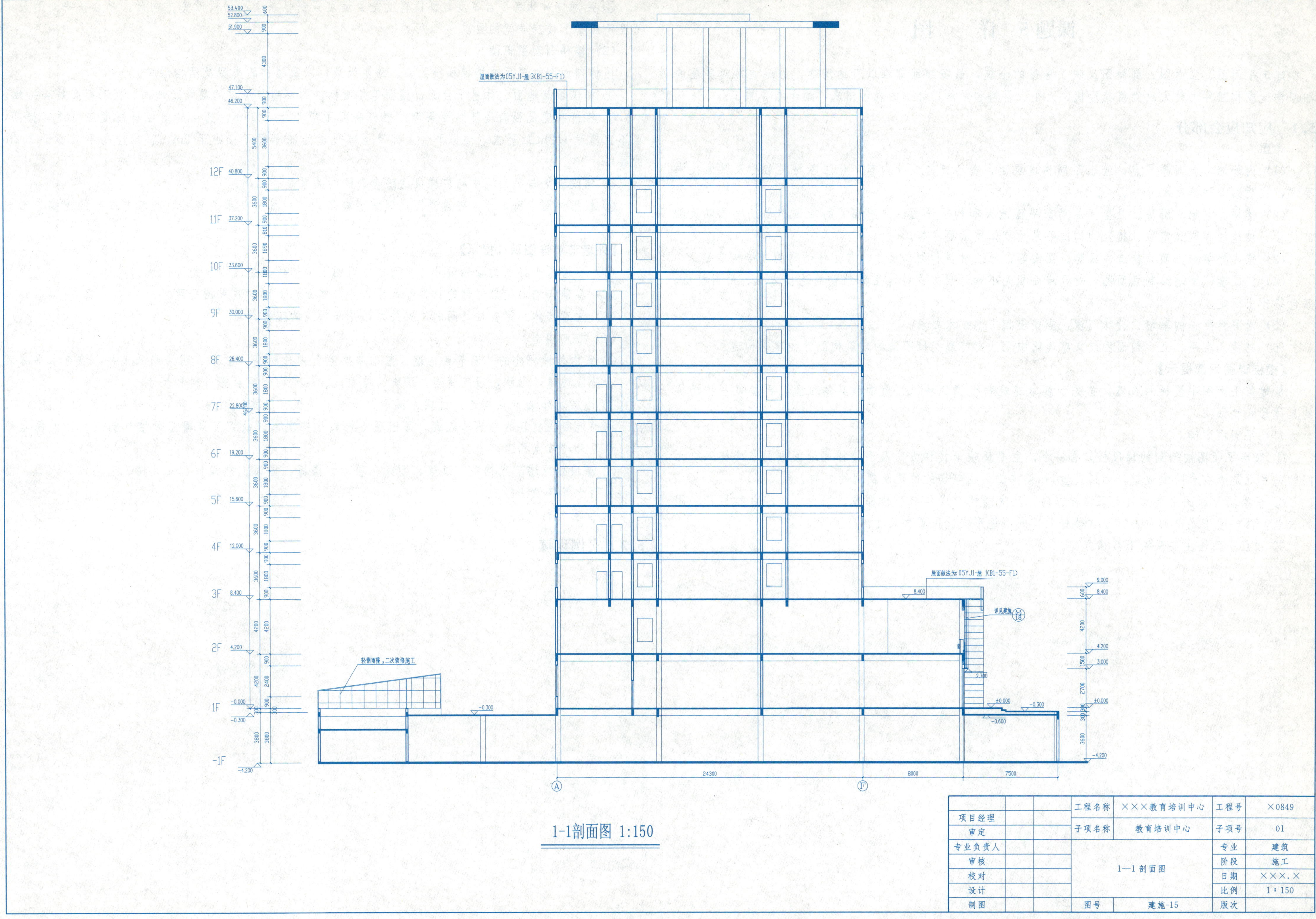

1-1剖面图 1:150

项目经理			工程名称	×××教育培训中心	工程号	×0849
审定			子项名称	教育培训中心	子项号	01
专业负责人			1—1剖面图		专业	建筑
审核					阶段	施工
校对					日期	×××.×
设计					比例	1∶150
制图			图号	建施-15	版次	

课题5 详　　图

建筑平面图、立面图、剖面图反映了房屋的全貌，很多细部都难以表达清楚，为此通常对房屋的细部构造或构配件用较大比例将其形状、大小、材料和做法，详细的表示出来，用于指导施工。

5.1 应知应会部分

详图

(1) 内外墙、屋面等节点，绘出不同构造层次，表达节能设计内容，标注各材料名称及具体技术要求，注明细部和厚度尺寸等。

(2) 楼梯、电梯、厨房、卫生间等局部平面放大和构造详图，注明相关的轴线和轴线编号以及细部尺寸、设施的布置和定位、相互的构造关系及具体技术要求等。

(3) 室内外装饰方面的构造、线脚、图案等；标注材料和细部尺寸、与主体结构的连接构造等。

(4) 门、窗、幕墙绘制立面图，对开启面积大小和开启方式，与主体结构的连接方式、用料材质、颜色等作出规定。

(5) 对另行委托的幕墙、特殊门窗，应提出相应的技术要求。

(6) 其他凡在平、立、剖面图或文字说明中无法交待或交待不清的建筑构配件和建筑构造。

【楼梯详图识读提示】

从建筑平面图中楼梯的布置，首先了解本建筑物楼梯的种类、数量和具体位置，再看每一种楼梯的具体形式和做法。

(1) 平面图识读

① 底层平面图被剖到的梯段板只有一个，主要反映上楼梯方向及下楼梯间地面方向与楼梯入口之间的关系（是否有台阶或坡道，如何设置）；楼梯剖面图剖切的位置及剖视的方向。

② 标准层平面图主要反映上下楼梯方向，反映楼梯组成各部分楼梯段、平台、楼梯井和栏杆之间的关系，楼梯间采光窗的位置。注意楼梯入口的雨篷形式、位置和尺寸。

③ 顶层平面图主要反映下楼梯方向。

④ 注意核对休息平台宽度与梯段宽度是否满足强制性条文；梯段改变方向时，平台扶手处的最小宽度不应小于楼梯净宽的要求。

(2) 楼梯剖面图识读

楼梯剖面图主要反映楼梯梯段数量、踏步级数，以及楼梯的类型及结构形式。

① 梯段数及地面、休息平台面、楼面等处所标注的标高与房屋的层数、地面、楼面标高是否一致。

② 栏杆高度是否满足强制性条例：栏杆高度不应小于1.05m，高层建筑栏杆高度应再适当提高，但不宜超过1.2m的要求。楼梯平台上部及下部过道处的净高不应小于2m，梯段净高不应小于2.2m的要求。

③ 梯段级数与平面图中相应梯段的踏步数间的关系是否正确。

④ 根据详图索引，逐个查看详图，理解栏杆形式、栏杆与扶手的连接、栏杆与踏步的连接等细部做法。

【外墙节点详图识读提示】

(1) 看墙身大样图的轴线编号与平面或立面图上剖切位置处的内容是否一致。

(2) 屋顶与墙面装饰细部的材料和尺寸，并与立面、剖面和效果图一致。

(3) 注意墙体、梁、柱之间的位置关系，并与轴线的定位关系。

(4) 节点构造

① 室内外地坪处的外墙节点构造：基础墙厚度室内外标高，散水、明沟或采光井，墙身水平防潮层，台阶或坡道，勒脚，暖气管沟，踢脚、墙裙，首层室内外窗台等材料和尺寸。

② 楼层处外墙节点构造：过梁、圈梁、顶棚、楼板、踢脚、雨篷、阳台、楼层的室内外窗台等。由于钢筋混凝土材料的导热系数大，易出现冷桥或热桥现象，故钢筋混凝土外墙外侧或内侧做保温处理，详见外墙节点构造。

③ 屋顶处外墙节点构造：过梁、圈梁、顶棚、楼板、屋面、挑檐板、女儿墙、天沟、下水口、雨水斗、雨水管等做法。

④ 面层材料做法：内墙、外墙、地面、楼面、屋面做法。

5.2 实例识读

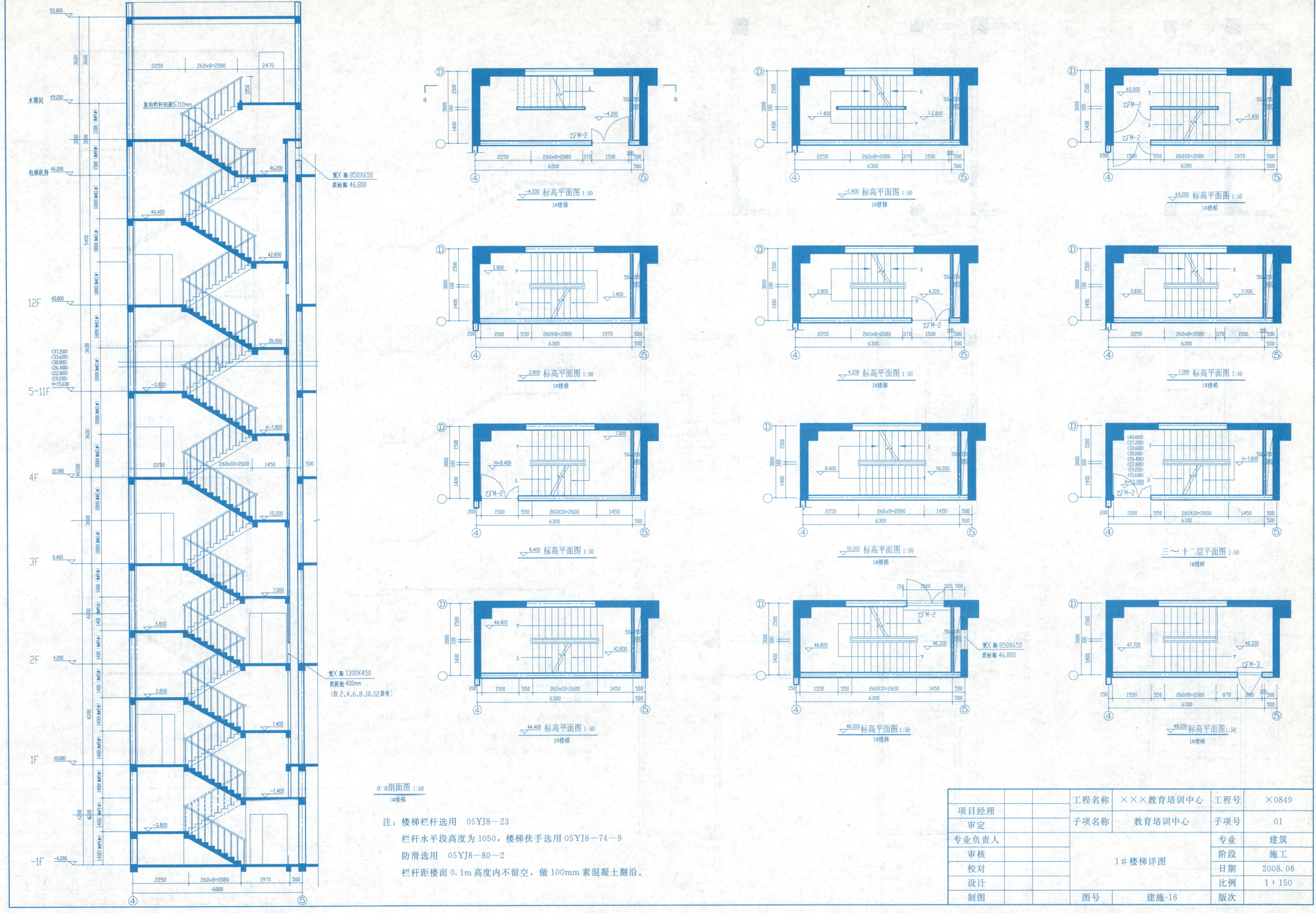
-4.200 标高平面图 1:50
1#楼梯
-1.400 标高平面图 1:50
1#楼梯
±0.000 标高平面图 1:50
1#楼梯
2.800 标高平面图 1:50
1#楼梯
4.200 标高平面图 1:50
1#楼梯
7.000 标高平面图 1:50
1#楼梯
8.400 标高平面图 1:50
1#楼梯
10.200 标高平面图 1:50
1#楼梯
三～十二层平面图 1:50
1#楼梯
44.400 标高平面图 1:50
1#楼梯
46.200 标高平面图 1:50
1#楼梯
49.200 标高平面图 1:50
1#楼梯
a-a剖面图 1:50
1#楼梯
水箱间
电梯机房
12F
5~11F
4F
3F
2F
1F
-1F
竖向栏杆间距≤110mm
窗X 高850X650
底标高46.800
窗X 高1300X450
底距地400mm
(仅2,4,6,8,10,12层有)
乙FM-2
乙FM-3
注：楼梯栏杆选用 05YJ8—23
栏杆水平段高度为1050，楼梯扶手选用05YJ8—74—9
防滑选用 05YJ8—80—2
栏杆距楼面0.1m高度内不留空，做100mm素混凝土翻沿。
项目经理
审定
专业负责人
审核
校对
设计
制图
工程名称 ×××教育培训中心
子项名称 教育培训中心
1＃楼梯详图
图号 建施-16
工程号 ×0849
子项号 01
专业 建筑
阶段 施工
日期 2008.06
比例 1：150
版次

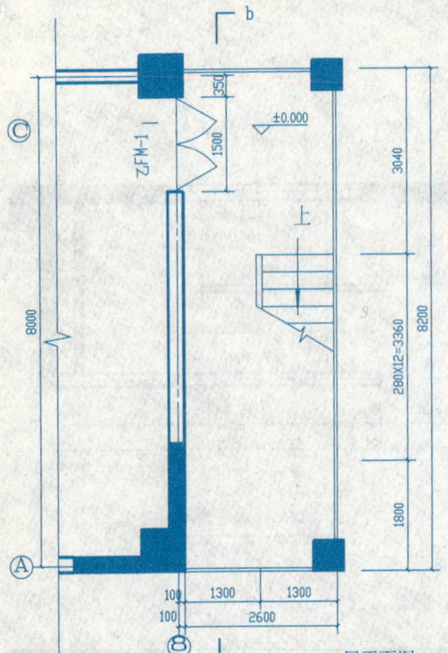

一层平面图 1:50
2#楼梯

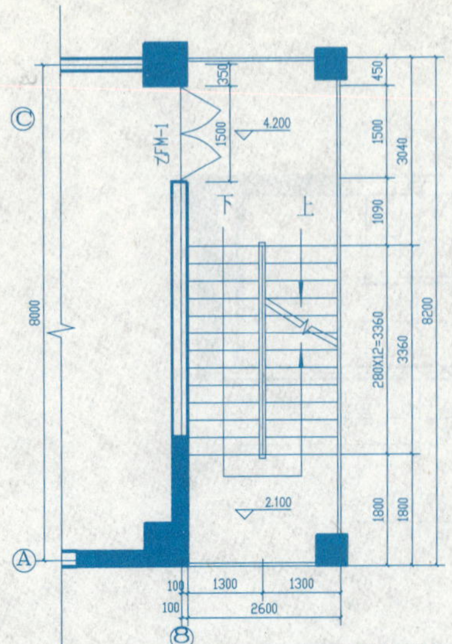

二层平面图 1:50
2#楼梯

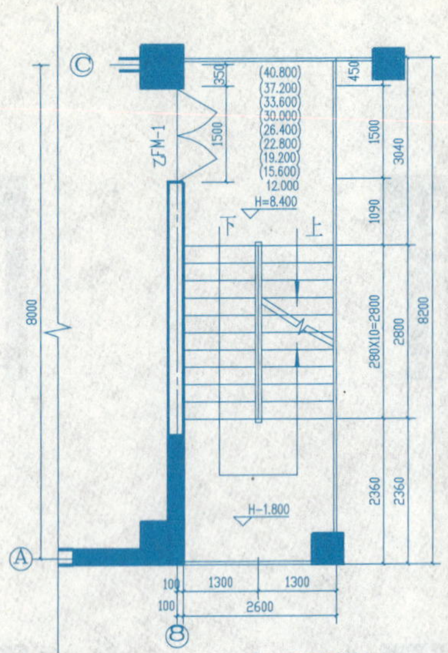

三~十二层平面图 1:50
2#楼梯

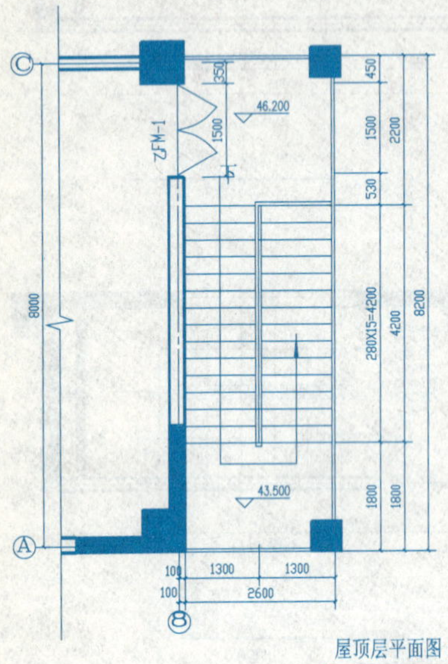

屋顶层平面图 1:50
2#楼梯

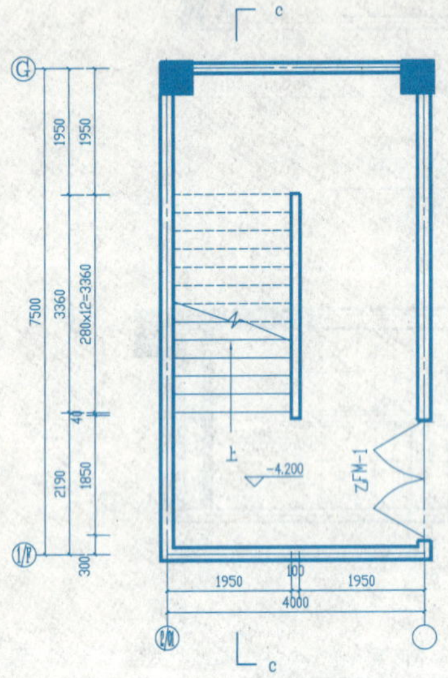

地下车库平面图 1:50
3#楼梯

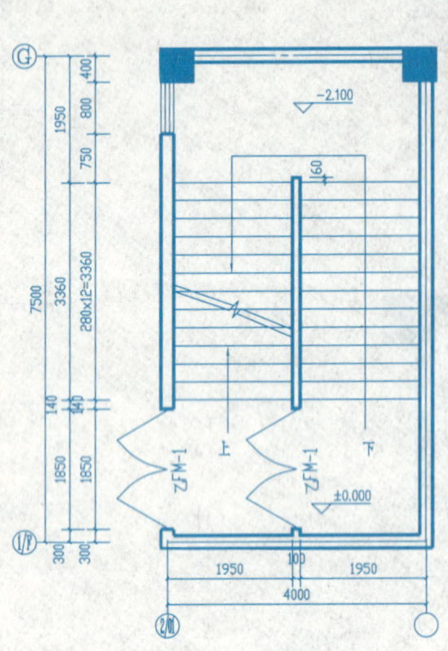

一层平面图 1:50
3#楼梯

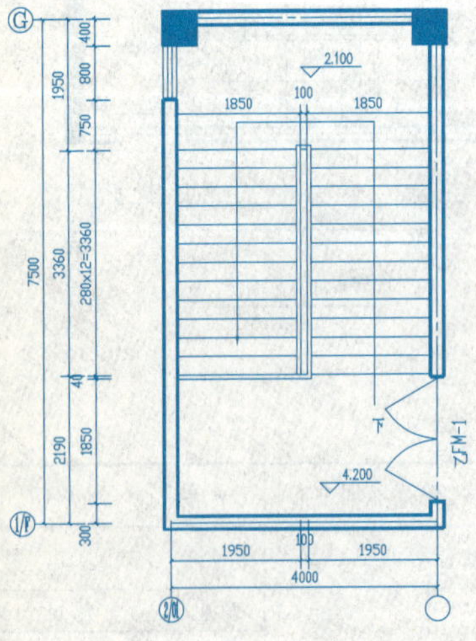

二层平面图 1:50
3#楼梯

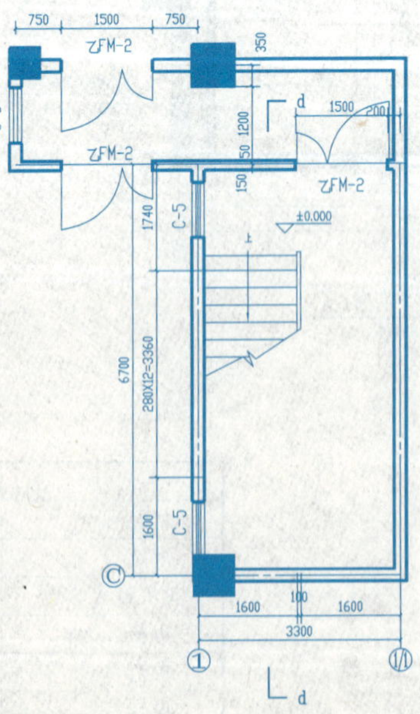

一层平面图 1:50
4#楼梯

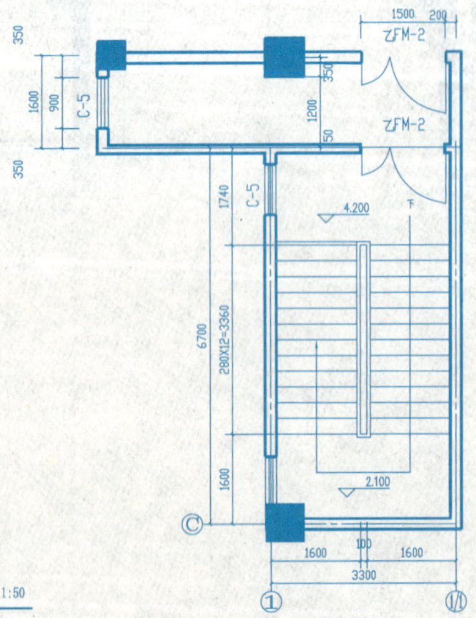

二层平面图 1:50
4#楼梯

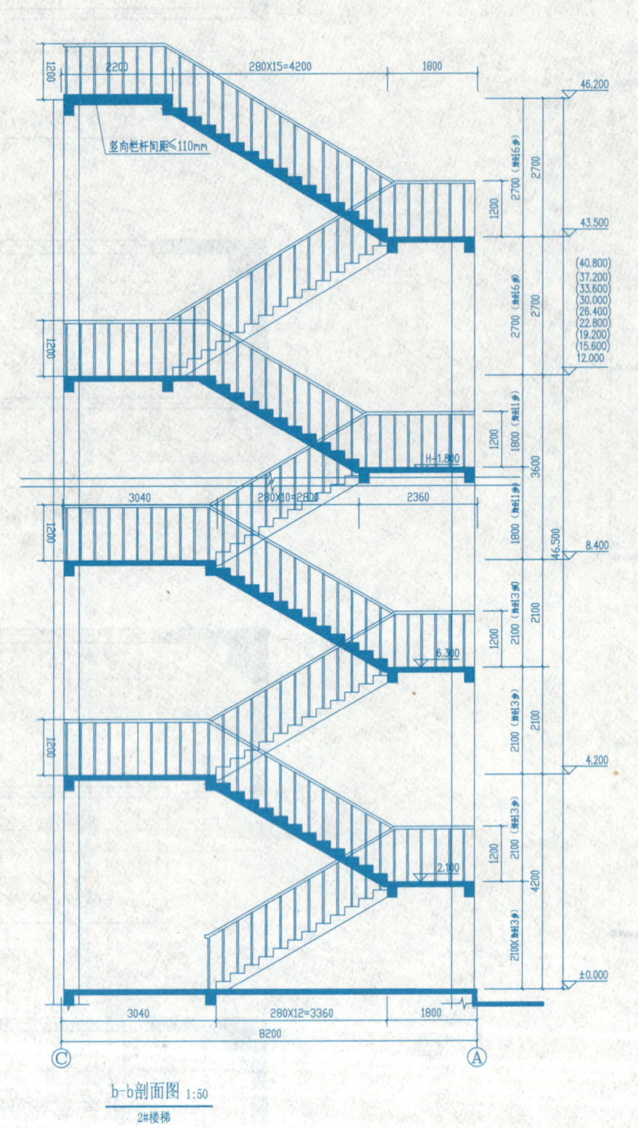

b-b剖面图 1:50
2#楼梯

注：楼梯栏杆选用 05YJ8—23

栏杆水平段高度为 1050，梯梯扶手选用 05YJ8—74—9

防滑选用 05YJ8—80—2

室外楼梯和每层出入口处平台，应采用不燃材料制作，平台的耐火极限不应低于 1.00h

栏杆距楼面 0.1m 高度内不留空，做 100mm 素混凝土翻沿。

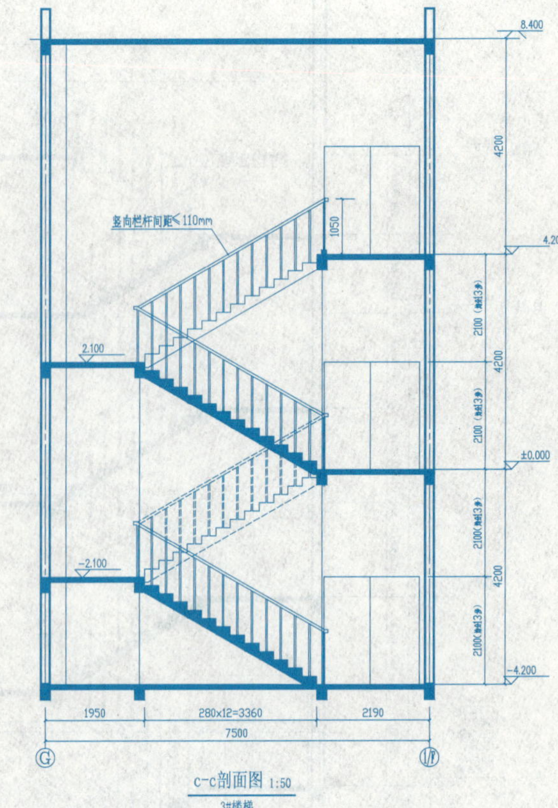

c-c剖面图 1:50
3#楼梯

注：楼梯栏杆选用 05YJ8—23
栏杆水平段高度为 1050，楼梯扶手选用 05YJ8—74—9
防滑选用 05YJ8—80—2
栏杆距楼面 0.1m 高度内不留空，做 100mm 素混凝土翻沿。

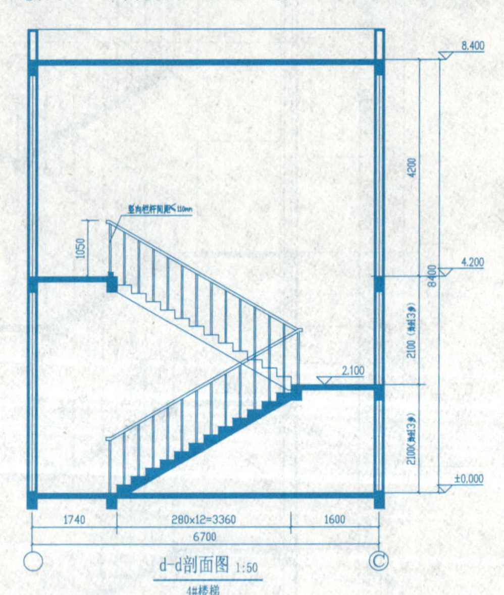

d-d剖面图 1:50
4#楼梯

注：5#楼梯参4#楼梯
楼梯栏杆选用 05YJ8—23
栏杆水平段高度为 1050，楼梯扶手选用 05YJ8—74—9
防滑选用 05YJ8—80—2
栏杆距楼面 0.1m 高度内不留空，做 100mm 素混凝土翻沿。

		工程名称	×××教育培训中心	工程号	×0849
项目经理		子项名称	教育培训中心	子项号	01
审定					
专业负责人				专业	建筑
审核			2#、3#、4#楼梯详图	阶段	施工
校对				日期	2008.06
设计				比例	1∶75
制图		图号	建施-17	版次	

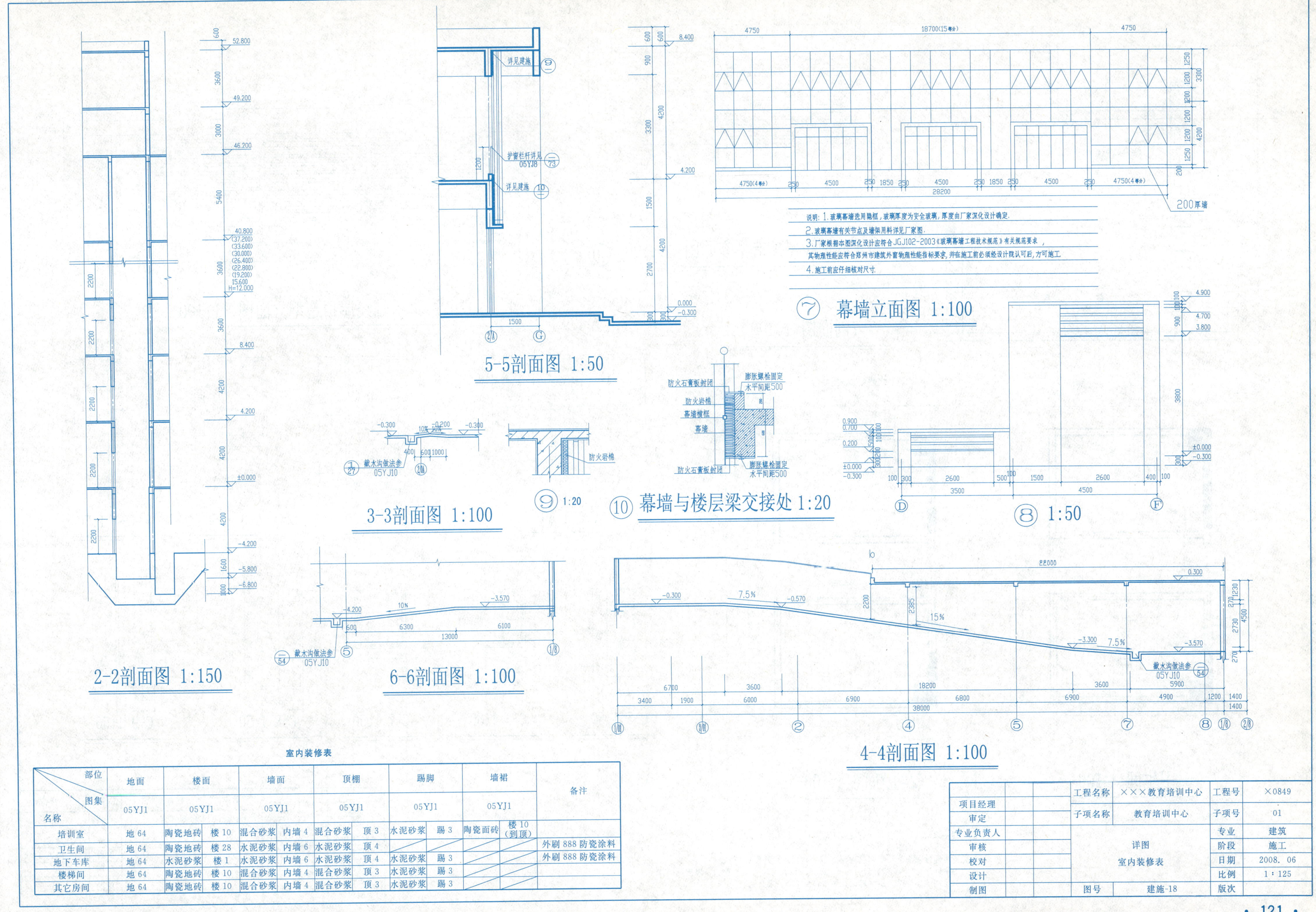

室内装修表

名称 \ 部位 / 图集	地面	楼面		墙面		顶棚		踢脚		墙裙		备注
	05YJ1	05YJ1		05YJ1		05YJ1		05YJ1		05YJ1		
培训室	地 64	陶瓷地砖	楼 10	混合砂浆	内墙 4	混合砂浆	顶 3	水泥砂浆	踢 3	陶瓷面砖	楼 10（到顶）	
卫生间	地 64	陶瓷地砖	楼 28	水泥砂浆	内墙 6	水泥砂浆	顶 4					外刷 888 防瓷涂料
地下车库	地 64	水泥砂浆	楼 1	水泥砂浆	内墙 6	水泥砂浆	顶 4	水泥砂浆	踢 3			外刷 888 防瓷涂料
楼梯间	地 64	陶瓷地砖	楼 10	混合砂浆	内墙 4	混合砂浆	顶 3	水泥砂浆	踢 3			
其它房间	地 64	陶瓷地砖	楼 10	混合砂浆	内墙 4	混合砂浆	顶 3	水泥砂浆	踢 3			

			工程名称	×××教育培训中心	工程号	×0849
项目经理			子项名称	教育培训中心	子项号	01
审定						
专业负责人			详图 室内装修表		专业	建筑
审核					阶段	施工
校对					日期	2008. 06
设计					比例	1∶125
制图			图号	建施-18	版次	

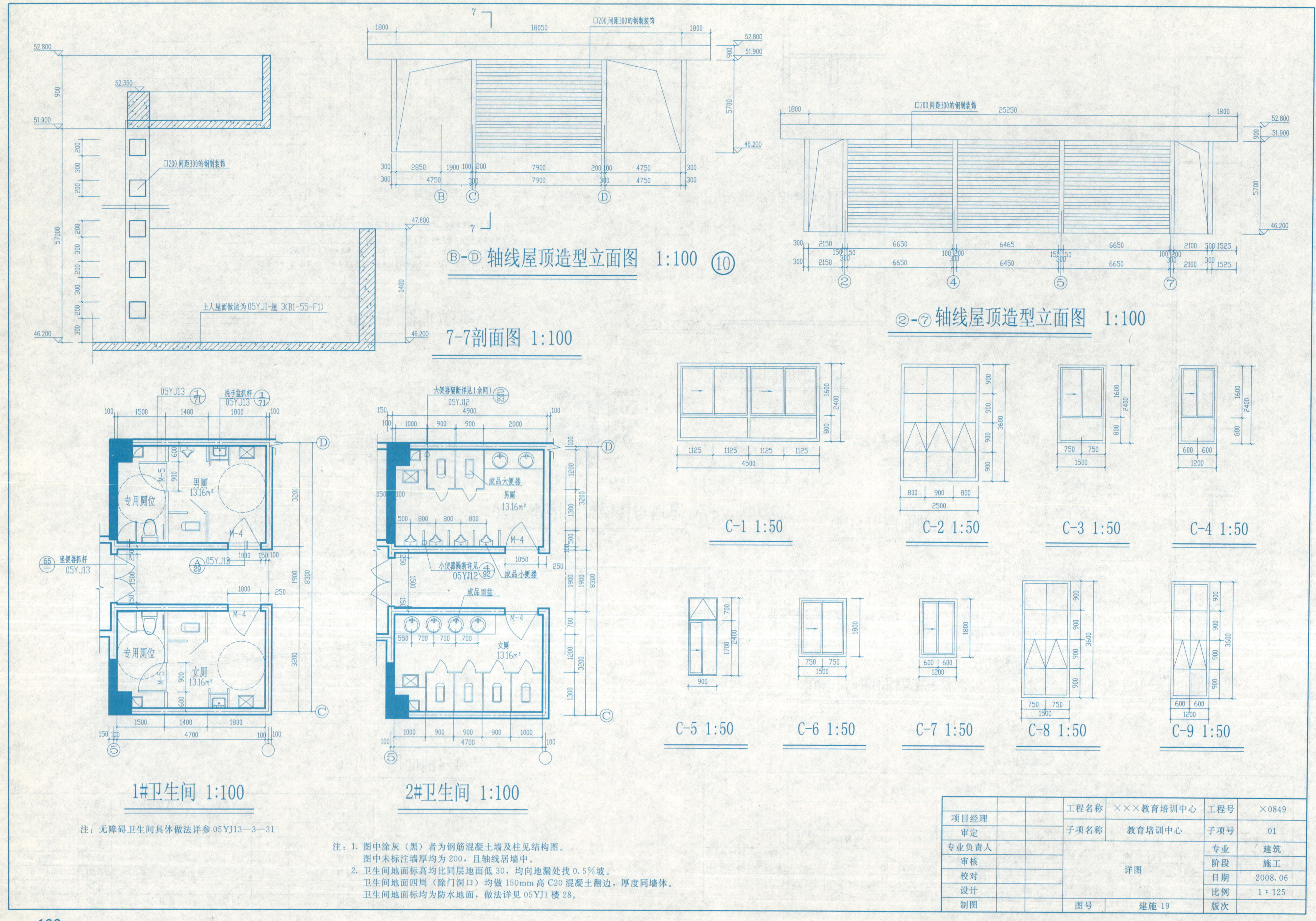

⑧-⑩轴线屋顶造型立面图 1:100
⑩
□200 间距300的钢制装饰
②-⑦轴线屋顶造型立面图 1:100
7-7剖面图 1:100
上人屋面做法为05YJ1-屋 3(B1-55-F1)
C-1 1:50
C-2 1:50
C-3 1:50
C-4 1:50
C-5 1:50
C-6 1:50
C-7 1:50
C-8 1:50
C-9 1:50
专用厕位
男厕
13.16m²
女厕
13.16m²
坐便器扶杆
05YJ13
洗手盆扶杆
大便器隔断详见（余同）
05YJ12
成品大便器
小便器隔断详见
成品小便器
成品面盆
M-4
M-5
1#卫生间 1:100
2#卫生间 1:100
注：无障碍卫生间具体做法详参05YJ13—3—31
注：1. 图中涂灰（黑）者为钢筋混凝土墙及柱见结构图。
图中未标注墙厚均为200，且轴线居墙中。
2. 卫生间地面标高均比同层地面低30，均向地漏处找0.5%坡。
卫生间地面四周（除门洞口）均做150mm高C20混凝土翻边，厚度同墙体。
卫生间地面标均为防水地面，做法详见05YJ1楼28。
项目经理
审定
专业负责人
审核
校对
设计
制图
工程名称
×××教育培训中心
工程号
×0849
子项名称
教育培训中心
子项号
01
专业
建筑
阶段
施工
详图
日期
2008.06
比例
1:125
图号
建施-19
版次

参考文献

[1]《建筑施工图识读与应用实例》编委会编. 建筑施工图识读与应用实例. 北京：中国建材工业出版社，2006.

[2] 杜宽主编. 土建施工图设计. 北京：中国建筑工业出版社，2008年.

[3] 高竞主编. 怎样阅读建筑工程图. 北京：中国建筑工业出版社，1998.

[4] 段丽萍主编. 建筑工程施工图实例解读. 北京：化学工业出版社，2007.

[5] 黄鹂主编. 建筑施工图设计. 武汉：华中科技大学出版社，2009.

[6] 李思丽主编. 建筑制图与阴影透视. 北京：机械工业出版社，2007.

[7] 郭慧主编. AutoCAD建筑制图教程. 北京：北京大学出版社 2009.

[8] 吴金柱，潘殿琦，吴丽萍主编. 土建工程CAD. 北京：高等教育出版社，2002.

[9] 建筑制图标准（GB/T 50104—2001). 北京：中国计划出版社，2001.

[10] 房屋建筑制图统一标准（GB/T 50001—2001)，北京：中国计划出版社，2001.

[11] 总图制图标准（GB/T 50103—2001). 北京：中国计划出版社，2001.

[12] 建筑结构制图标准（GB/T 50105—2001). 北京：中国计划出版社，2001.

[13] 何斌，陈锦昌，陈炽坤主编. 建筑制图. 北京：高等教育出版社，2005.

[14] 韦清权，周华，武金良主编. 建筑制图与AutoCAD. 武汉：武汉理工大学出版社，2008.

[15] 赵庆双主编. 房屋建筑学. 北京：中国水利水电出版社，2007.

[16] 罗淑兴，程颖主编. 建筑工程预算实训指导书与习题集. 北京：人民交通出版社，2007.

[17] 宋安平主编. 画法几何及土建制图. 北京：中国建筑工业出版社，1997.

[18] 刘志杰，廉文山等主编. 轻松识读房屋建筑施工图. 北京：北京航空航天大学出版社，2007.

[19] 高霞，杨波主编. 建筑施工图识读技法. 合肥：安徽科学技术出版社，2007.

[20] 高远，张艳芳主编. 建筑构造与识图. 北京：中国建筑工业出版社，2006.

[21] 杨为邦，唐明怡主编. 土木工程制图. 北京：中国水利水电出版社，2005.

[22] 毛家华，莫章金主编. 建筑工程制图与识图. 北京：高等教育出版社，2001.

[23] 乐荷卿，陈美华主编. 土木建筑制图. 武汉：武汉理工大学出版社，2005.

[24] 刘志杰，张素敏主编. 土木工程制图教程. 北京：中国建材工业出版社，2004.

[25] 刘家英主编. 建筑识图与构造. 北京：中国劳动社会保障出版社，2000.

[26] 赵研主编. 建筑识图与构造. 北京：中国建筑工业出版社，2004.

[27] 尚久明主编. 建筑识图与房屋构造. 北京：电子工业出版社，2006.

[28] 王强，张小平主编. 建筑工程制图与识图. 北京：机械工业出版社，2003.

[29] 焦鹏寿主编. 建筑制图. 北京：中国电力出版社，2004.

[30] 关俊良，孙世青主编. 土建工程制图与AutoCAD. 北京：科学出版社，2004.

[31] 同济大学编. 房屋建筑学. 北京：中国建筑工业出版社，2006.

[32] 丁春静主编. 建筑识图与房屋构造. 重庆：重庆大学出版社，2003.

[33] 姜庆远主编. 怎样看懂土建施工图. 北京：机械工业出版社，2003.

[34] 杨忠贤主编. 建筑工程制图. 郑州：黄河水利出版社，2002.

[35] 张岩主编. 建筑制图与识图. 济南：山东科学技术出版社，2004.

[36] 杨维菊主编. 建筑构造设计. 北京：中国建筑工业出版社，2006.

[37] 沈先荣等主编. 建筑构造. 北京：中央广播电视大学出版，2006.

[38] 李必瑜等主编. 建筑构造. 北京：中国建筑工业出版社，2006.

[39] 吴舒琛主编. 建筑识图与构造. 北京：高等教育出版社，2006.

[40] 刘昭如主编. 房屋建筑构成与构造. 上海：同济大学出版社，2005.

[41] 金虹主编. 建筑构造. 北京：清华大学出版社，2005.

[42] 谢培吉主编. 画法几何与阴影透视. 北京：中国建筑工业出版社，1998.

[43] 宋兆全主编. 画法几何及制图基础. 武汉：武汉大学出版社，1997.

[44] 李祯祥主编. 房屋建筑学. 北京：中国建筑工业出版社，1995.

[45] 刘书芳主编. 建筑装饰制图. 北京：中国电力出版社，2009.